U0051991

童話Q版の可愛動物
不織布玩偶

BOUTIQUE-SHA ◎授權

有119隻喔！
Grenada
© Richard Sawers Associates
Devon England
Tel. 01647 432286
Made in UK

色彩繽紛的不織布動物大集合！

由於隨附原寸紙型，

即使是初學者也能輕鬆＆快速完成漂亮的作品。

有熊貓、小狗、貓咪……等超人氣的動物，

也有恐龍、獨角獸！

在一邊手縫一邊不自覺地笑容滿面中，

漸漸集結一眾俏皮可愛的動物們吧！

contents

※本書為數本Boutique Sha不織布手作的精選作品合輯。

兔子三兄弟

穩重的長男喜歡可愛的東西。
元氣滿滿的次男喜歡實用的物品。
調皮的三男則非常貪吃。
雖然有時會吵吵鬧鬧，但是三兄弟的感情非常好唷！

作法 ● P.34
設計 ● powa*powa*

1 2 3

貪吃的天竺鼠

5
6
4

聞著香味發現了餅乾！
天竺鼠們開心地享用美食，
圓鼓鼓的臉蛋洋溢著幸福又滿足的表情。

作法 ● P.35

設計 ● powa*powa*

齊聚一堂的小狗狗

7 臘腸狗

8 蘇格蘭梗犬

9 玩具貴賓狗

10 柴犬

11 法國鬥牛犬

不同品種的狗狗大集合！
試著動手作出
與你家愛犬一樣的玩偶吧！

作法 ● P.38

設計 ● 松田恵子

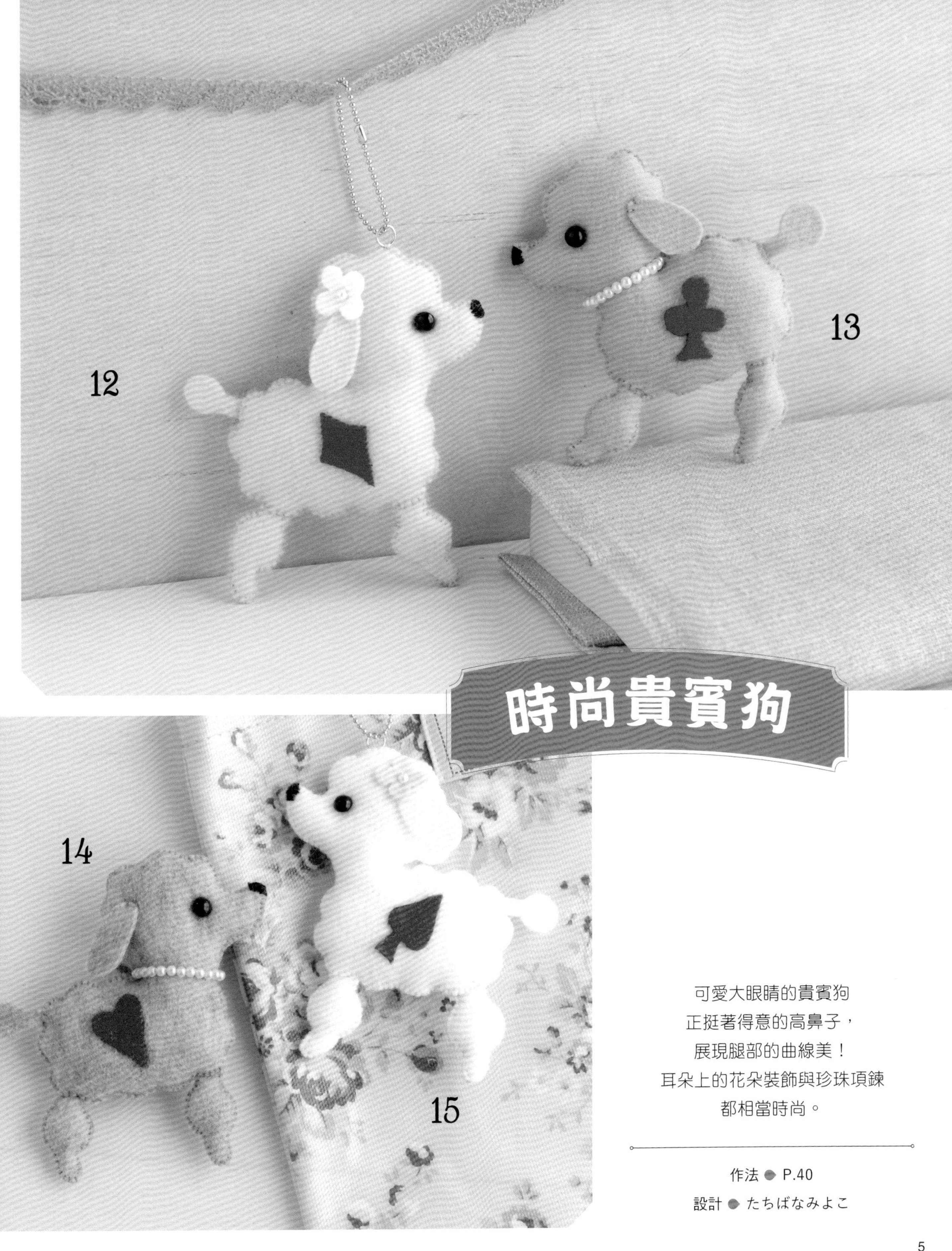
12
13
14
15

時尚貴賓狗

可愛大眼睛的貴賓狗
正挺著得意的高鼻子，
展現腿部的曲線美！
耳朵上的花朵裝飾與珍珠項鍊
都相當時尚。

作法 ● P.40
設計 ● たちばなみよこ

貓咪好夥伴

16

18

17

19

這裡有四隻小貓正聚在一起熱烈討論，
是要寫信給誰嗎？
「如果我們躲在信封裡，會和信紙一起寄到嗎？」
……好像聽得到這樣的對話呢！

作法 ● P.7

設計 ● たちばなみよこ

貓咪好夥伴

原寸紙型參見P.45

除了特別指定之外，
皆取1股與不織布相同顏色的繡線縫製。

16 材料
・不織布
山吹色…15×10cm
・香菇釦4mm（黑色）…2個
・25號繡線…與不織布相同顏色・黑色
・粉蠟筆（黑色）
・手工藝棉花…適量

17 材料
・不織布
白色…20×10cm
・25號繡線…與不織布相同顏色・黑色
・手工藝棉花…適量

18 材料
・不織布
白色…15×10cm
・香菇釦4mm（黑色）…2個
・25號繡線…與不織布相同顏色・黑色
・粉蠟筆（黑色）
・手工藝棉花…適量

19 材料
・不織布
灰褐色…15×10cm
・香菇釦4mm（黑色）…2個
・25號繡線…與不織布相同顏色・黑色
・粉蠟筆（黑色）
・手工藝棉花…適量

作法

*16・17・19基本作法同18。

1 縫製主體

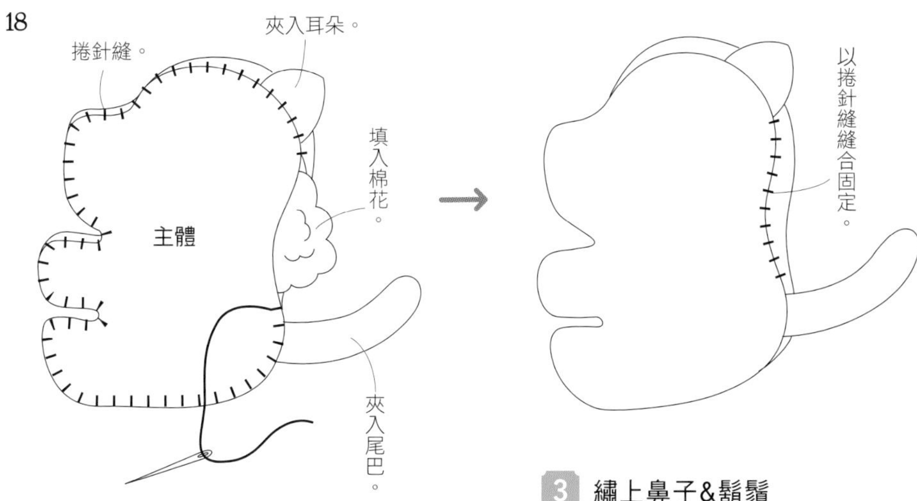
18
捲針縫。
夾入耳朵。
主體
填入棉花。
夾入尾巴。
以捲針縫縫合固定。

2 縫上眼睛

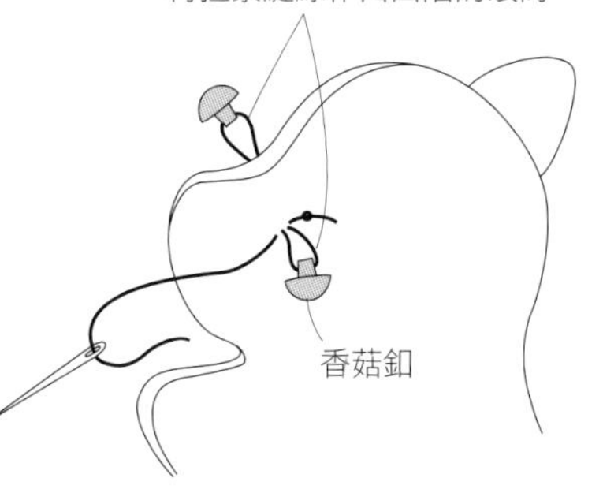
同時穿縫兩隻眼睛，
再拉緊縫線作出凹陷的眼窩。
香菇釦

3 繡上鼻子&鬍鬚 以粉蠟筆畫上斑紋

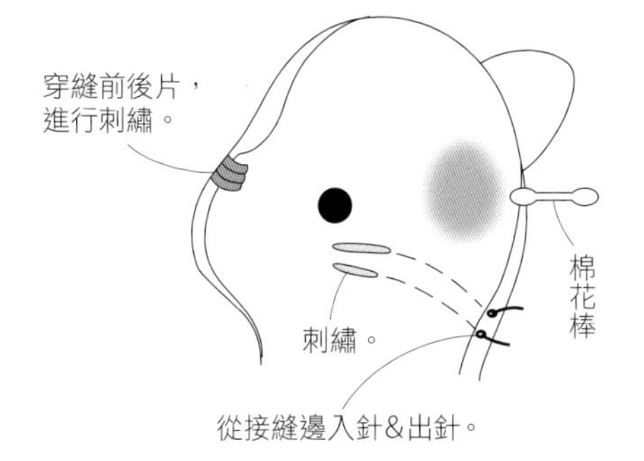
穿縫前後片，
進行刺繡。
棉花棒
刺繡。
從接縫邊入針&出針。

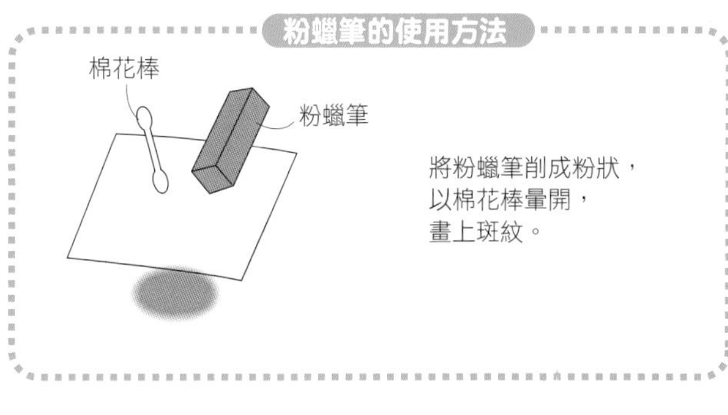
粉蠟筆的使用方法
棉花棒
粉蠟筆
將粉蠟筆削成粉狀，
以棉花棒暈開，
畫上斑紋。

完成！

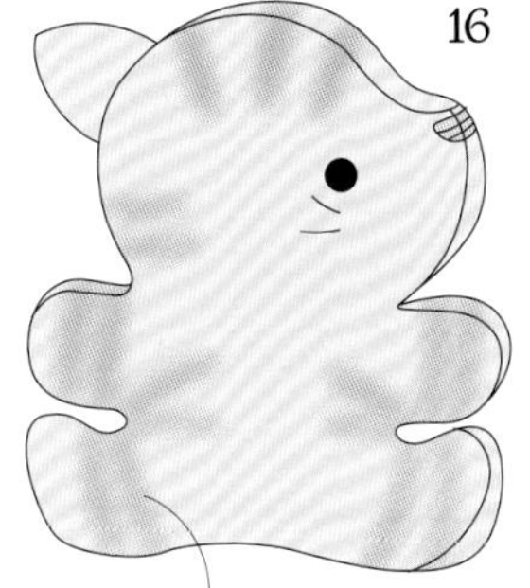
16
以黑色粉蠟筆暈畫斑紋。

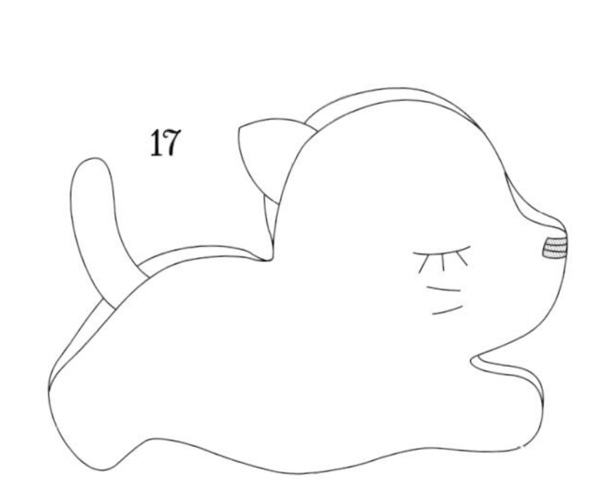
17

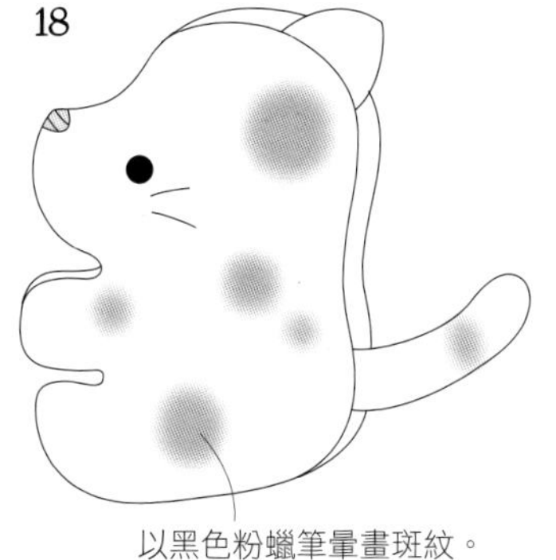
18
以黑色粉蠟筆暈畫斑紋。

19
以黑色粉蠟筆暈畫斑紋。

快樂動物園

掌心大的明星動物總集合！
以不織布玩偶完成屬於自己的動物園吧！

作法 ● P.42

設計 ● 松田恵子

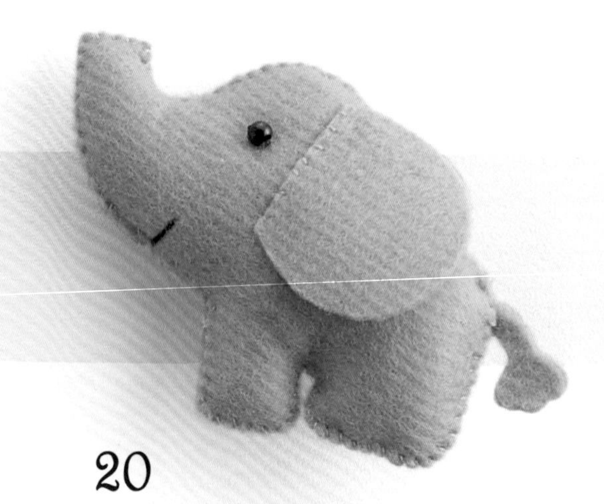

20

21

22

23

24
25
26

大貓熊好夥伴

正在討論今天要玩什麼的大貓熊三人組。
玩捉迷藏？
還是警察抓小偷好呢？

作法 ● P.46

設計 ● たちばなみよこ

27
28

穩重的樹懶

垂掛在樹上生活的樹懶。
幽默的表情非常有魅力呢！

作法 ● 27・28／P.48
設計 ● チビロビン

食蟻獸親子

29
30

外貌很有個性的食蟻獸親子。
身體的花色就像穿了一件背心，
是不是相當可愛呢？

作法 ● 29・30／P.49
設計 ● チビロビン

悠閒的水豚

31
32
33

在河邊悠閒散步的水豚們，繫上不同顏色的絲帶。
亮麗登場囉！

作法 ● P.50
設計 ● トリウミユキ

熊熊好朋友

坐著的，嘻鬧的，睡午覺的……
自在相處的好朋友們齊聚一堂。
只要簡單縫製就能完成，
令人不禁想要作很多很多隻呢！

作法 ● P.13
設計 ● たちばなみよこ

35
Boîte à Secrets
34
36
37

熊熊好朋友

原寸紙型參見P.45

除了特別指定之外，
皆取1股與不織布相同顏色的繡線縫製。

34 材料
・不織布
褐色…15×10cm
・香菇釦4mm（黑色）…2個
・25號繡線…與不織布相同顏色・黑色
・手工藝棉花…適量

35 材料
・不織布
霜降灰…15×10cm
・香菇釦4mm（黑色）…2個
・25號繡線…與不織布相同顏色
黑色・褐色
・手工藝棉花…適量

36 材料
・不織布
白色…15×10cm
・香菇釦4mm（黑色）…2個
・25號繡線…與不織布相同顏色
黑色・褐色
・手工藝棉花…適量

37 材料
・不織布
駝色…20×10cm
・香菇釦4mm（黑色）…2個
・25號繡線…與不織布相同顏色・黑色
・手工藝棉花…適量

作法

＊34・36・37基本作法同35。

1 縫製主體

35

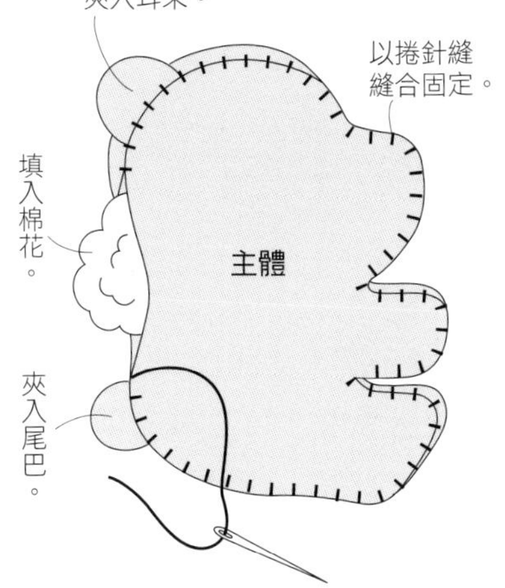
夾入耳朵。
以捲針縫
縫合固定。
填入棉花。
主體
夾入尾巴。

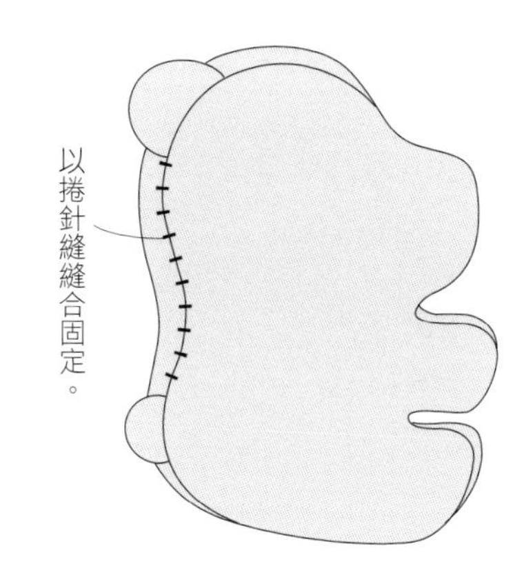
以捲針縫縫合固定。

2 縫上眼睛

同時穿縫兩隻眼睛，
再拉緊縫線作出凹陷的眼窩。

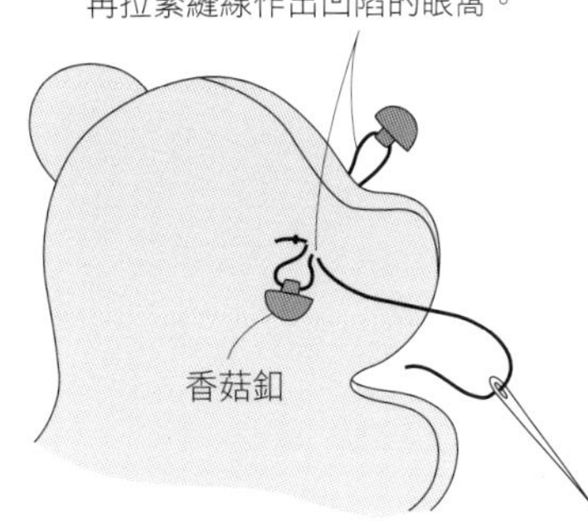
香菇釦

3 繡上鼻子&鬍鬚

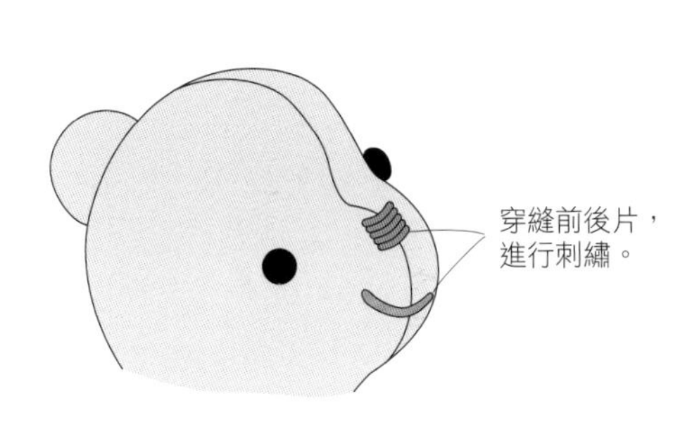
穿縫前後片，
進行刺繡。

完成！

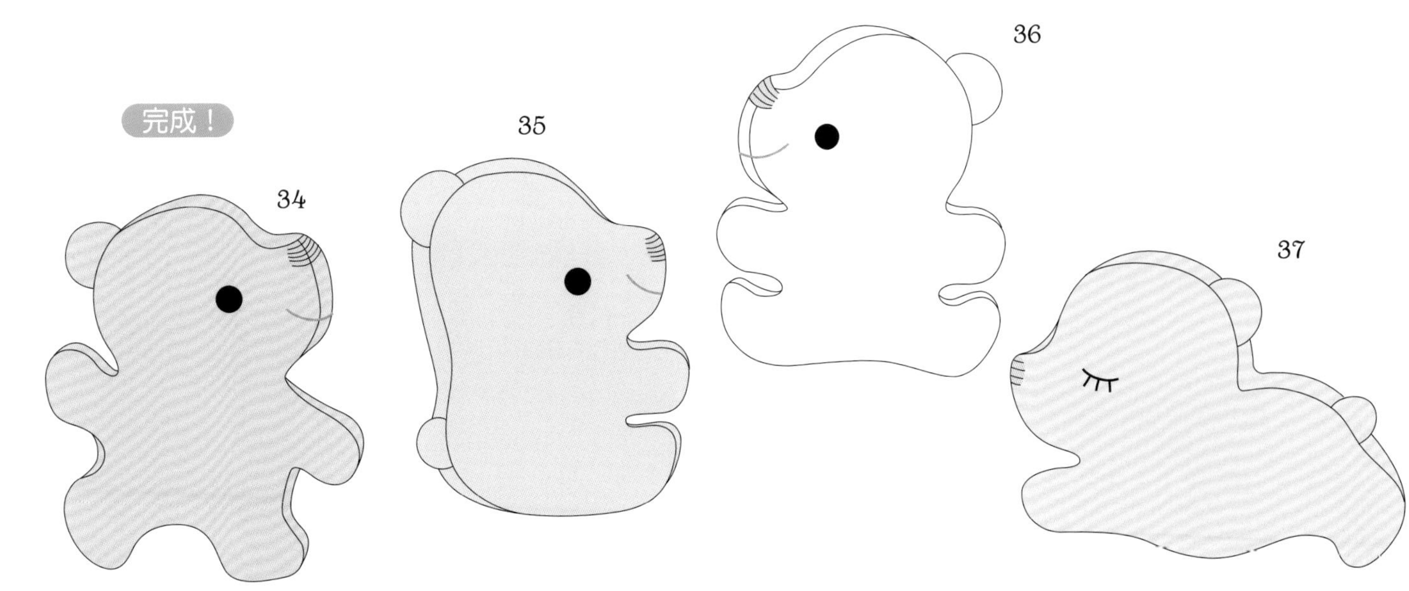
34
35
36
37

愛漂亮的羊駝

閃閃發亮的蝴蝶結與長長的睫毛真是漂亮。
好想縫製各種姿勢的羊駝，
排列在一起太可愛了！

作法 ● P.52
設計 ● チビロビン

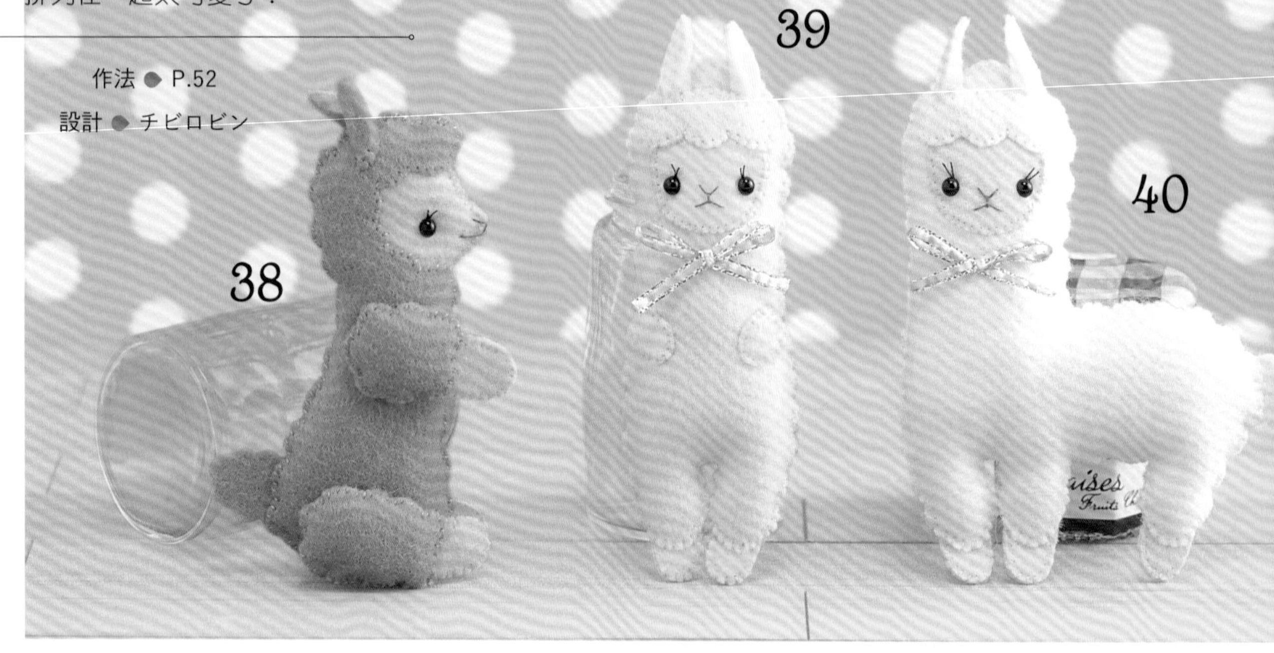
39
40
38

毛蓬蓬的羊咩咩

毛絨絨又軟綿綿，
好可愛的羊咩咩們。
小羊寶寶找到小花了唷！

作法 ● P.54
設計 ● チビロビン

42
41
43

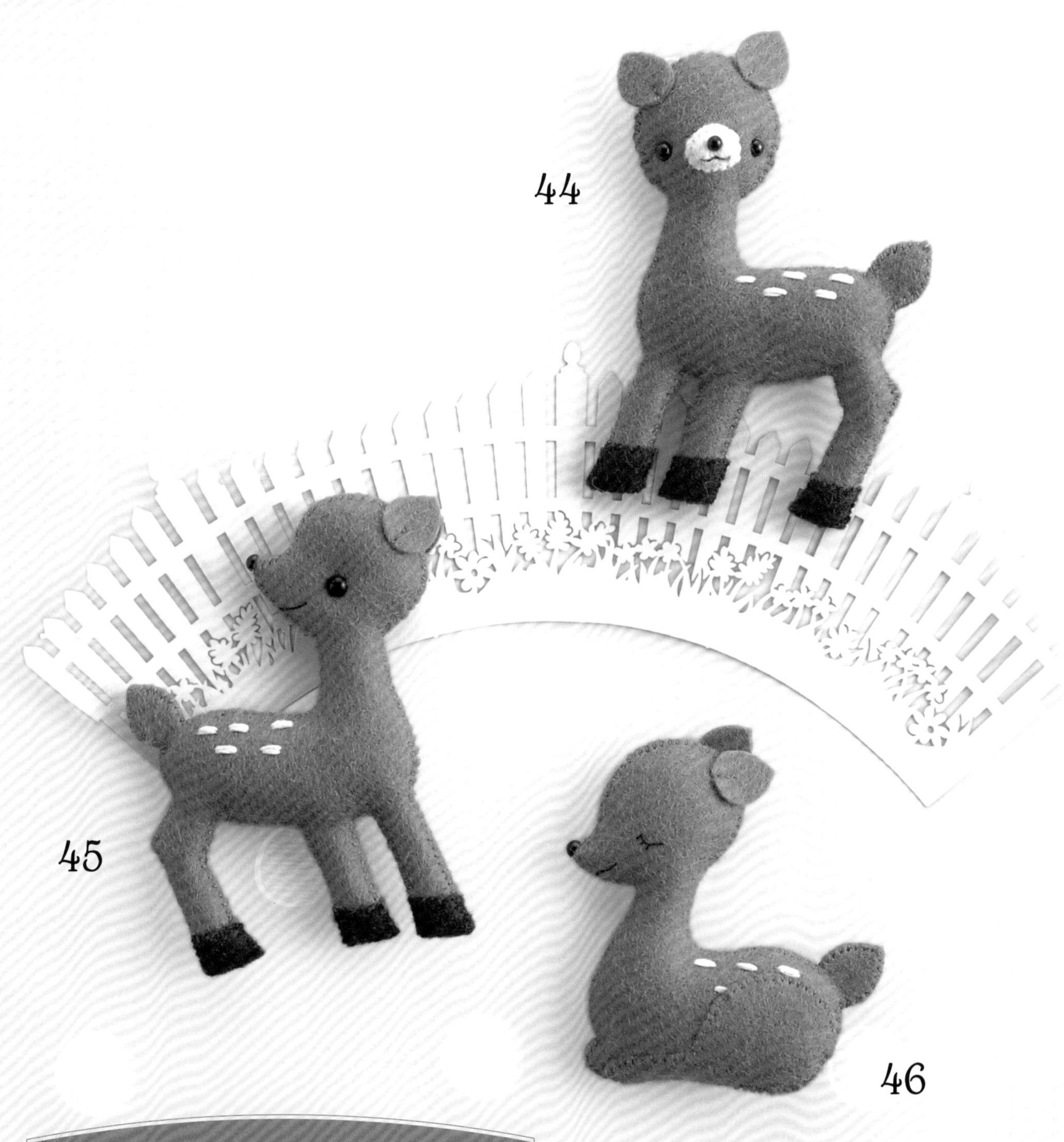
44
45
46

可愛的小鹿斑比

白色斑紋＆纖纖細腿，小鹿斑比真是可愛極了！
不論是坐臥或回頭的姿態，都非常優美。

作法 ● P.56

設計 ● チビロビン

元氣滿滿的
無尾熊&袋鼠
47
無尾熊
48 無尾熊
49 袋鼠

無尾熊&袋鼠家族的笑容
既可愛又討喜。
色彩繽紛的搭配也趣味十足喔！

作法 ● P.62

設計 ● トリウミユキ

晚安馬來貘

50
51
50
背面
Good night
51
背面

傳說中馬來貘以夢為食，
那是不是能吃掉惡夢呢？
在背面繡上Good night，
願能睡一個香甜的好覺！

作法 ● P.61

設計 ● nikomaki*

沙漠的駱駝

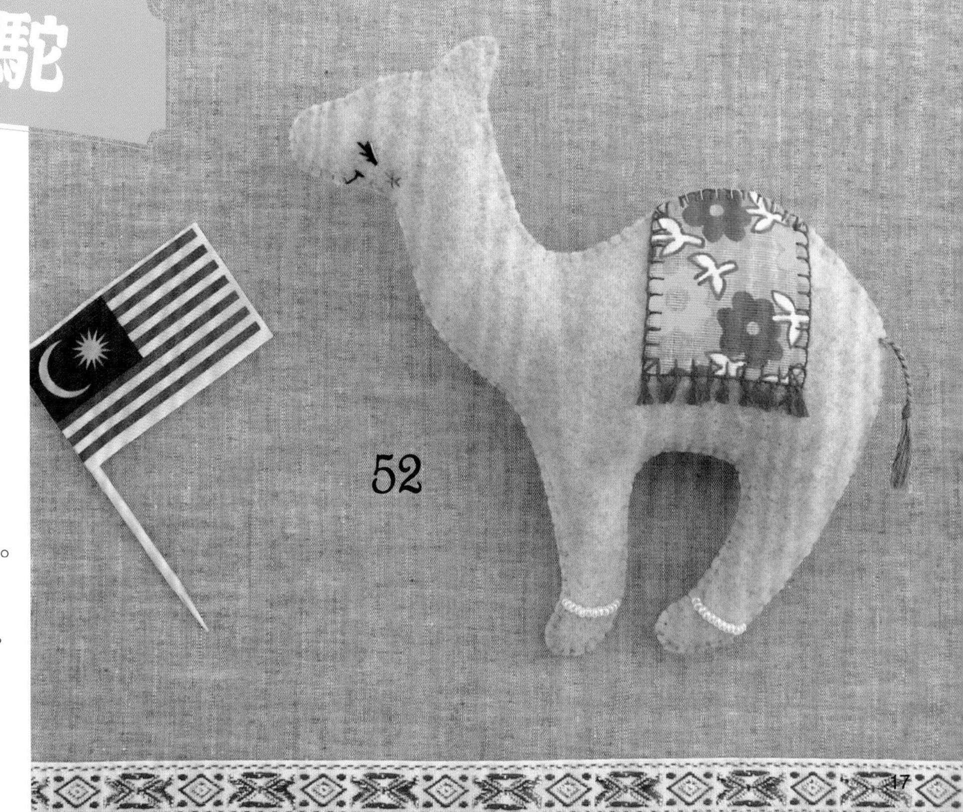

52

在沙漠行走時，
長長的睫毛能保護眼睛不受風沙的傷害。
背上的裝飾布也好可愛呢！

作法 ● P.59

設計 ● nikomaki*

一本正經的雪貂

53

以纖長的身形
為魅力重點的雪紹先生。
駝色的孩子好像正在睡午覺呢！

作法 ● P.63

設計 ● たちばなみよこ

54

55

森林中的松鼠

松鼠們
正在森林中收集橡實。
今天的收穫豐富嗎？

作法 ● P.64

設計 ● chiku chiku

56

57

58

滿身尖刺的刺蝟

59

縫紉高手的刺蝟兄弟開會中——
下次要推薦出什麼作品呢？
縫製洋裝如何？

作法 ● P.67
設計 ● チビロビン

60

62

61

雙胞胎小老鼠

喜歡編織的雙胞胎小老鼠。
只要保持完美默契，
一轉眼間手織毛衣就完成了！

作法 ● P.66
設計 ● チビロビン

冰天雪地的動物居民

63

64

65
66
67
68

北極熊＆企鵝們不怕冷，
下雪天更讓他們精神百倍哩！

作法 ● 63・64／P.68
65至68／P.69

設計 ● 松田恵子

漂浮在海上的海獺&海豹

69

70

71

72

73

海獺與海豹們
今天也是一邊談天說地，
一邊悠閒地在海上漂浮嬉戲。

作法 ● 69至73／P.71

設計 ● 松田恵子

隨波輕舞的
曼波魚&水母
76
74
77
75
78

曼波魚＆水母家族在海中自由自在地輕舞著，
那悠遊自在的模樣令人不自覺地感到放鬆。

作法 ● P.72

設計 ● chibayo

80
海中的人氣之星
79
81
82
83

萬人迷的海豚＆鯨魚是海洋的偶像。
鯨魚在廣大的海中遨遊，海豚在海面上玩球嬉戲，各自不亦樂乎！

作法 ● P.74

設計 ● chibayo

84
85
86

嘰嘰喳喳的文鳥

有著好可愛圓滾滾眼睛的文鳥們，
被蕾絲＆緞帶包圍著，
看起來反常的文靜端莊呢！

作法 ● P.78

設計 ● たちばなみよこ

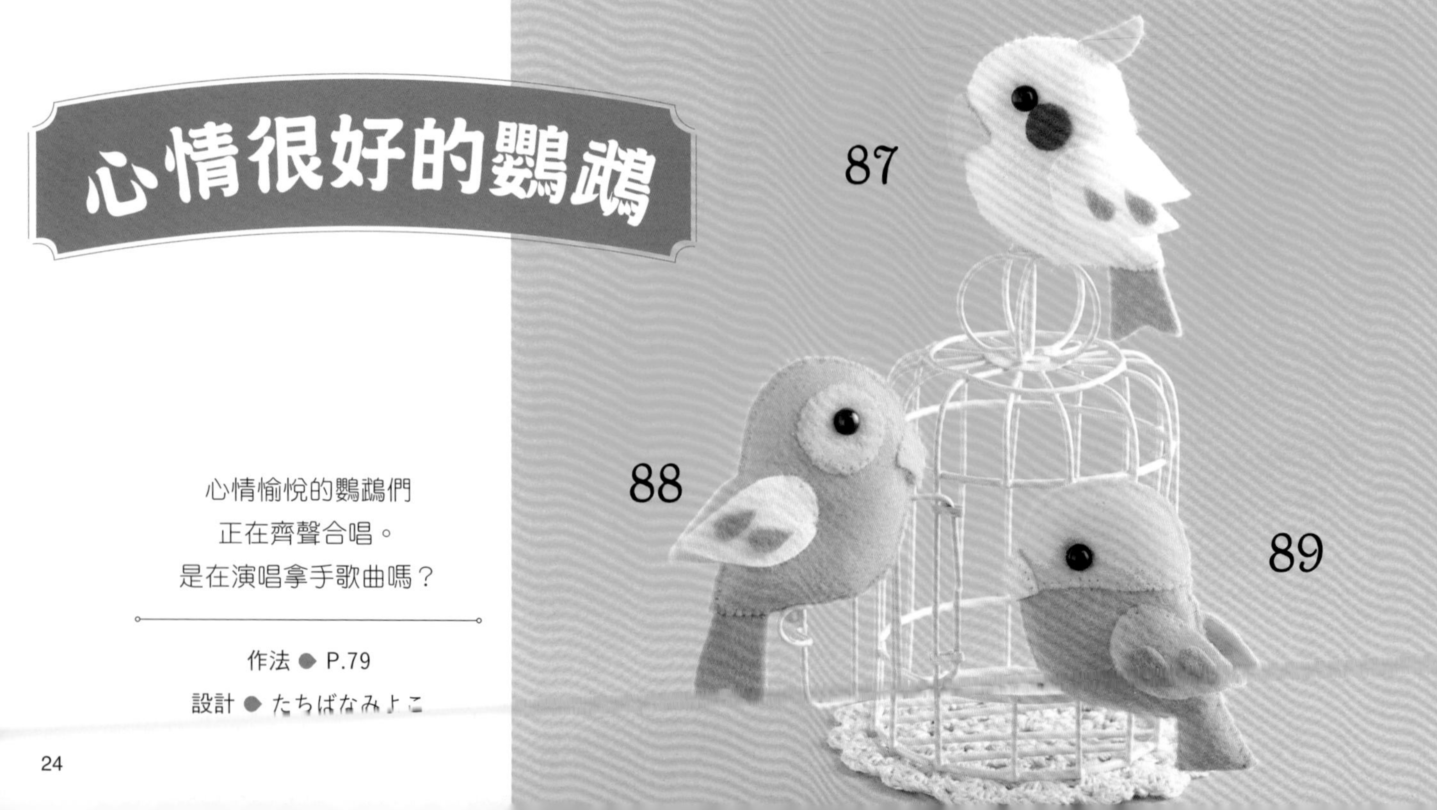
87
88
89

心情很好的鸚鵡

心情愉悅的鸚鵡們
正在齊聲合唱。
是在演唱拿手歌曲嗎？

作法 ● P.79

設計 ● たちばなみよこ

夜森林的貓頭鷹&角鴞

滿天繁星下，
貓頭鷹與角鴞聚在一起竊竊私語，
不曉得在討論些什麼？

作法　P.80
設計　たちばなみよこ

91
92
90

南島的鸚鵡

在南國陽光的照耀下，鸚鵡顯得更加湛藍美麗。
在島上飛翔一陣子後，
正停在西瓜上小歇一會兒呢！

作法　P.83
設計　たちばなみよこ

93
94

小鴨家族

鴨寶寶們正在練習游泳。
要好好跟在媽媽身後哦！

作法 ● P.84

設計 ● トリウミユキ

95

96 97 98

散步的天鵝
100
99
101

戴著蕾絲項鍊的媽媽，
和天鵝寶寶一起外出散步。
哎呀——
不要落單，加油跟上吧！

作法 ● P.85

設計 ● チビロビン

笑咪咪烏龜家族

似乎是感情很好的烏龜家族呢！
龜殼上的虛線刺繡
是加分亮點。

作法 ● P.86

設計 ● トリウミユキ

102

103

104

105

106

蹦蹦跳的青蛙

青蛙寶寶
最喜歡蹦蹦跳跳！
是否能跳得比爸爸高呢？

作法 ● P.92

設計 ● 大和ちひろ

瞪著大眼睛的變色龍

清新螢光色的變色龍們，
彎捲的尾巴是魅力重點。
製作許多不同顏色也相當有趣唷！

設計 ● イノウエマミ

107
108
109

107至109 **材料**（1個）

- 不織布
  黃色…2×2cm
  107／淺蓮紅色…12×12cm
  108／黃綠色…12×12cm
  109／紫色…12×12cm
- 香菇釦4mm（黑色）…1個
- 二分竹管珠…1個
  107／綠色　108／紅色　109／白色
- 25號繡線…與不織布相同顏色・黃色
- 手工藝棉花…適量

除了特別指定之外，
皆取1股與不織布相同顏色的繡線縫製。

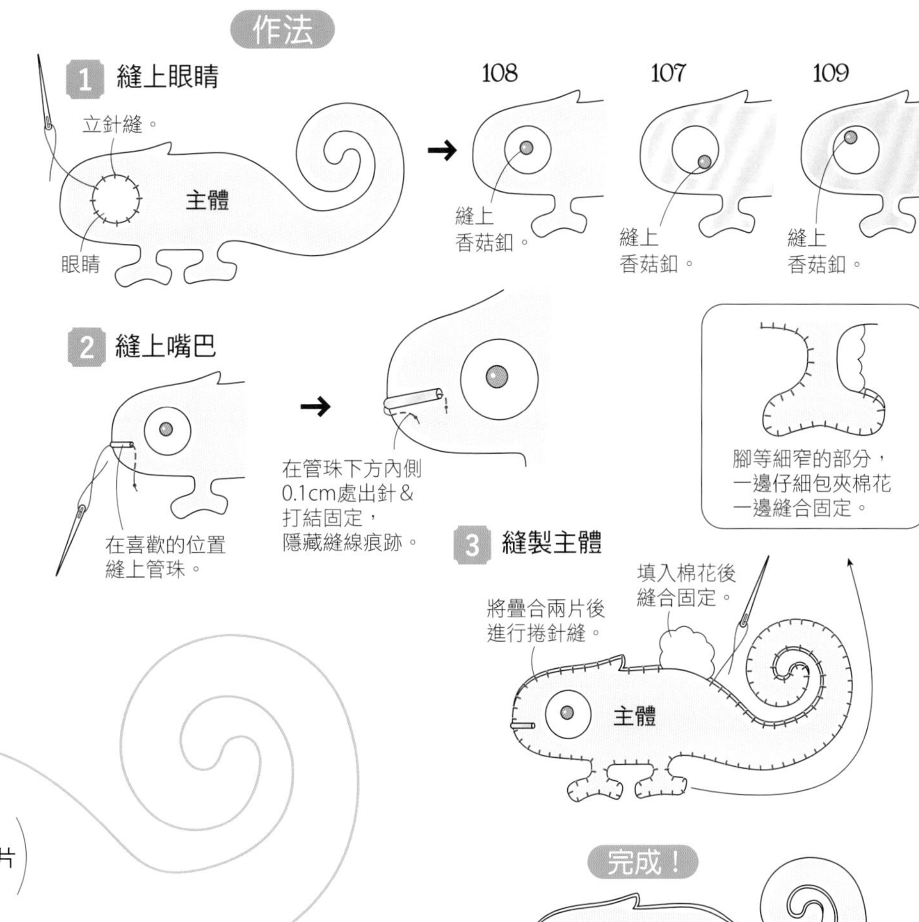

作法
1 縫上眼睛
立針縫。
主體
眼睛
108
107
109
縫上
香菇釦。
縫上
香菇釦。
縫上
香菇釦。
2 縫上嘴巴
在喜歡的位置
縫上管珠。
在管珠下方內側
0.1cm處出針＆
打結固定，
隱藏縫線痕跡。
腳等細窄的部分，
一邊仔細包夾棉花
一邊縫合固定。
3 縫製主體
將疊合兩片後
進行捲針縫。
填入棉花後
縫合固定。
主體
完成！

✻ 107至109 **原寸紙型**

眼睛（黃色・1片）

107至109 **主體**
107 淺蓮紅色
108 黃綠色　・各2片
109 紫色

香菇釦位置

童話色彩的泰迪熊

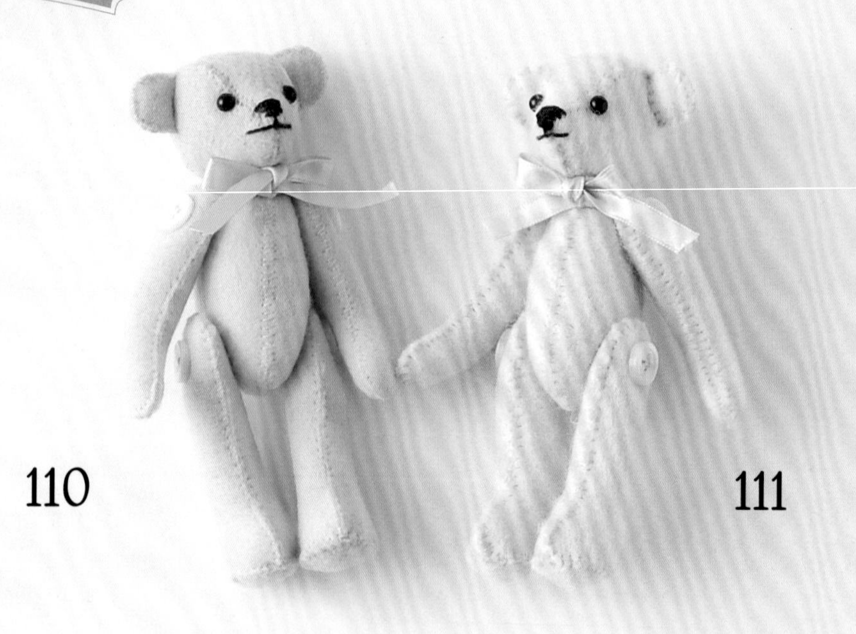
110
111

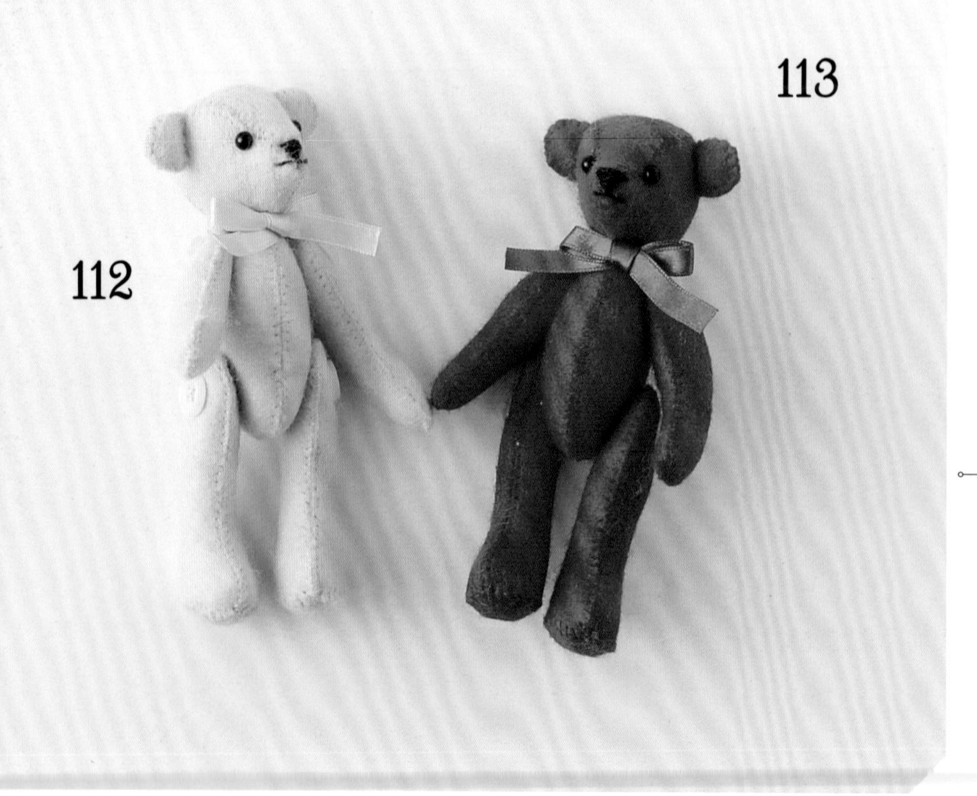
113
112

以鈕釦固定手腳，
可愛又小巧的泰迪熊。
裝飾在包包上或作為禮物都很推薦！
以喜歡的不織布顏色，
手縫你的原創小熊吧！

作法 ● P.94

設計 ● イノウエマミ

幸運國度的獨角獸 & 飛馬

116
114
115

夢幻世界的獨角獸＆飛馬，
乘坐在柔和色彩的蓬鬆雲朵上，在天空中自在玩耍。

作法 ● P.90
設計 ● チビロビン

色彩繽紛的恐龍

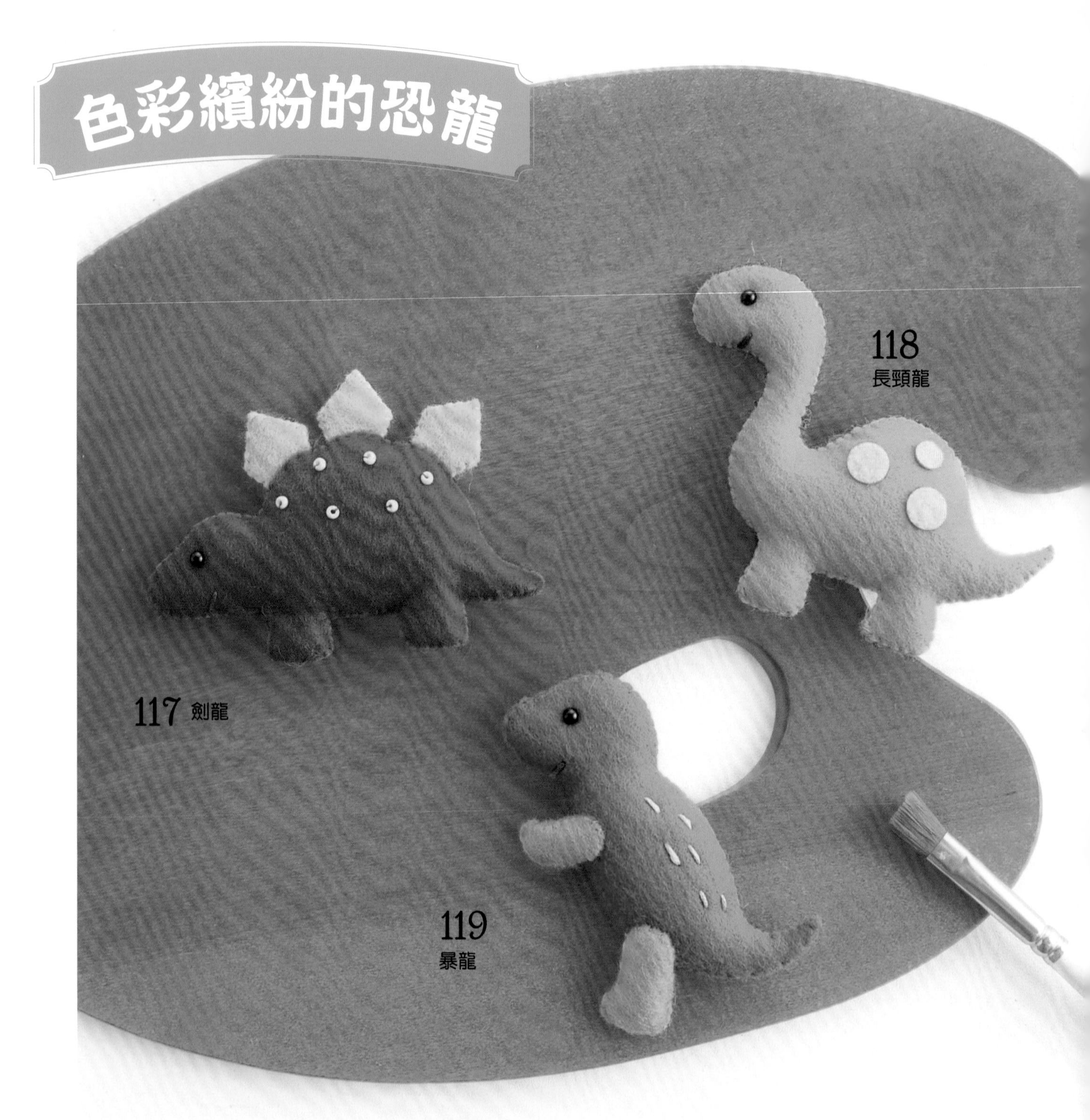
118
長頸龍
117 劍龍
119
暴龍

如顏料色彩般鮮豔的恐龍們。
要小心喔！好像混入了一隻肚子餓的暴龍呢！

作法 ● P.87

設計 ● トリウミユキ

開始製作之前

紙型作法

1. 在本書的原寸紙型上覆蓋描圖紙（半透明紙）以鉛筆進行描繪，或以影印機影印皆可。

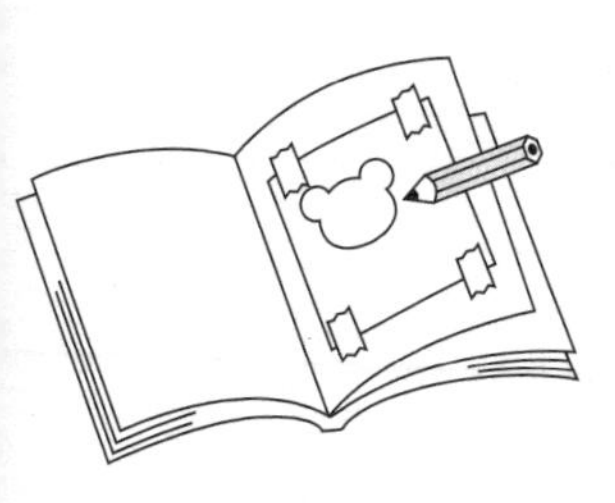

2. 依厚紙、複寫紙（布用水溶性複寫紙）、描圖紙或影印紙的順序重疊，以硬鉛筆（2H至3H）描線，使紙型轉印至厚紙上。

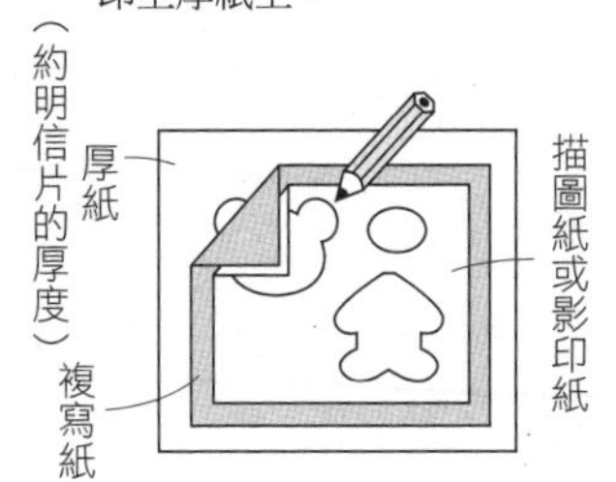

（約明信片的厚度）
厚紙
複寫紙
描圖紙或影印紙

3. 以剪刀沿著厚紙上的線條剪下，紙型就完成了！

嘴部
頭部
身體

描繪紙型

在不織布上描繪紙型時，建議使用手工藝用記號筆。此外，為了將不織布作最有效的利用，請有技巧地擺放紙型，且不要弄錯張數唷！

★裁剪2張相同的紙型時
記號筆
不織布
紙型
由於不織布沒有布紋，請更有效地利用空間進行裁剪，但注意不要弄錯張數唷！

※將紙型翻面，描畫外輪廓。

在不織布上作記號＆裁剪

剪下紙型。

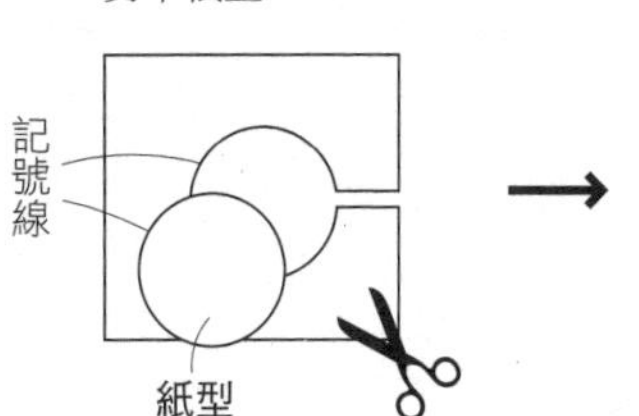

記號線
紙型

以記號筆或鉛筆在不織布上描繪紙型。

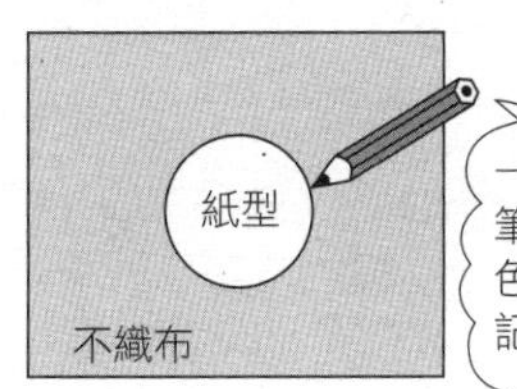

紙型
不織布
一般使用HB或B鉛筆，若不織布為深色時，建議以白色記號筆描繪。

沿著記號線剪下。

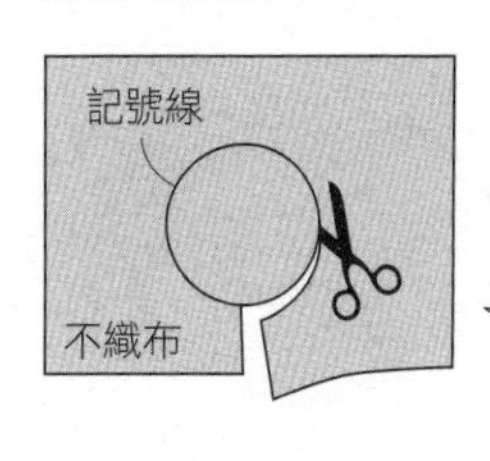

記號線
不織布

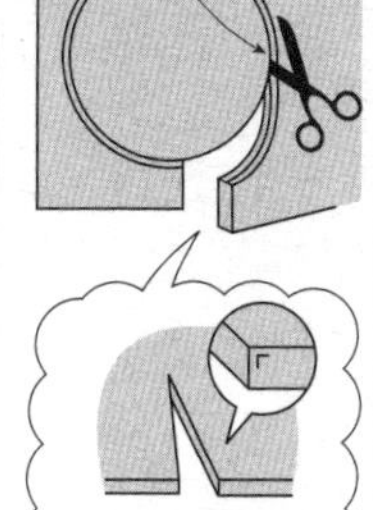

沿著記號線內側剪下。
剪刀刀刃與不織布保持直角。

裁剪細小部件時

在部件邊緣留白，進行裁剪。

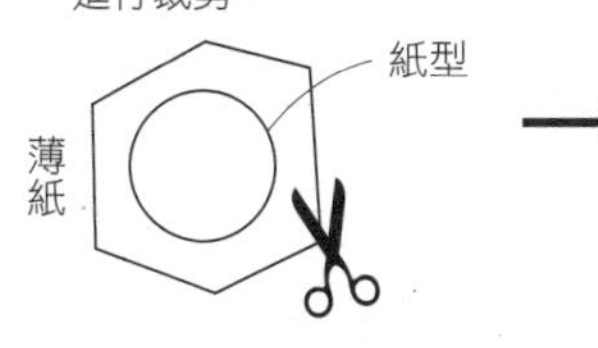

紙型
薄紙

在紙型周圍留白邊後剪下。

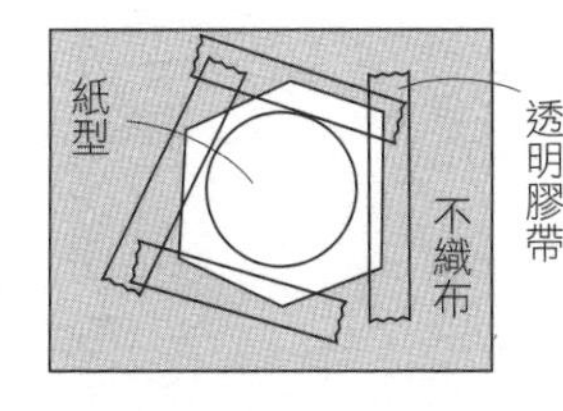

紙型
透明膠帶
不織布

以透明膠帶將紙型紙黏貼固定在不織布上。

連同紙型紙一起裁剪。

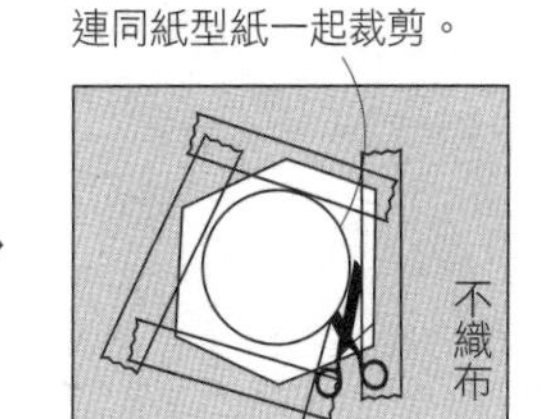

不織布

沿著完成線將紙型紙&不織布一起剪下。

填入棉花

1. 以竹籤等不會太尖的細棒，將手工藝棉花一點一點地分次填入玩偶中。

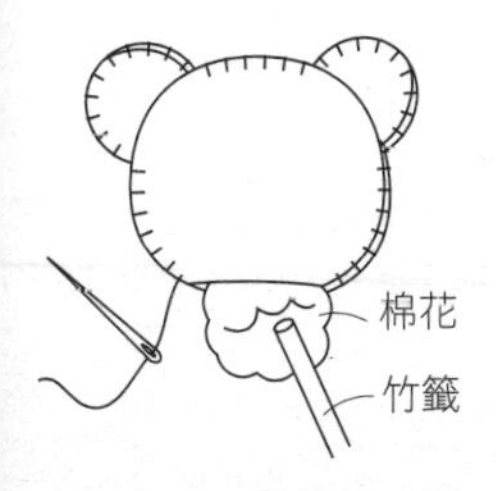

棉花
竹籤

2. 留一處不顯眼且方便填入的位置作為棉花填入口。

棉花
填入口

接縫眼睛

※作品材料列中並沒有包括眼睛的縫線，請依喜好自行準備。以適合眼睛顏色的繡線或手縫線縫合固定即可。

●從背面出針縫上眼睛

從玩偶的後腦杓入針後，由臉部正面出針&穿上眼珠（香菇釦或圓珠），再從正面入針背面出針，拉緊線尾縫出眼窩。

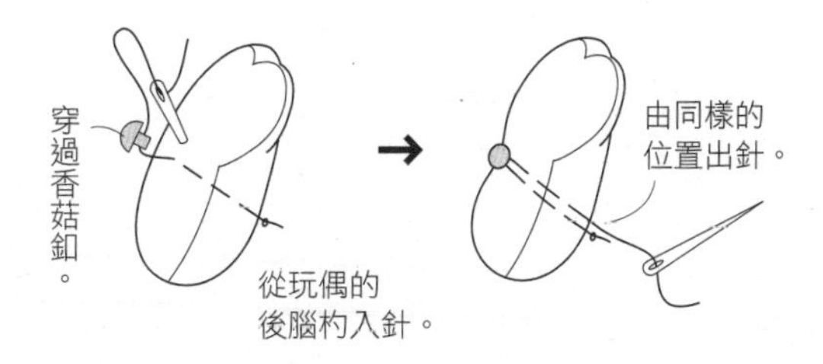

穿過香菇釦。
從玩偶的後腦杓入針。
由同樣的位置出針。

●同時縫上兩隻眼睛

將線穿過兩隻眼睛（香菇釦或圓珠），拉緊線尾縫出眼窩。

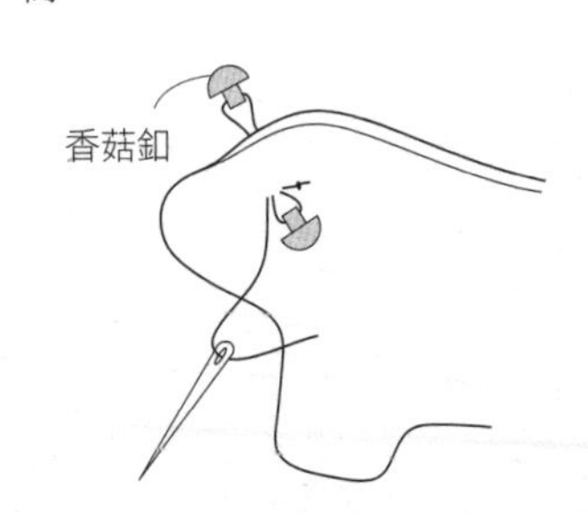

香菇釦

兔子三兄弟

原寸紙型參見P.36 除了特別指定之外，皆取1股與不織布相同顏色的繡線進行縫製。

1 材料
- 不織布
  白色…10×10cm
- 25號繡線…與不織布相同顏色
  深褐色・深粉紅・綠色
- 手工藝棉花…適量

2 材料
- 不織布
  白色…10×10cm
- 25號繡線…與不織布相同顏色
  深褐色・深粉紅
- 手工藝棉花…適量

3 材料
- 不織布
  白色…10×10cm
- 25號繡線…與不織布相同顏色
  深褐色・深粉紅・橘色・黃綠色
- 手工藝棉花…適量

作法

2

1 刺繡

主體

刺繡。

2 縫製主體

疊合兩片後進行捲針縫。
填入棉花後縫合固定。

3 縫上尾巴

後側

尾巴

以立針縫接縫固定。

尾巴的作法同1・3。

完成！

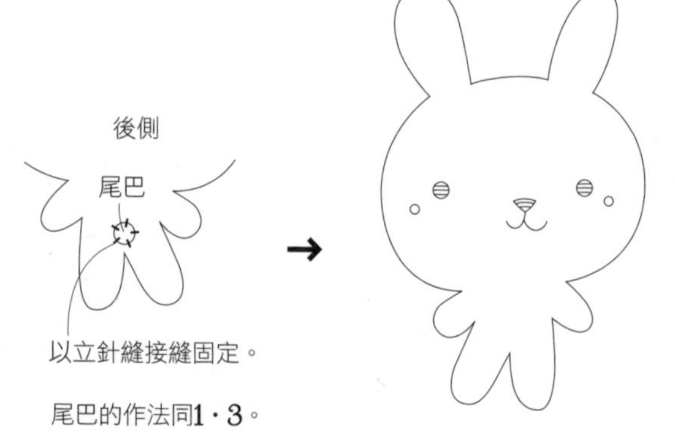

1・3

1 刺繡

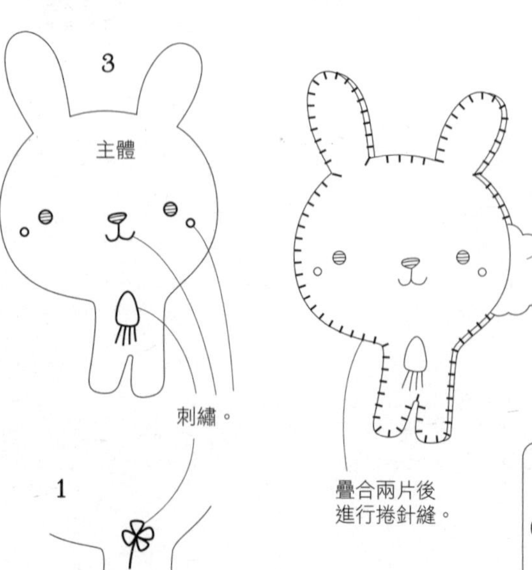

3
主體
刺繡。
1

2 縫製主體

填入棉花後縫合固定。

疊合兩片後進行捲針縫。

3 縫上雙手

手

一邊填入少量棉花，一邊以立針縫接縫固定。

與後側片一起穿縫固定。

4 縫上尾巴

尾巴

0.1

平針縫。

拉線縮緊。（不須填入棉花）

後側

接縫固定。

完成！

3

1

P.3 4至6

貪吃的天竺鼠

原寸紙型參見P.36　除了特別指定之外，皆取1股與不織布相同顏色的繡線進行縫製。

4 材料
- 不織布
  白色…10×10cm
  霜降灰…10×5cm
  淡橘色…2×2cm
- 25號繡線…與不織布相同顏色
  深褐色・深粉紅・淡橘色
- 手工藝棉花…適量

5 材料
- 不織布
  駝色…10×10cm
  淡橘色…2×2cm
- 25號繡線…與不織布相同顏色
  深褐色・深粉紅・淡橘色
- 手工藝棉花…適量

6 材料
- 不織布
  白色…10×10cm
  淡褐色…10×5cm
  淡橘色…2×2cm
- 25號繡線…與不織布相同顏色
  深褐色・深粉紅・淡橘色
- 手工藝棉花…適量

作法

5

1 刺繡

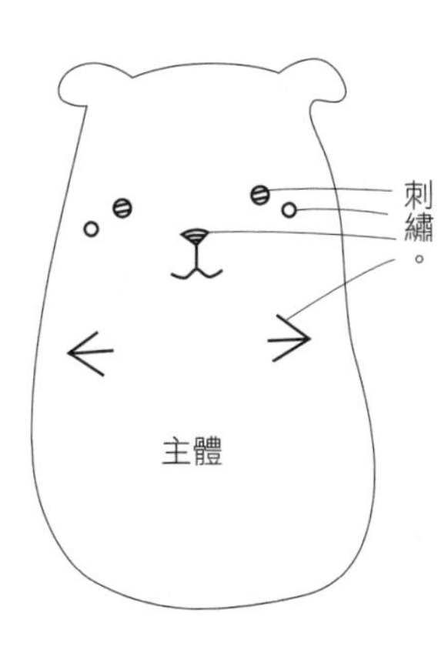
刺繡。
主體

2 縫製主體

疊合兩片後進行捲針縫。
填入棉花後縫合固定。
夾入雙腳。

完成！

4・6

1 將頭部接縫在主體上

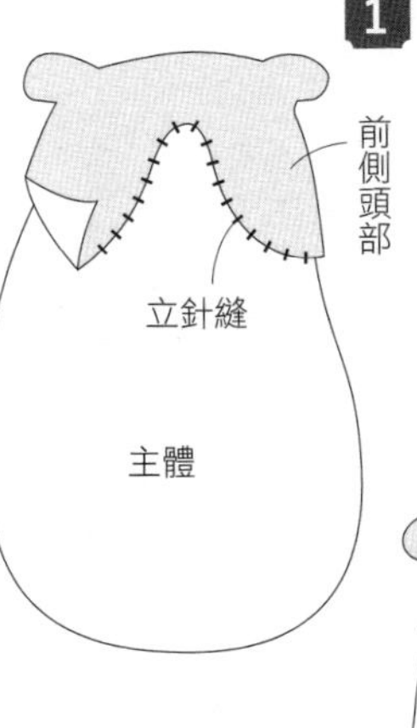
前側頭部
立針縫
主體

後側頭部

立針縫。

主體

2 刺繡

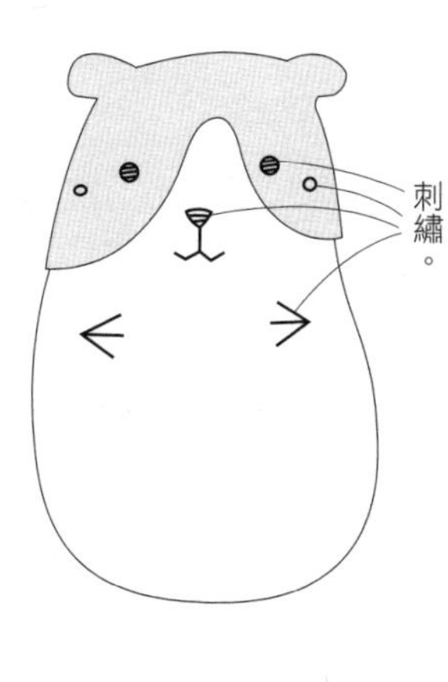
刺繡。

3 縫製主體

完成！

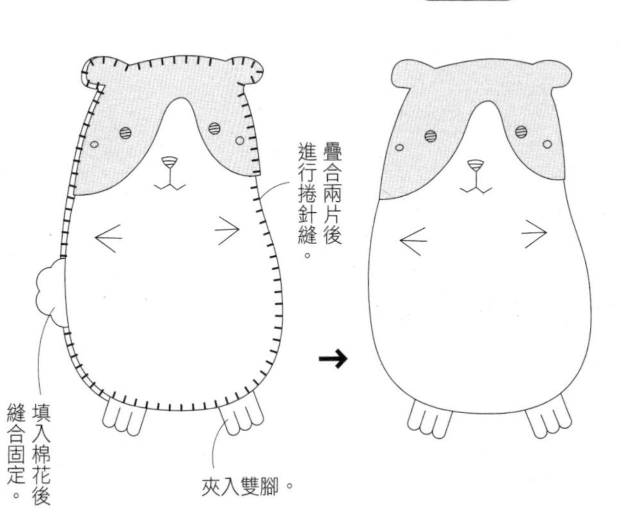
疊合兩片後進行捲針縫。
填入棉花後縫合固定。
夾入雙腳。

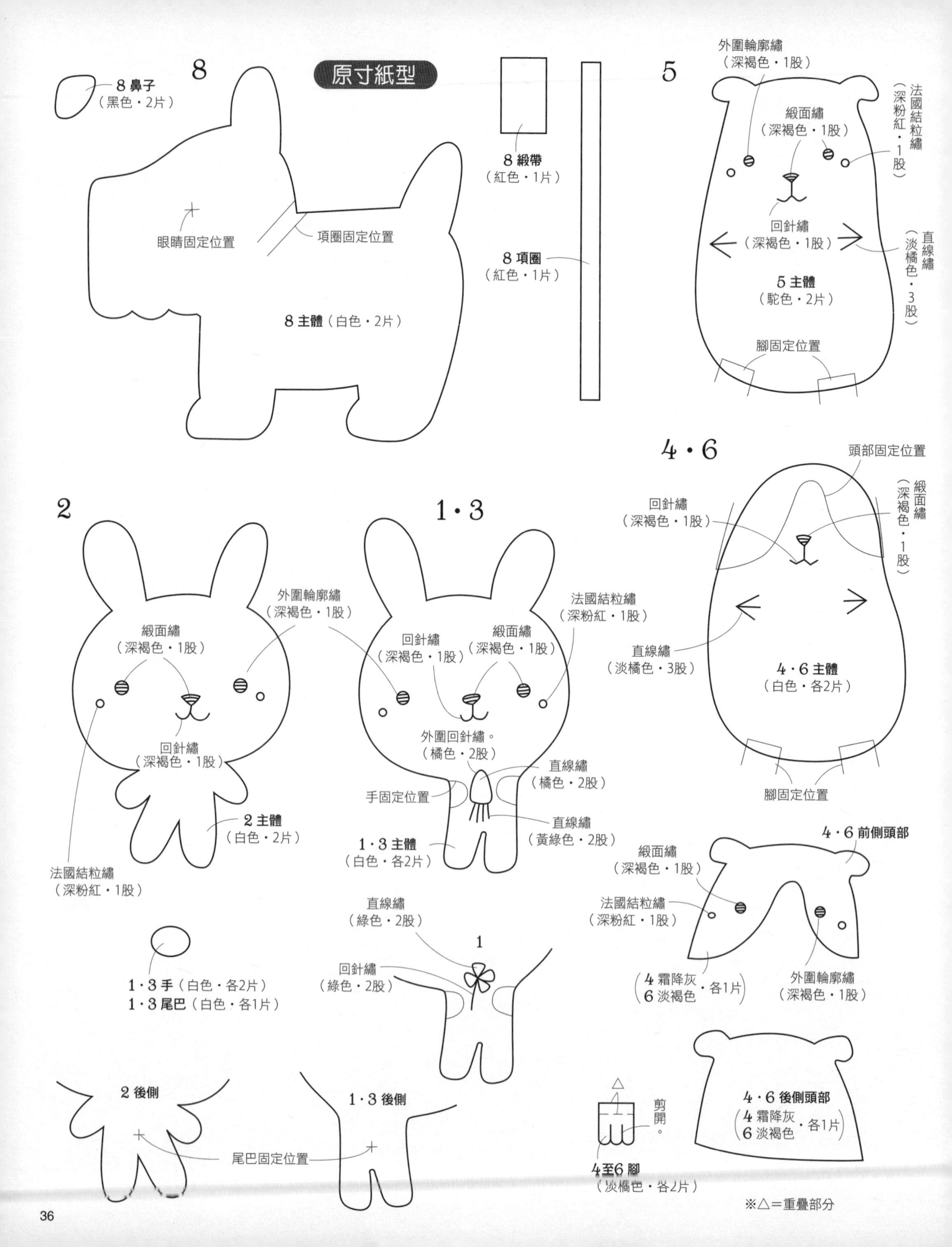
原寸紙型
8
8 鼻子
（黑色・2片）
眼睛固定位置
項圈固定位置
8 主體（白色・2片）
8 緞帶
（紅色・1片）
8 項圈
（紅色・1片）
5
外圍輪廓繡
（深褐色・1股）
緞面繡
（深褐色・1股）
法國結粒繡
（深粉紅・1股）
回針繡
（深褐色・1股）
直線繡
（淡橘色・3股）
5 主體
（駝色・2片）
腳固定位置
4・6
頭部固定位置
回針繡
（深褐色・1股）
緞面繡
（深褐色・1股）
直線繡
（淡橘色・3股）
4・6 主體
（白色・各2片）
腳固定位置
2
緞面繡
（深褐色・1股）
外圍輪廓繡
（深褐色・1股）
回針繡
（深褐色・1股）
2 主體
（白色・2片）
法國結粒繡
（深粉紅・1股）
1・3
回針繡
（深褐色・1股）
緞面繡
（深褐色・1股）
法國結粒繡
（深粉紅・1股）
外圍回針繡。
（橘色・2股）
直線繡
（橘色・2股）
手固定位置
直線繡
（黃綠色・2股）
1・3 主體
（白色・各2片）
4・6 前側頭部
緞面繡
（深褐色・1股）
法國結粒繡
（深粉紅・1股）
4 霜降灰
6 淡褐色 ・各1片
外圍輪廓繡
（深褐色・1股）
1・3 手（白色・各2片）
1・3 尾巴（白色・各1片）
直線繡
（綠色・2股）
1
回針繡
（綠色・2股）
2 後側
1・3 後側
尾巴固定位置
剪開。
4至6 腳
（淡橘色・各2片）
4・6 後側頭部
4 霜降灰
6 淡褐色 ・各1片
※△＝重疊部分

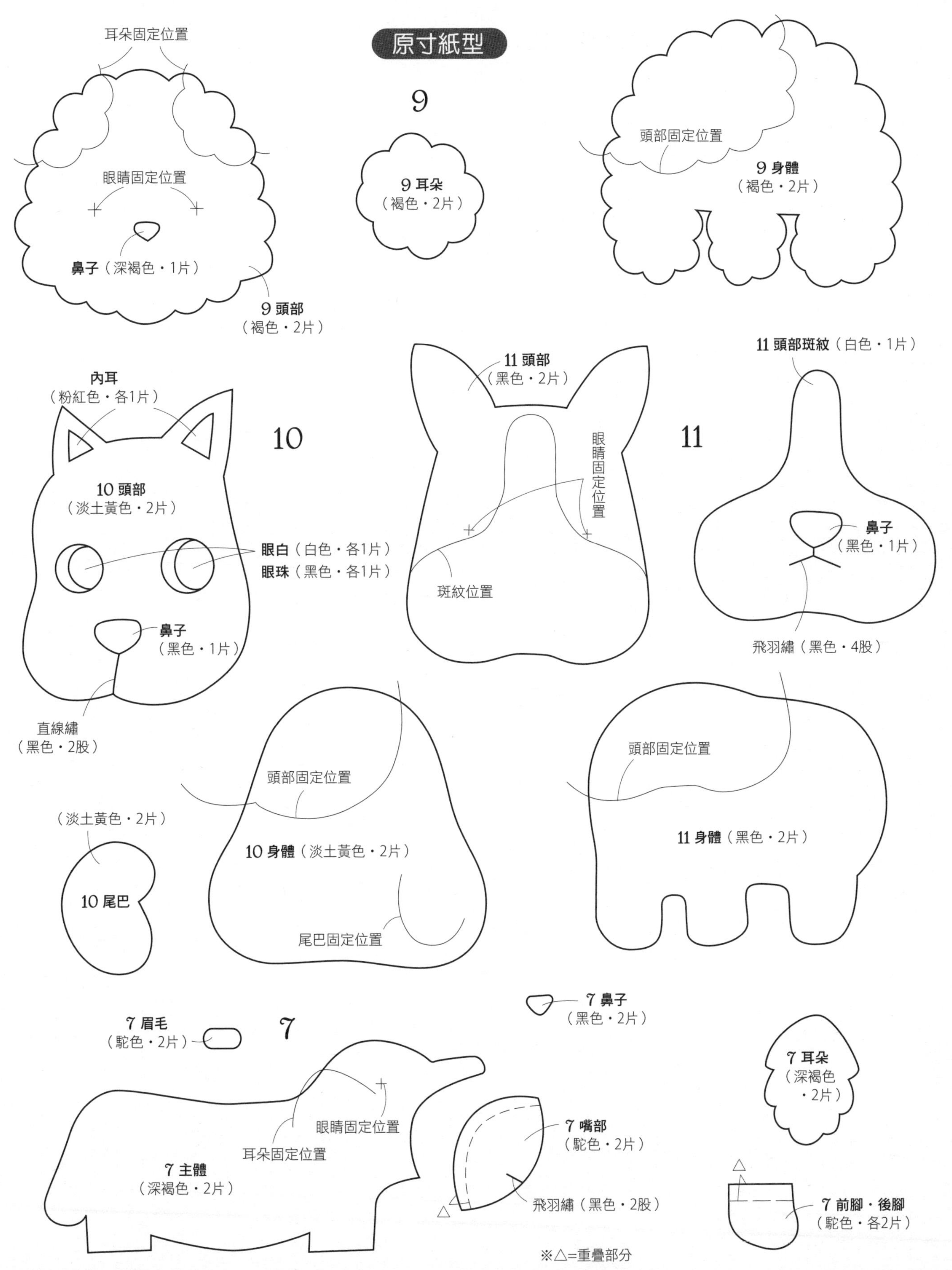
原寸紙型
9
耳朵固定位置
眼睛固定位置
鼻子（深褐色・1片）
9 頭部
（褐色・2片）
9 耳朵
（褐色・2片）
頭部固定位置
9 身體
（褐色・2片）
內耳
（粉紅色・各1片）
10
10 頭部
（淡土黃色・2片）
眼白（白色・各1片）
眼珠（黑色・各1片）
鼻子
（黑色・1片）
直線繡
（黑色・2股）
11 頭部
（黑色・2片）
眼睛固定位置
斑紋位置
11
11 頭部斑紋（白色・1片）
鼻子
（黑色・1片）
飛羽繡（黑色・4股）
（淡土黃色・2片）
10 尾巴
頭部固定位置
10 身體（淡土黃色・2片）
尾巴固定位置
頭部固定位置
11 身體（黑色・2片）
7 鼻子
（黑色・2片）
7 眉毛
（駝色・2片）
7
眼睛固定位置
耳朵固定位置
7 主體
（深褐色・2片）
7 嘴部
（駝色・2片）
飛羽繡（黑色・2股）
7 耳朵
（深褐色
・2片）
7 前腳・後腳
（駝色・各2片）
※△=重疊部分

齊聚一堂的小狗

原寸紙型參見P.36至P.37

除了特別指定之外，
皆取1股與不織布相同顏色的繡線進行縫製。

7 材料
・不織布
深褐色…15×10cm
駝色…10×5cm
黑色…2×1cm
・串珠3mm（黑色）…2個
・25號繡線…深褐色・駝色
・手工藝棉花…適量

8 材料
・不織布
白色…20×10cm
黑色…3×2cm
紅色…10×2cm
・串珠3mm（黑色）…2個
・25號繡線…白色・紅色
・手工藝棉花…適量

9 材料
・不織布
褐色…15×15cm
深褐色…1×1cm
・串珠4mm（黑色）…2個
・25號繡線…褐色
・手工藝棉花…適量

10 材料
・不織布
淡土黃色…15×15cm
黑色…3×3cm
白色…5×3cm
淡粉紅…2×1cm
・25號繡線…淡土黃色
・手工藝棉花…適量

11 材料
・不織布
黑色…15×10cm
白色…7×7cm
・串珠6mm（黑色）…2個
・25號繡線…黑色・白色
・手工藝棉花…適量

作法

9

1 縫上眼睛＆黏上鼻子

頭部
縫上串珠。
以白膠黏貼鼻子。

2 縫製頭部

疊合兩片後進行捲針縫。
填入棉花後縫合固定。

3 黏上耳朵

耳朵
以白膠黏貼固定。

4 縫製身體

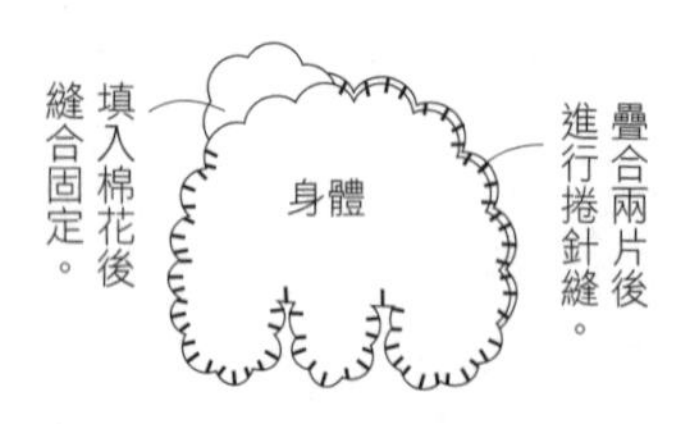
填入棉花後縫合固定。
身體
疊合兩片後進行捲針縫。

5 接縫頭部＆身體

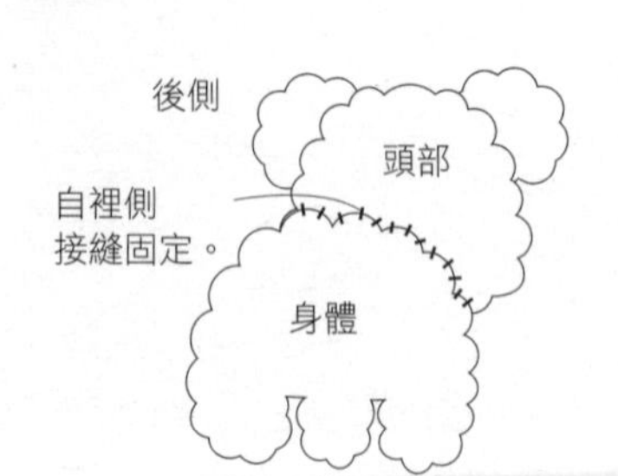
後側
頭部
自裡側接縫固定。
身體

完成！

前側

10

1 縫製頭部

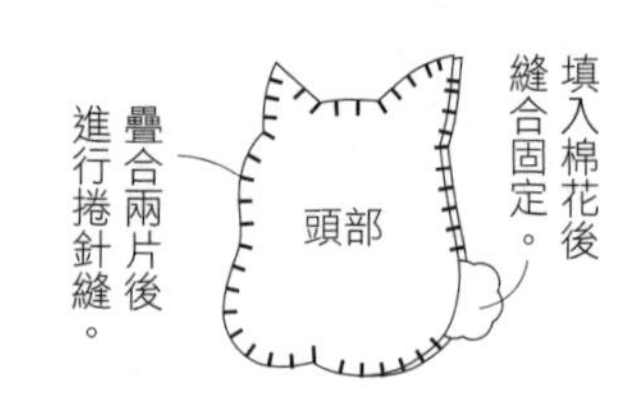
疊合兩片後進行捲針縫。
頭部
填入棉花後縫合固定。

2 繡上嘴巴

橫越接縫邊，進行刺繡。

3 製作頭部

內耳
眼睛
鼻子
以白膠黏貼固定。

4 縫製身體＆尾巴

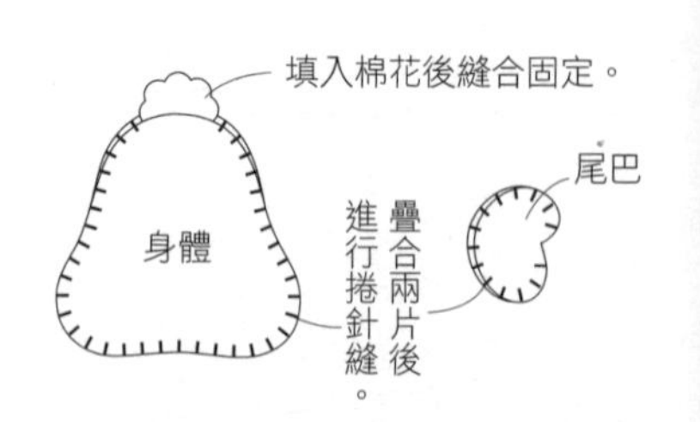
填入棉花後縫合固定。
身體
尾巴
疊合兩片後進行捲針縫。

5 接縫頭部＆身體

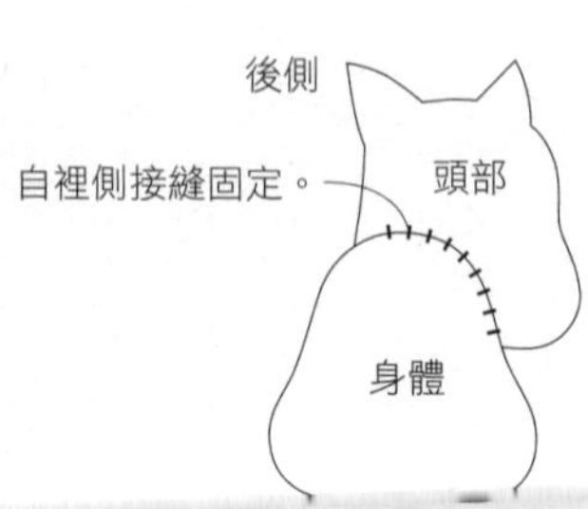
後側
自裡側接縫固定。
頭部
身體

6 黏上尾巴

完成！

尾巴
以白膠黏貼固定。

7

1 接縫嘴部＆前後腳

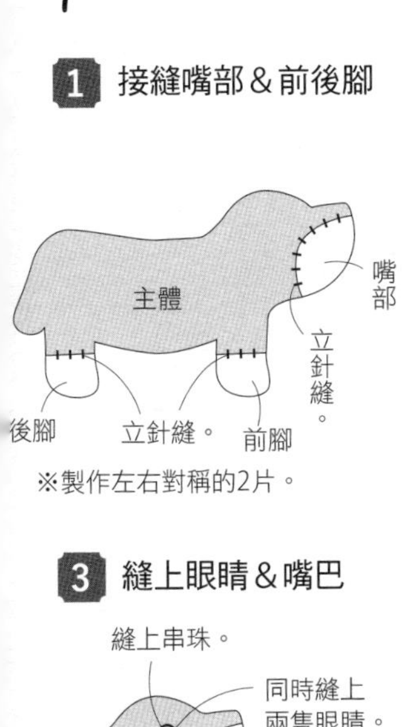

主體
嘴部
立針縫。
後腳
立針縫。
前腳

※製作左右對稱的2片。

2 縫製主體

疊合兩片後進行捲針縫。

主體

填入棉花後縫合固定。

3 縫上眼睛＆嘴巴

4 黏上鼻子＆眉毛

5 黏上耳朵

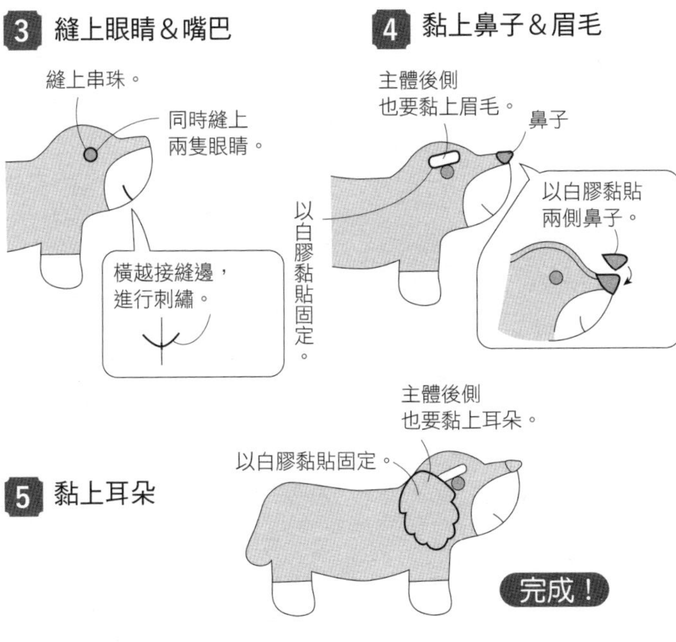

縫上串珠。
同時縫上兩隻眼睛。
橫越接縫邊，進行刺繡。
主體後側也要黏上眉毛。
鼻子
以白膠黏貼固定。
以白膠黏貼兩側鼻子。
主體後側也要黏上耳朵。
以白膠黏貼固定。
完成！

8

1 縫製主體

2 加上眼睛＆鼻子

3 戴上項圈

4 繫上緞帶

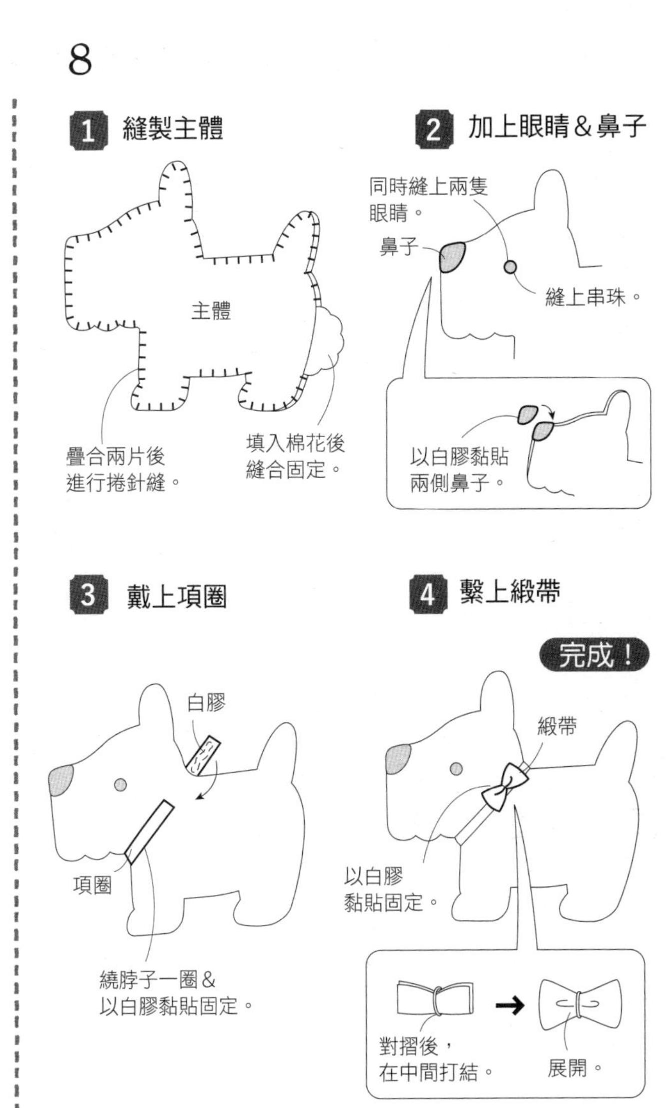

主體
疊合兩片後進行捲針縫。
填入棉花後縫合固定。
同時縫上兩隻眼睛。
鼻子
縫上串珠。
以白膠黏貼兩側鼻子。
白膠
項圈
繞脖子一圈＆以白膠黏貼固定。
完成！
緞帶
以白膠黏貼固定。
對摺後，在中間打結。
展開。

11

1 縫製臉部

2 縫製頭部

3 縫製身體

4 接縫頭部＆身體

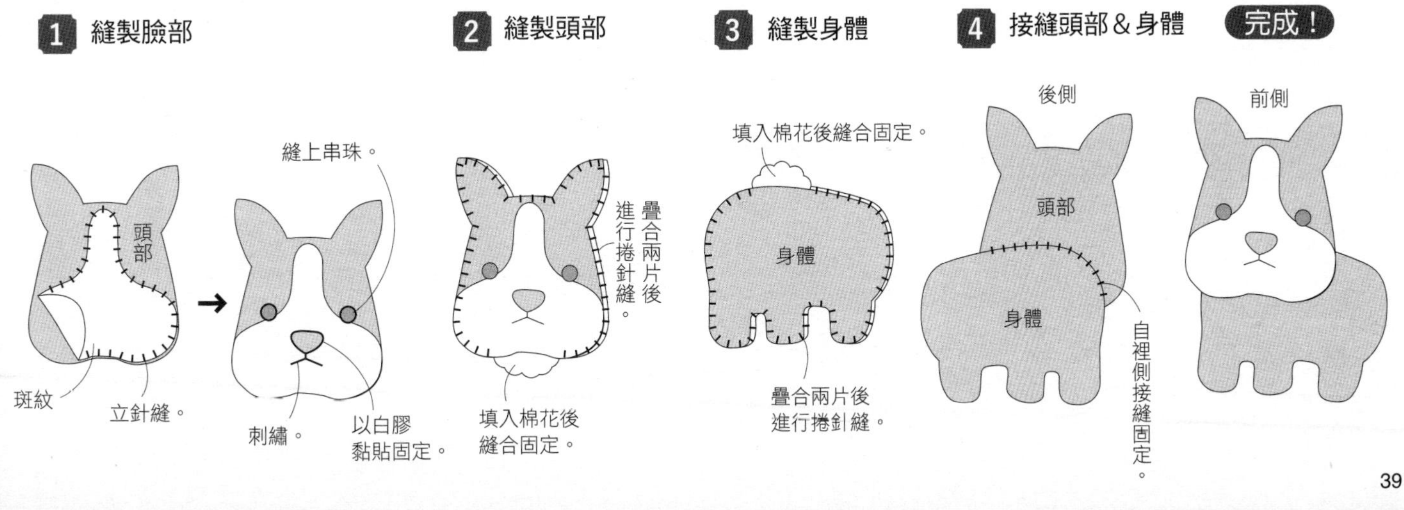

完成！
頭部
斑紋
立針縫。
縫上串珠。
刺繡。
以白膠黏貼固定。
疊合兩片後進行捲針縫。
填入棉花後縫合固定。
填入棉花後縫合固定。
身體
疊合兩片後進行捲針縫。
後側
前側
頭部
身體
自裡側接縫固定。

時尚貴賓狗

原寸紙型參見P.41

除了特別指定之外，皆取1股與不織布相同顏色的繡線進行縫製。

12 材料

・不織布
　淡粉紅…20×10cm
　淺蓮紅色…3×3cm
　白色…3×3cm
・香菇釦6mm（黑色）…2個
・珍珠3mm…1個
・單圈5mm…1個
・25號繡線…淡粉紅・白色・黑色
・珠鍊…10cm
・手工藝棉花…適量

13 材料

・不織布
　水藍色…20×10cm
　淺蓮紅色…3×3cm
・香菇釦6mm（黑色）…2個
・珍珠3mm…22個
・25號繡線…水藍色・黑色・白色
・手工藝棉花…適量

14 材料

・不織布
　灰色…20×10cm
　淺蓮紅色…3×3cm
・香菇釦6mm（黑色）…2個
・珍珠3mm…22個
・25號繡線…灰色・黑色・白色
・手工藝棉花…適量

15 材料

・不織布
　白色…20×10cm
　淺蓮紅色…3×3cm
　淡粉紅…3×3cm
・香菇釦6mm（黑色）…2個
・珍珠3mm…1個
・單圈5mm…1個
・25號繡線…白色・黑色
・珠鍊…10cm
・手工藝棉花…適量

作法

1 縫製腳部

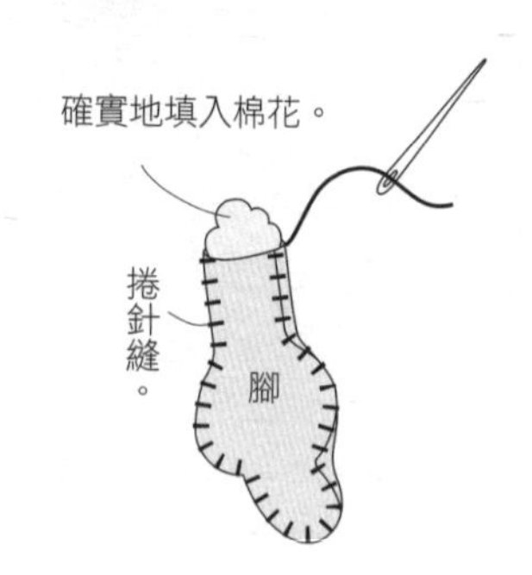
確實地填入棉花。
捲針縫。
腳

2 縫製主體

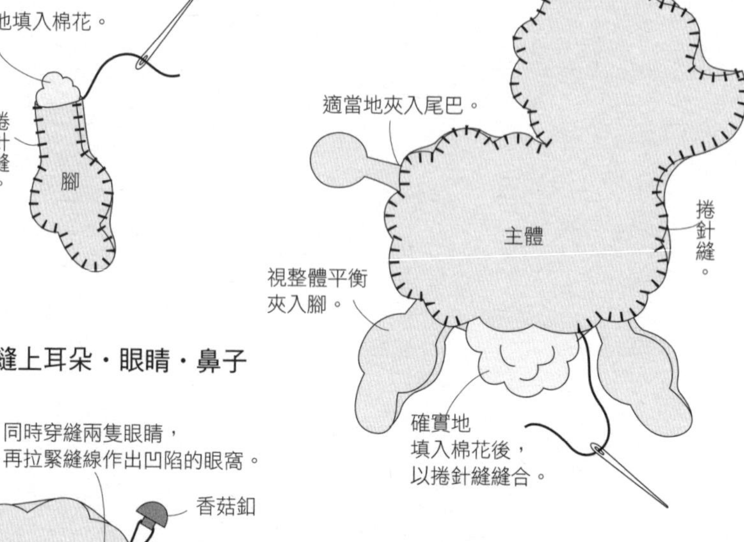
適當地夾入尾巴。
主體
捲針縫。
視整體平衡夾入腳。
確實地填入棉花後，以捲針縫縫合。

3 縫上耳朵・眼睛・鼻子

同時穿縫兩隻眼睛，再拉緊縫線作出凹陷的眼窩。

香菇釦

立針縫。

耳朵

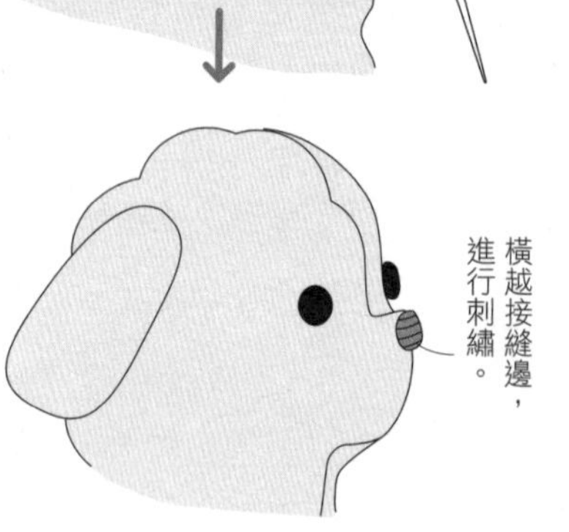
橫越接縫邊，進行刺繡。

4 縫上花朵＆單圈（12・15）

在花朵中心處縫上珍珠，固定於耳朵上方。

將單圈止縫固定於接縫邊。

珍珠

0.3cm

耳朵

5 在脖子圍一圈珍珠項鍊＆止縫固定（13・14）

③穿過22個珍珠。
②出。①入
主體後側
⑥在珍珠下方出針＆打結固定。
④圍繞脖子一圈。
⑤入。
主體後側

完成！

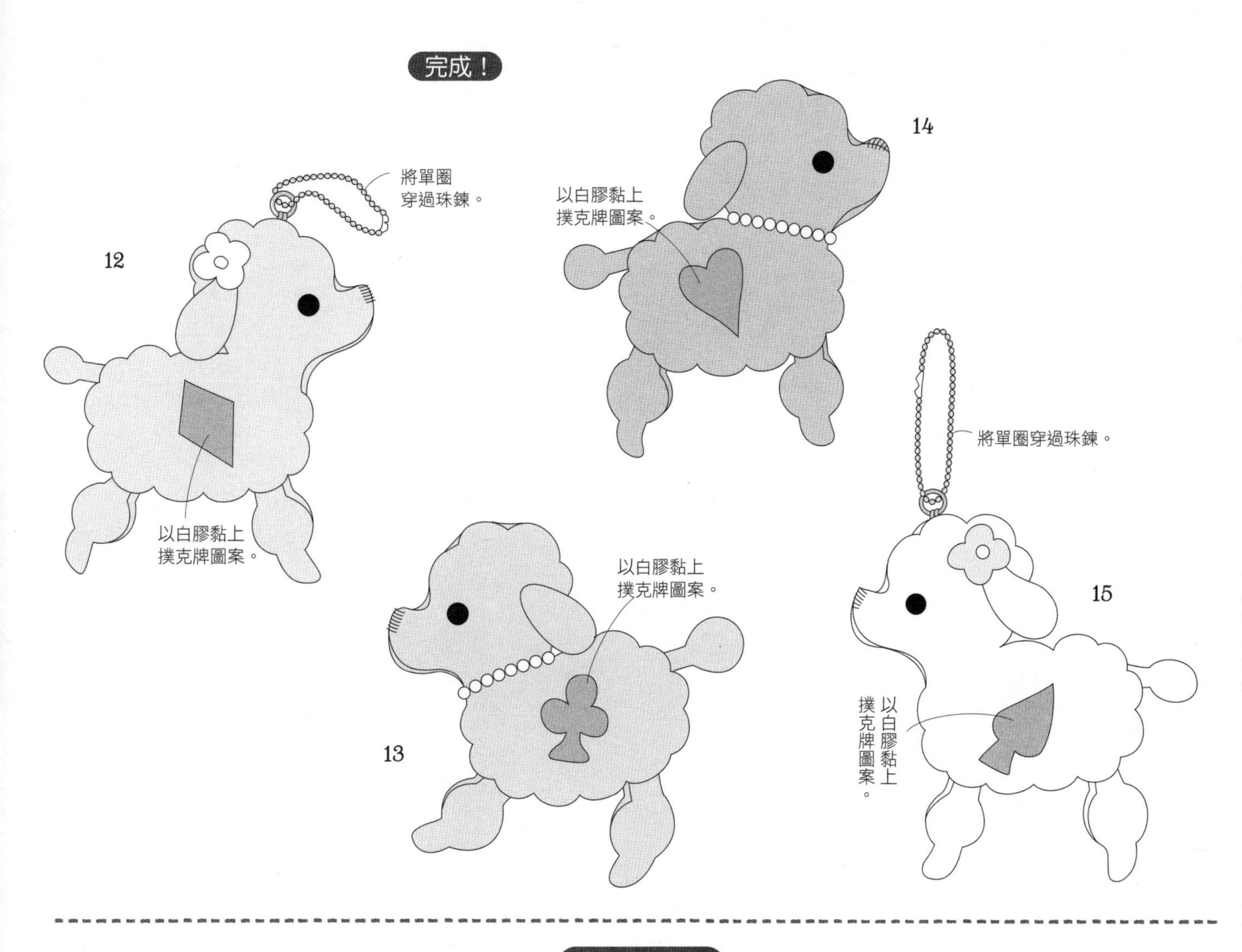

將單圈
穿過珠鍊。
12
以白膠黏上
撲克牌圖案。
14
以白膠黏上
撲克牌圖案。
將單圈穿過珠鍊。
以白膠黏上
撲克牌圖案。
13
15
以白膠黏上
撲克牌圖案。

原寸紙型

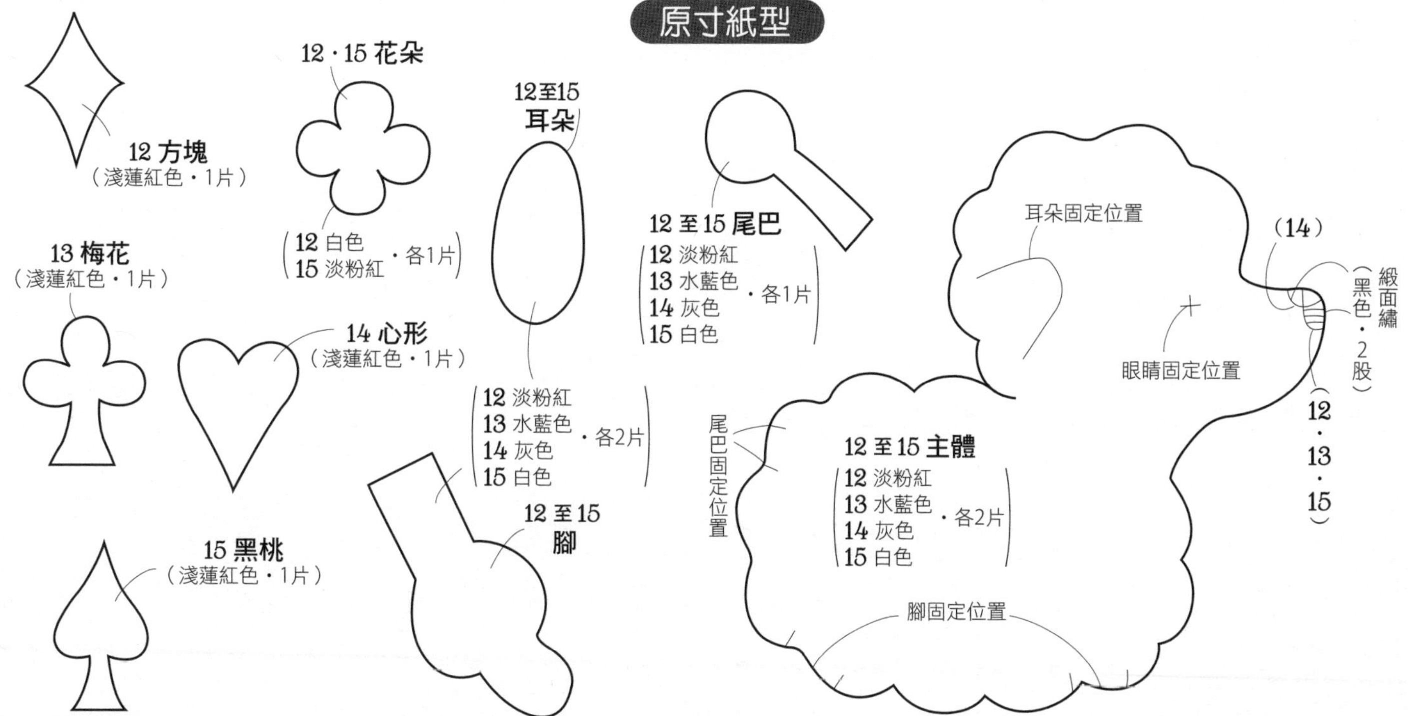

12 方塊
（淺蓮紅色・1片）
12・15 花朵
12 白色
15 淡粉紅
・各1片
12至15
耳朵
12 淡粉紅
13 水藍色
14 灰色
15 白色
・各2片
12至15 尾巴
12 淡粉紅
13 水藍色
14 灰色
15 白色
・各1片
13 梅花
（淺蓮紅色・1片）
14 心形
（淺蓮紅色・1片）
15 黑桃
（淺蓮紅色・1片）
12至15
腳
耳朵固定位置
（14）
緞面繡
（黑色・2股）
眼睛固定位置
（12・13・15）
尾巴固定位置
12至15 主體
12 淡粉紅
13 水藍色
14 灰色
15 白色
・各2片
腳固定位置

快樂動物園

原寸紙型參見P.44

除了特別指定之外，皆取1股與不織布相同顏色的繡線進行縫製。

作法

20 材料
・不織布
深水藍…20×15cm
・串珠4mm（黑色）…2個
・25號繡線…深水藍・黑色
・手工藝棉花…適量

20

1 縫製主體

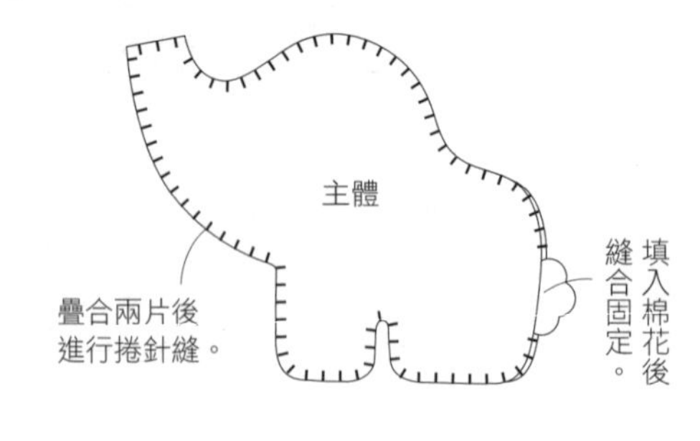
主體
疊合兩片後
進行捲針縫。
填入棉花後
縫合固定。

2 縫上耳朵

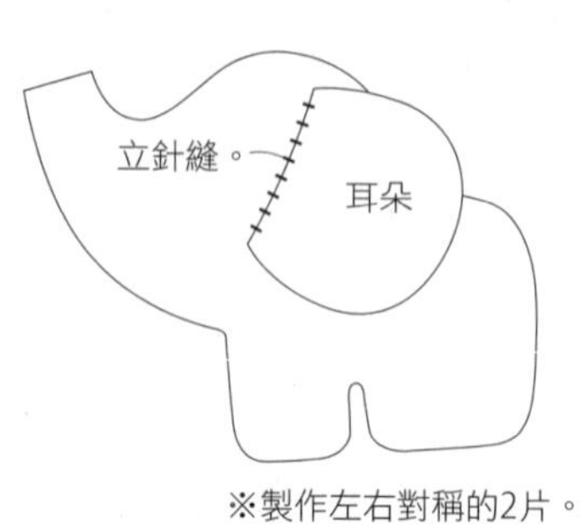
立針縫。
耳朵

※製作左右對稱的2片。

3 縫上眼睛＆繡上嘴巴

縫上串珠。
同時縫上
兩隻眼睛。
橫越接縫邊，
進行刺繡。

4 製作尾巴

以白膠黏貼固定。
尾巴

5 縫上尾巴

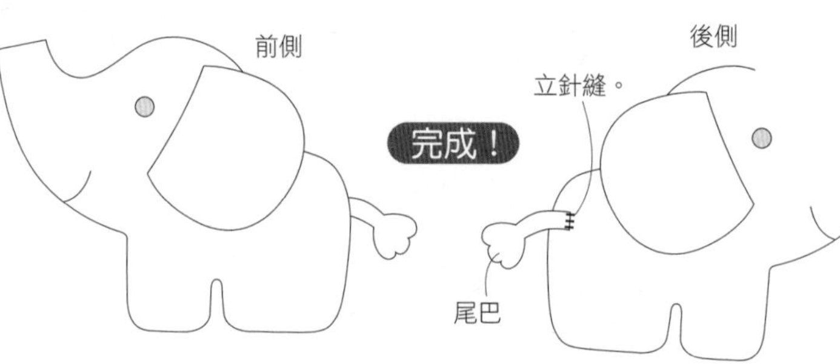
前側
後側
立針縫。
完成！
尾巴

21 材料
・不織布
黃色…20×10cm
深褐色…5×5cm
紅褐色…5×5cm
米灰色…5×5cm
・串珠3mm（黑色）…2個
・25號繡線
…黃色・紅褐色
・手工藝棉花…適量

21

1 縫上眼睛＆斑紋

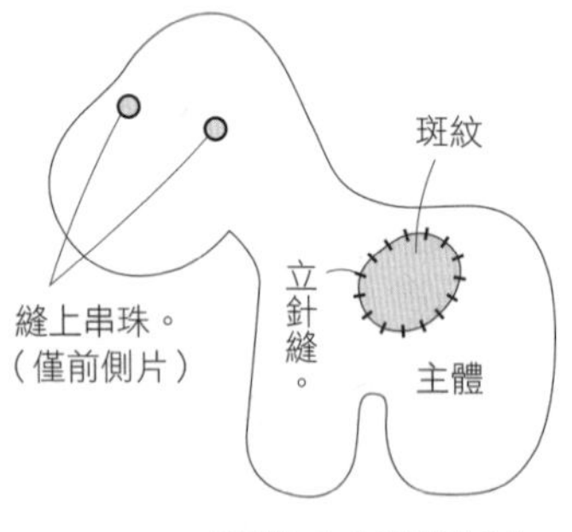
斑紋
立針縫。
縫上串珠。
（僅前側片）
主體

※製作左右對稱的2片。

2 縫製主體

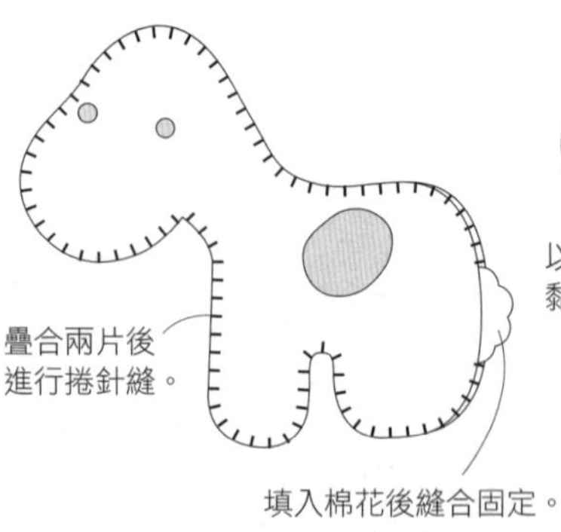
疊合兩片後
進行捲針縫。

填入棉花後縫合固定。

3 黏上鼻子＆縫上斑紋

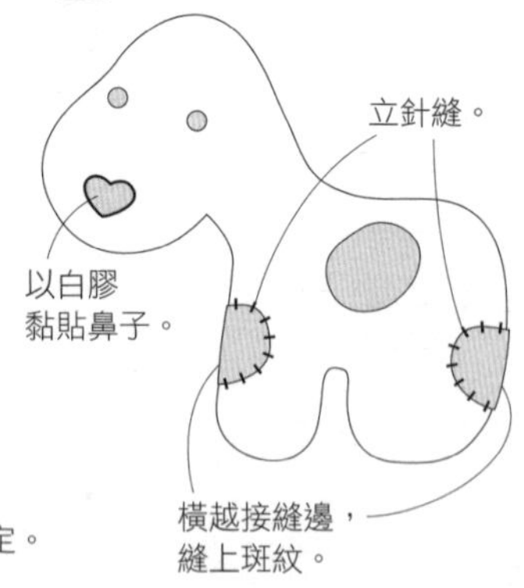
立針縫。
以白膠
黏貼鼻子。
橫越接縫邊，
縫上斑紋。

4 製作鹿角・耳朵・尾巴

鹿角
以白膠
黏貼。

※製作2個。

將耳朵對摺。
止縫固定。
※製作2個。

以白膠黏貼固定。

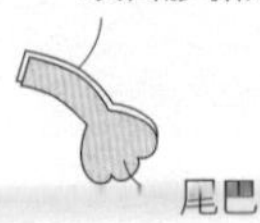
尾巴

5 縫上鹿角・耳朵・尾巴＆黏上鬃毛

前側
在鬃毛單側邊
剪牙口＆以白膠
黏貼固定於後側。

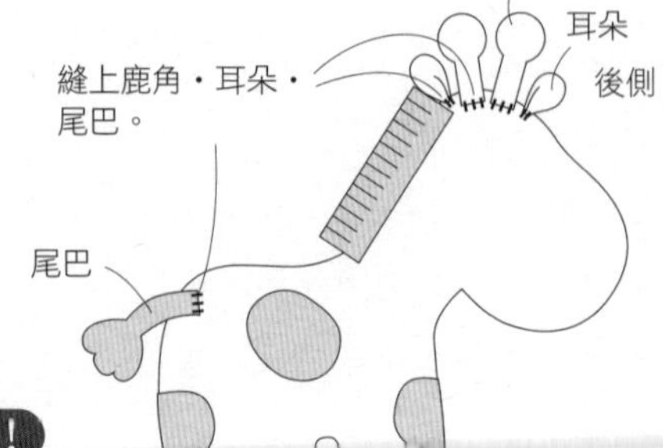
鹿角
耳朵
後側
縫上鹿角・耳朵・
尾巴。
尾巴

完成！

22 材料

- 不織布
  深褐色…20×10cm
  米灰色…10×5cm
- 串珠4mm（黑色）…2個
- 25號繡線…與不織布相同顏色
- 手工藝棉花…適量

作法

22

1 縫上臉部&眼睛

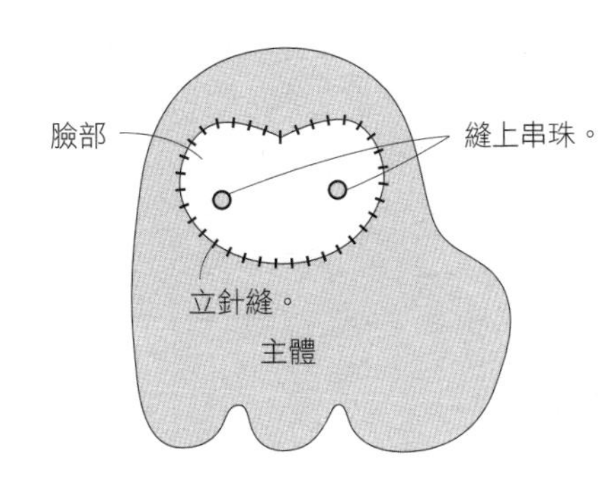

臉部
縫上串珠。
立針縫。
主體

2 製作&縫上鼻子

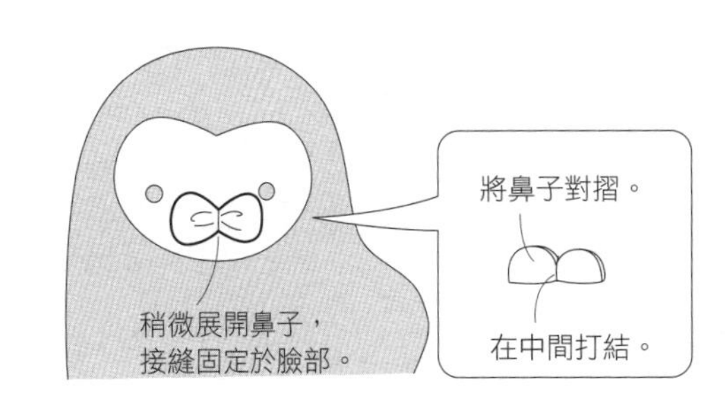

將鼻子對摺。
在中間打結。
稍微展開鼻子，
接縫固定於臉部。

3 縫製主體

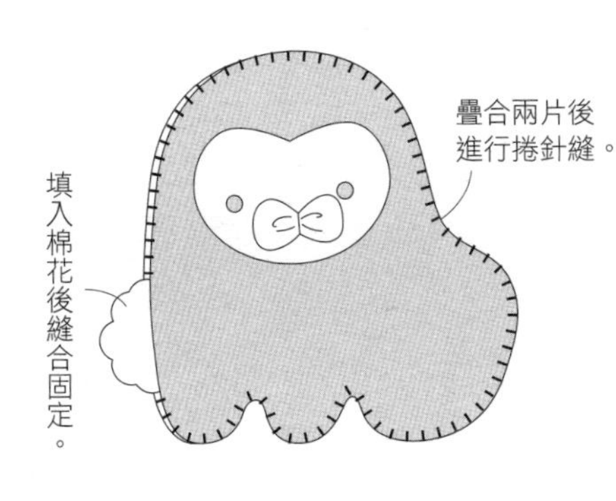

疊合兩片後
進行捲針縫。
填入棉花後縫合固定。

4 貼上耳朵

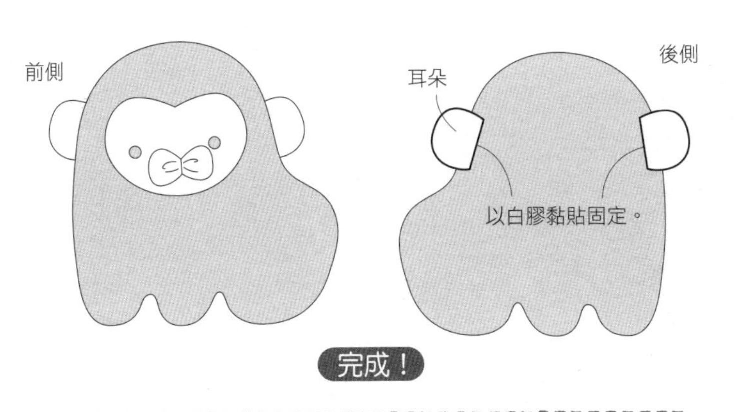

前側
後側
耳朵
以白膠黏貼固定。
完成！

23 材料

- 不織布
  土黃色…15×15cm
  紅褐色…10×10cm
  深褐色…3×3cm
- 串珠4mm（黑色）…2個
- 25號繡線…土黃色
- 手工藝棉花…適量

23

1 製作鼻子

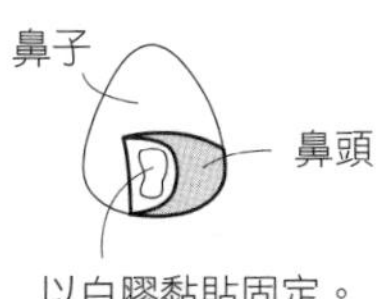

鼻子
鼻頭
以白膠黏貼固定。

2 縫上眼睛&貼上鼻子

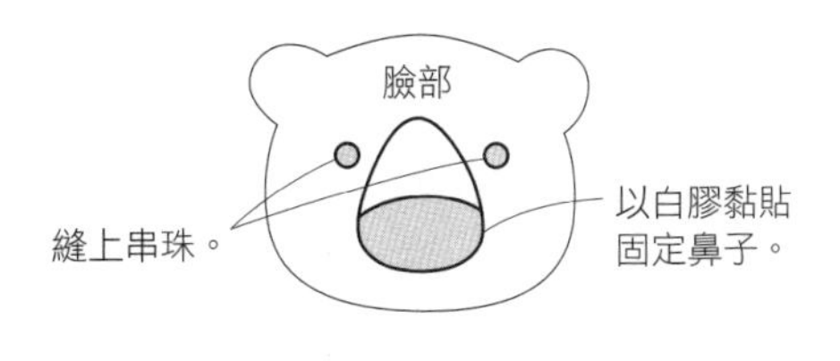

臉部
縫上串珠。
以白膠黏貼
固定鼻子。

3 縫製臉部

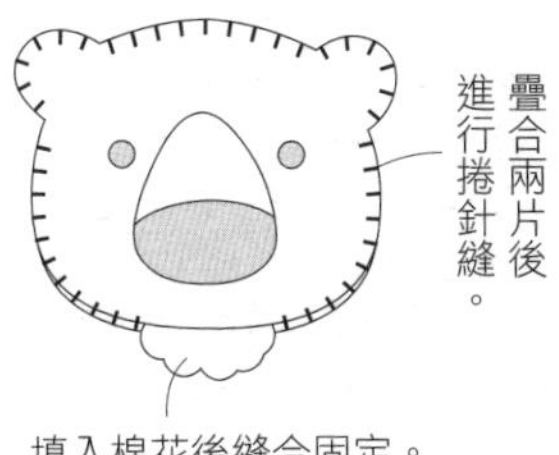

疊合兩片後
進行捲針縫。
填入棉花後縫合固定。

4 黏合臉部&鬃毛

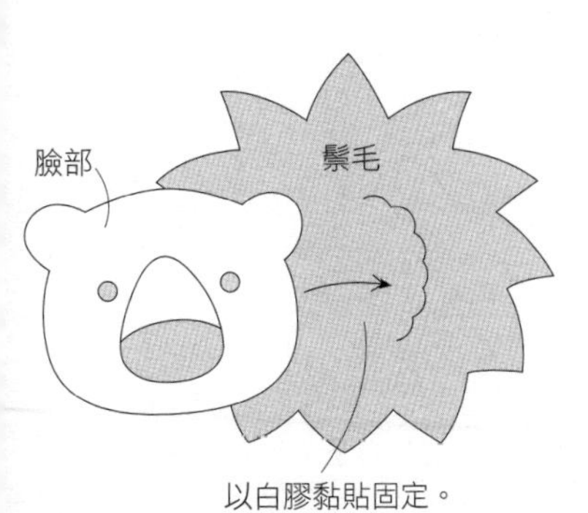

臉部
鬃毛
以白膠黏貼固定。

5 製作身體

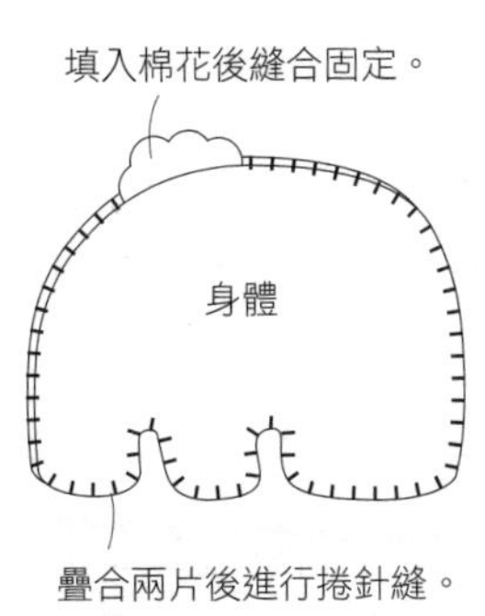

填入棉花後縫合固定。
身體
疊合兩片後進行捲針縫。

6 製作尾巴&接縫臉部・身體・尾巴

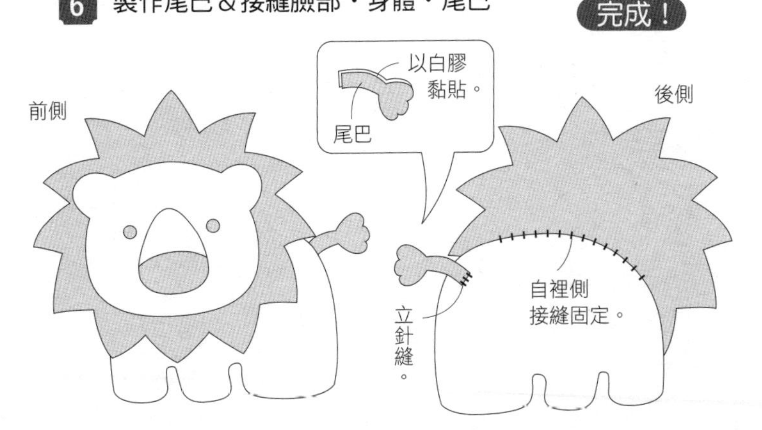

完成！
以白膠
黏貼。
尾巴
前側
後側
自裡側
接縫固定。
立針縫。

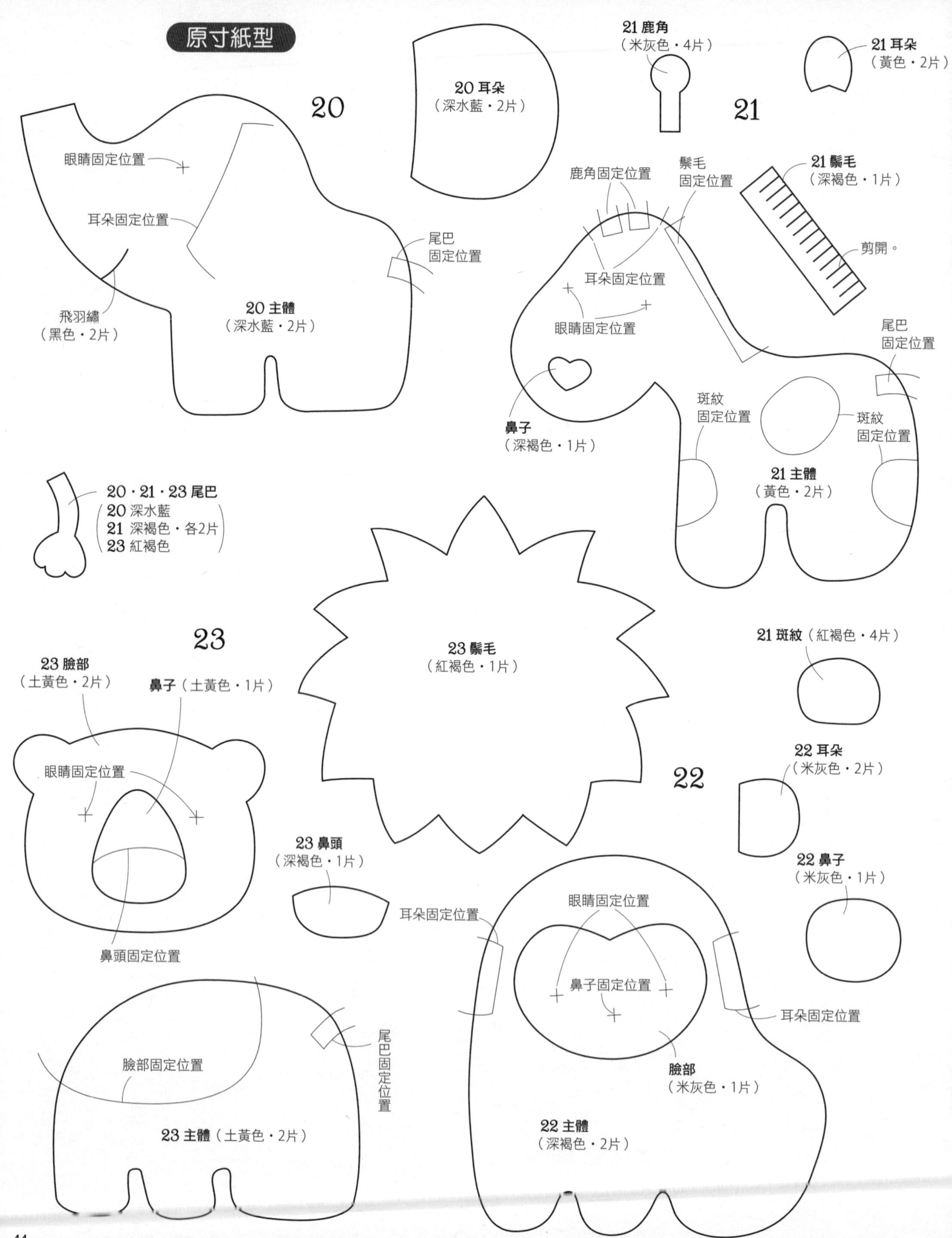
原寸紙型
20
20 耳朵
（深水藍・2片）
眼睛固定位置
耳朵固定位置
尾巴
固定位置
飛羽繡
（黑色・2片）
20 主體
（深水藍・2片）
21 鹿角
（米灰色・4片）
21 耳朵
（黃色・2片）
21
鹿角固定位置
鬃毛
固定位置
21 鬃毛
（深褐色・1片）
剪開。
耳朵固定位置
眼睛固定位置
尾巴
固定位置
鼻子
（深褐色・1片）
斑紋
固定位置
斑紋
固定位置
21 主體
（黃色・2片）
20・21・23 尾巴
20 深水藍
21 深褐色・各2片
23 紅褐色
23
23 鬃毛
（紅褐色・1片）
21 斑紋（紅褐色・4片）
23 臉部
（土黃色・2片）
鼻子（土黃色・1片）
眼睛固定位置
22
22 耳朵
（米灰色・2片）
23 鼻頭
（深褐色・1片）
22 鼻子
（米灰色・1片）
耳朵固定位置
眼睛固定位置
鼻頭固定位置
鼻子固定位置
耳朵固定位置
臉部固定位置
尾巴固定位置
臉部
（米灰色・1片）
22 主體
（深褐色・2片）
23 主體（土黃色・2片）

原寸紙型

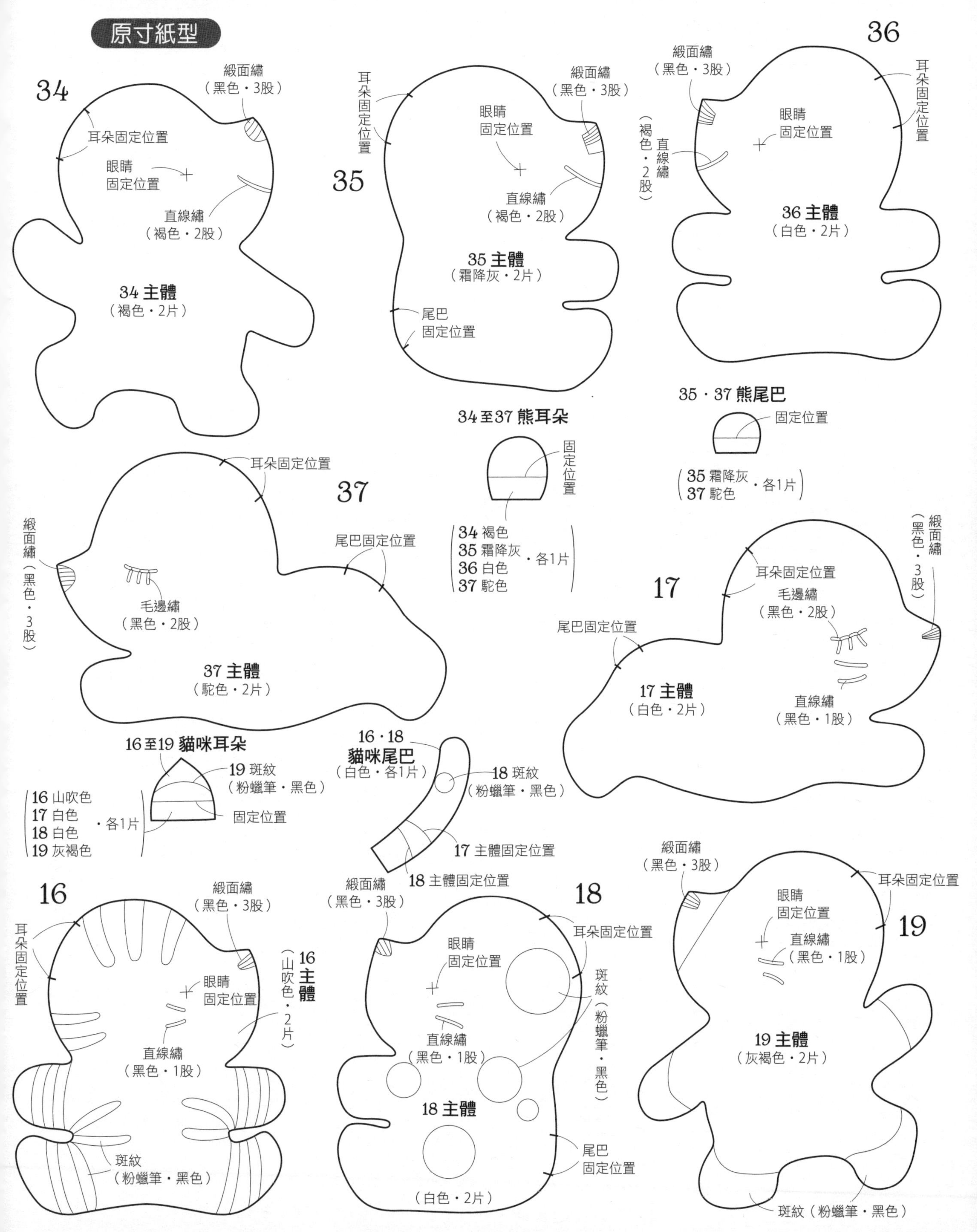

34
緞面繡（黑色・3股）
耳朵固定位置
眼睛固定位置
直線繡（褐色・2股）
34 主體（褐色・2片）
35
耳朵固定位置
緞面繡（黑色・3股）
眼睛固定位置
直線繡（褐色・2股）
35 主體（霜降灰・2片）
尾巴固定位置
36
緞面繡（黑色・3股）
耳朵固定位置
眼睛固定位置
直線繡（褐色・2股）
36 主體（白色・2片）
35・37 熊尾巴
固定位置
35 霜降灰
37 駝色
・各1片
34至37 熊耳朵
固定位置
34 褐色
35 霜降灰
36 白色
37 駝色
・各1片
37
耳朵固定位置
緞面繡（黑色・3股）
尾巴固定位置
毛邊繡（黑色・2股）
37 主體（駝色・2片）
17
緞面繡（黑色・3股）
耳朵固定位置
毛邊繡（黑色・2股）
尾巴固定位置
17 主體（白色・2片）
直線繡（黑色・1股）
16至19 貓咪耳朵
19 斑紋（粉蠟筆・黑色）
16 山吹色
17 白色
18 白色
19 灰褐色
・各1片
固定位置
16・18 貓咪尾巴（白色・各1片）
18 斑紋（粉蠟筆・黑色）
17 主體固定位置
18 主體固定位置
16
緞面繡（黑色・3股）
耳朵固定位置
眼睛固定位置
16 主體（山吹色・2片）
直線繡（黑色・1股）
斑紋（粉蠟筆・黑色）
18
緞面繡（黑色・3股）
眼睛固定位置
耳朵固定位置
斑紋（粉蠟筆・黑色）
直線繡（黑色・1股）
18 主體
尾巴固定位置
（白色・2片）
19
緞面繡（黑色・3股）
耳朵固定位置
眼睛固定位置
直線繡（黑色・1股）
19 主體（灰褐色・2片）
斑紋（粉蠟筆・黑色）

大貓熊好夥伴

原寸紙型參見P.47 除了特別指定之外，皆取1股與不織布相同顏色的繡線進行縫製。

24・25・26 材料（1個）

・不織布
　白色…10×10cm
　黑色…15×10cm
・香菇釦4mm（黑色）…2個
・25號繡線…與不織布相同顏色・朱紅色
・手工藝棉花…適量

作法 24・26

1 縫製主體・手・腳

夾入耳朵。
主體
疊合兩片後進行捲針縫。
填入棉花後縫合固定。
手
腳
疊合兩片後進行捲針縫。
填入棉花後縫合固定。
※各製作2個。

2 縫上斑紋

疊合兩片後，將其中一側捲針縫。
斑紋
立針縫。
包夾主體後，以捲針縫縫合。

3 縫製臉部

耳朵
以針線穿縫兩側，將香菇釦＆眼圈一起縫牢固定。
眼圈
香菇釦
鼻子
嘴巴
橫越接縫邊進行刺繡。

4 縫上手＆腳

24
自裡側接縫固定。後側作法亦同。

完成！

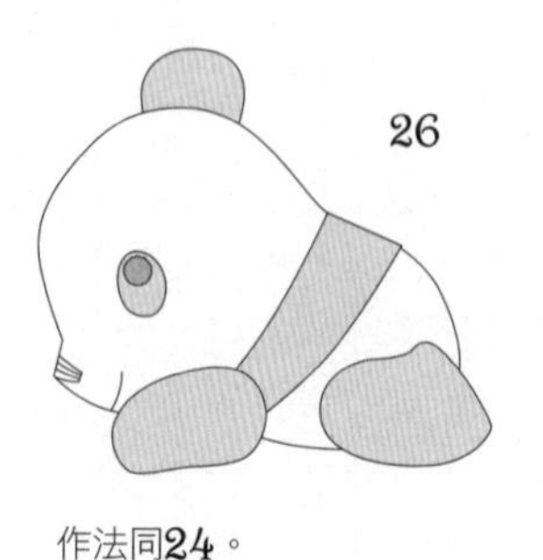
26

作法同24。

25

1 縫製主體・手・腳

夾入耳朵。
疊合兩片後進行捲針縫。
填入棉花後縫合固定。
※手・腳作法同24・26。

2 縫上斑紋

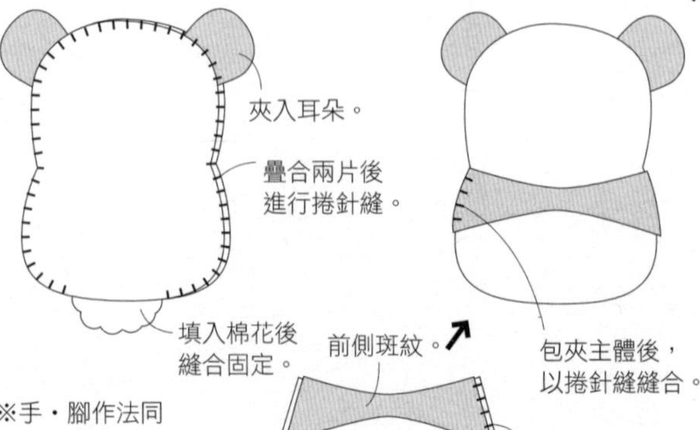
前側斑紋。
後側斑紋
包夾主體後，以捲針縫縫合。
疊合兩片後進行捲針縫。

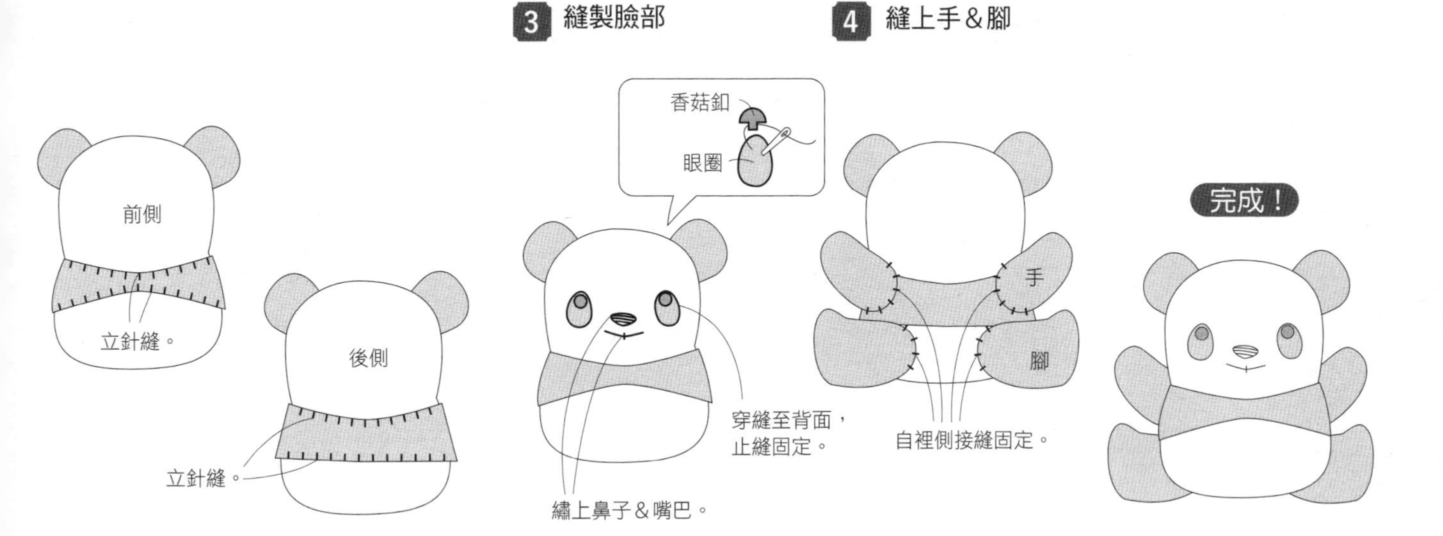
3 縫製臉部
4 縫上手＆腳
前側
立針縫。
後側
立針縫。
香菇釦
眼圈
穿縫至背面，
止縫固定。
繡上鼻子＆嘴巴。
手
腳
自裡側接縫固定。
完成！

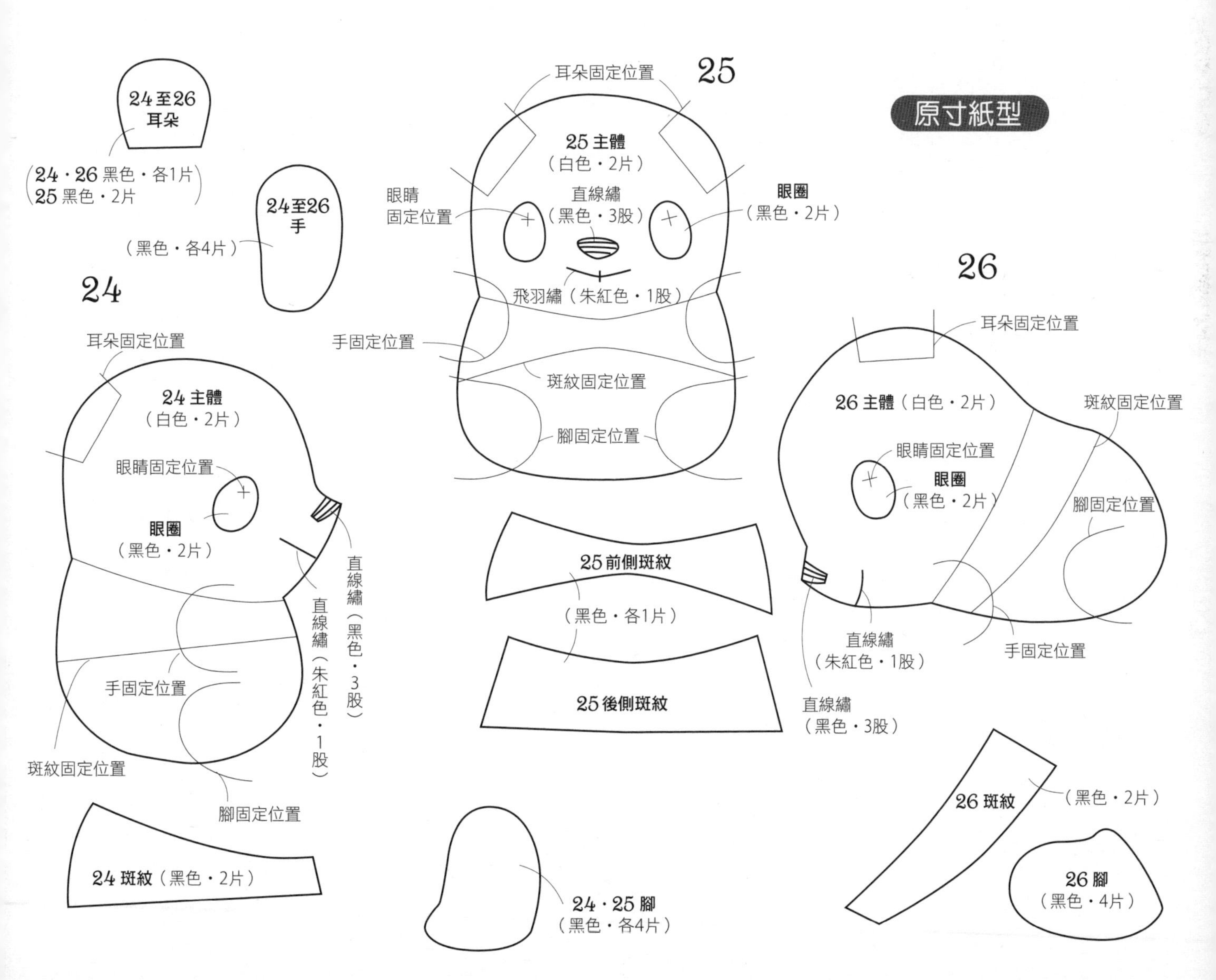
原寸紙型
24至26
耳朵
（24・26 黑色・各1片）
（25 黑色・2片）
24至26
手
（黑色・各4片）
24
耳朵固定位置
24 主體
（白色・2片）
眼睛固定位置
眼圈
（黑色・2片）
直線繡（黑色・3股）
直線繡（朱紅色・1股）
手固定位置
斑紋固定位置
腳固定位置
24 斑紋（黑色・2片）
25
耳朵固定位置
25 主體
（白色・2片）
眼睛
固定位置
直線繡
（黑色・3股）
眼圈
（黑色・2片）
飛羽繡（朱紅色・1股）
手固定位置
斑紋固定位置
腳固定位置
25 前側斑紋
（黑色・各1片）
25 後側斑紋
24・25 腳
（黑色・各4片）
26
耳朵固定位置
26 主體（白色・2片）
斑紋固定位置
眼睛固定位置
眼圈
（黑色・2片）
腳固定位置
直線繡
（朱紅色・1股）
手固定位置
直線繡
（黑色・3股）
26 斑紋
（黑色・2片）
26 腳
（黑色・4片）

P.10 27至28

穩重的樹懶

原寸紙型參見P.49　除了特別指定之外，皆取1股與不織布相同顏色的繡線進行縫製。

27・28 材料（1個）

・不織布
　白色…5×3cm
　褐色…10×5cm
　綠色…3×2cm
　27／霜降灰…20×10cm
　　　黑色…5×3cm
　28／淡褐色…20×10cm
　　　深褐色…5×3cm
・插入式眼睛3.5mm（黑色）…2個
　插入式眼睛3mm（黑色）…1個
・25號繡線…與不織布相同顏色（綠色除外）
・手工藝棉花…適量

作法

1 縫上臉部

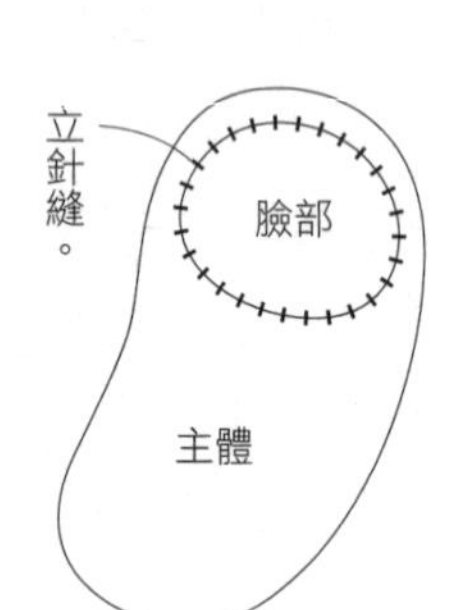
立針縫。
臉部
主體

2 縫上眼圈

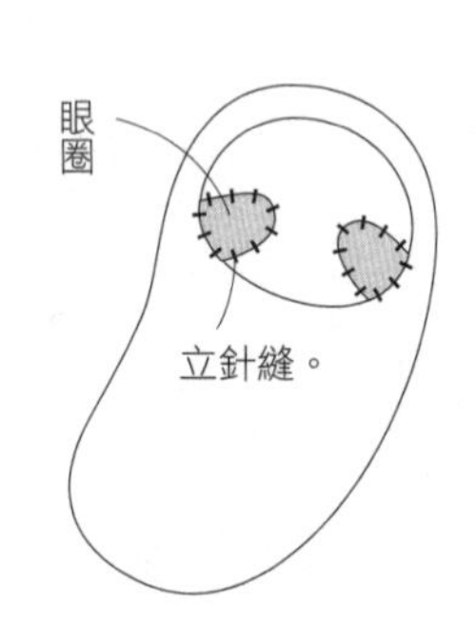
眼圈
立針縫。

3 裝上鼻子＆繡上嘴巴

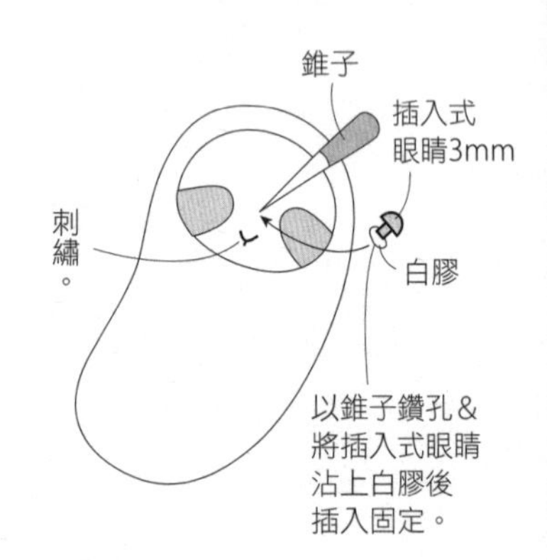
錐子
插入式眼睛3mm
刺繡。
白膠
以錐子鑽孔＆將插入式眼睛沾上白膠後插入固定。

4 縫製主體

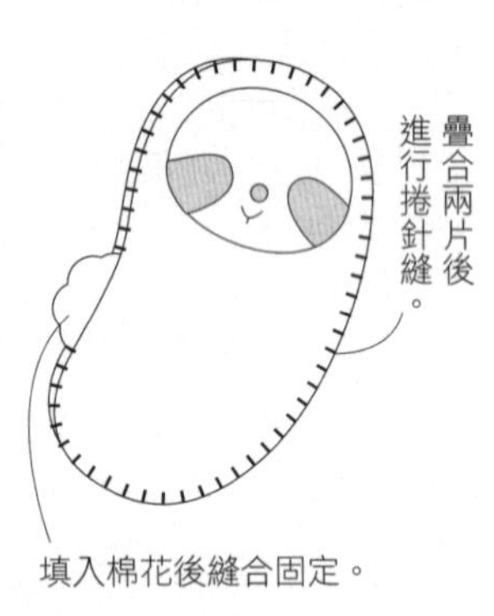
疊合兩片後進行捲針縫。
填入棉花後縫合固定。

5 裝上眼睛

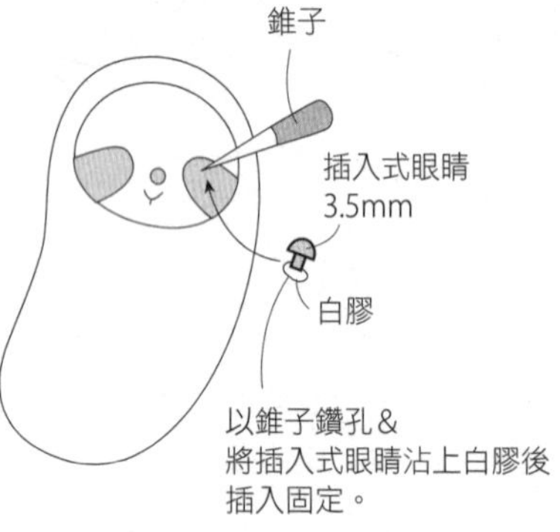
錐子
插入式眼睛3.5mm
白膠
以錐子鑽孔＆將插入式眼睛沾上白膠後插入固定。

6 縫製手＆腳

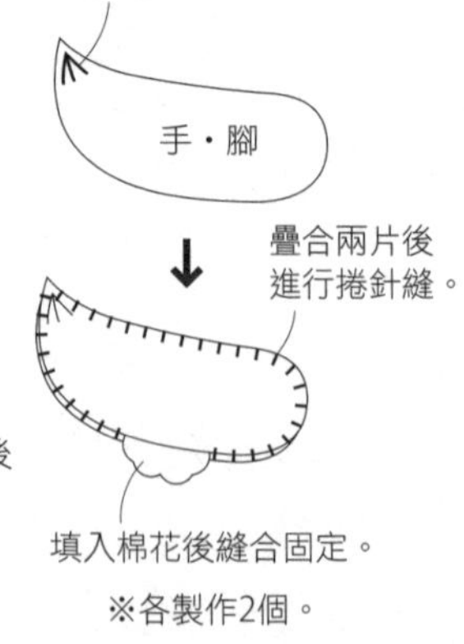
刺繡。
手・腳
疊合兩片後進行捲針縫。
填入棉花後縫合固定。

※各製作2個。

7 縫上手＆腳

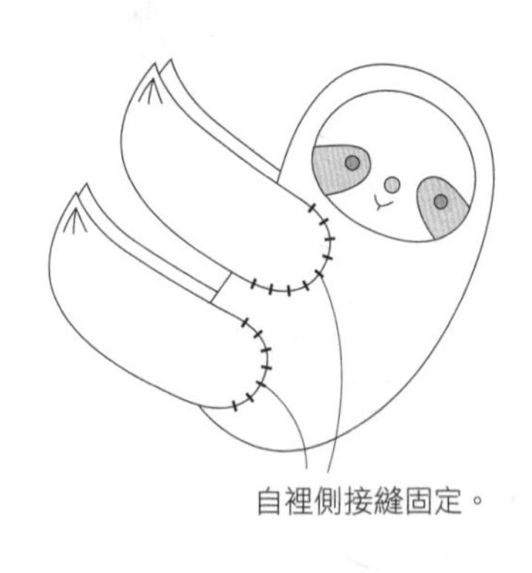
自裡側接縫固定。

8 縫製樹枝

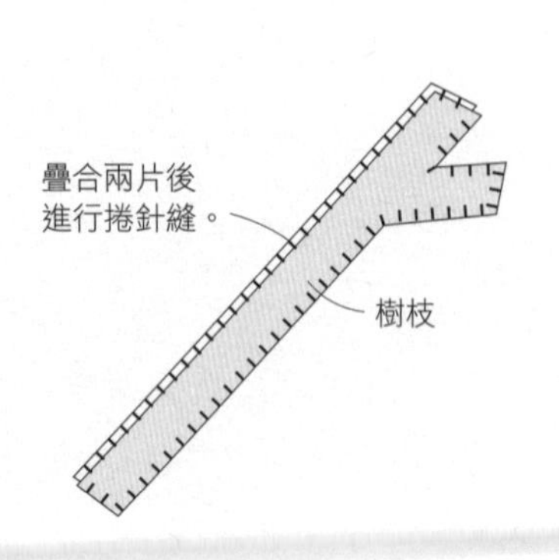
疊合兩片後進行捲針縫。
樹枝

9 將樹懶固定在樹枝上

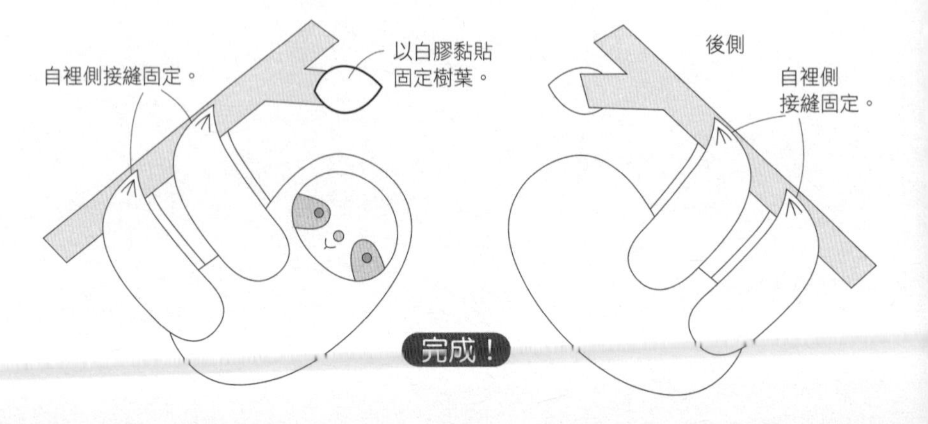
自裡側接縫固定。
以白膠黏貼固定樹葉。
後側
自裡側接縫固定。
完成！

食蟻獸親子

29 材料
- 不織布
  白色…15×10cm
  黑色…10×10cm
- 串珠3mm（黑色）…2個
- 插入式眼睛3mm（黑色）…1個
- 25號繡線…與不織布相同顏色
- 手工藝棉花…適量

30 材料
- 不織布
  白色…10×10cm
  黑色…10×5cm
- 串珠2.5mm（黑色）…2個
- 插入式眼睛3mm（黑色）…1個
- 25號繡線…與不織布相同顏色
- 手工藝棉花…適量

作法

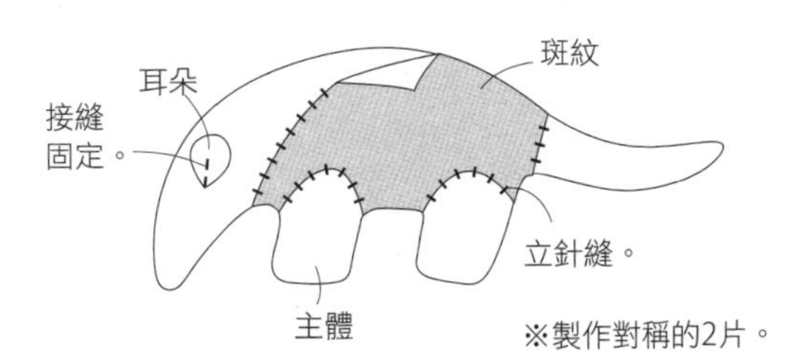

1 縫上耳朵&斑紋
耳朵
斑紋
接縫
固定。
立針縫。
主體
※製作對稱的2片。

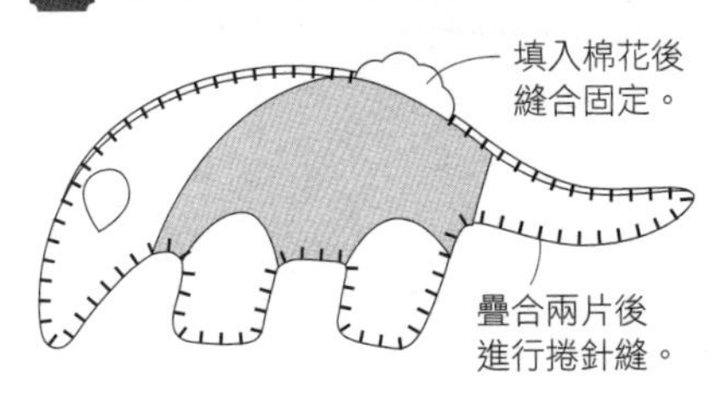

2 縫合主體&填入棉花
填入棉花後
縫合固定。
疊合兩片後
進行捲針縫。

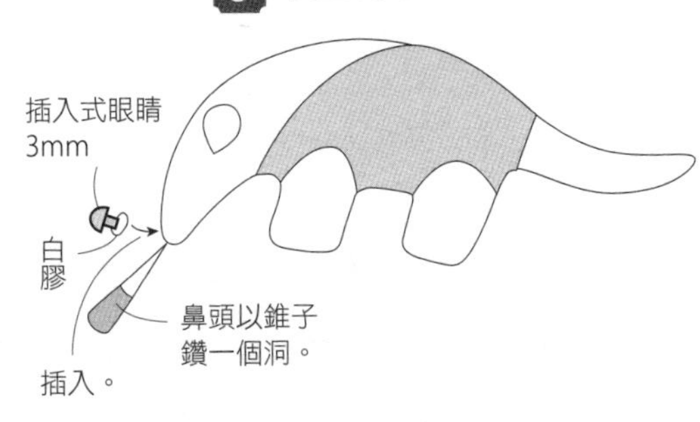

3 裝上鼻子
插入式眼睛
3mm
白膠
鼻頭以錐子
鑽一個洞。
插入。

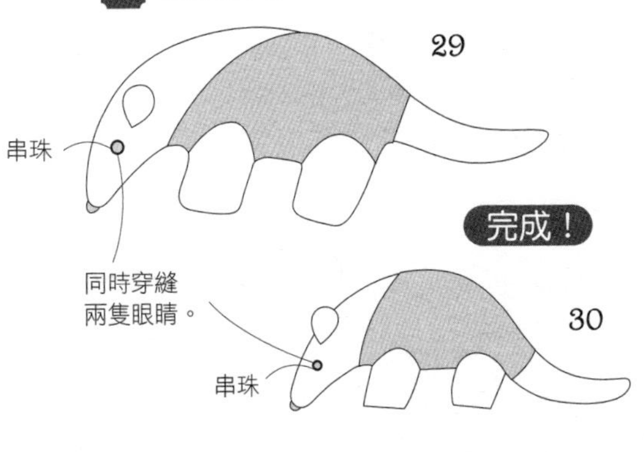

4 縫上眼睛
29
串珠
同時穿縫
兩隻眼睛。
完成！
30
串珠

原寸紙型

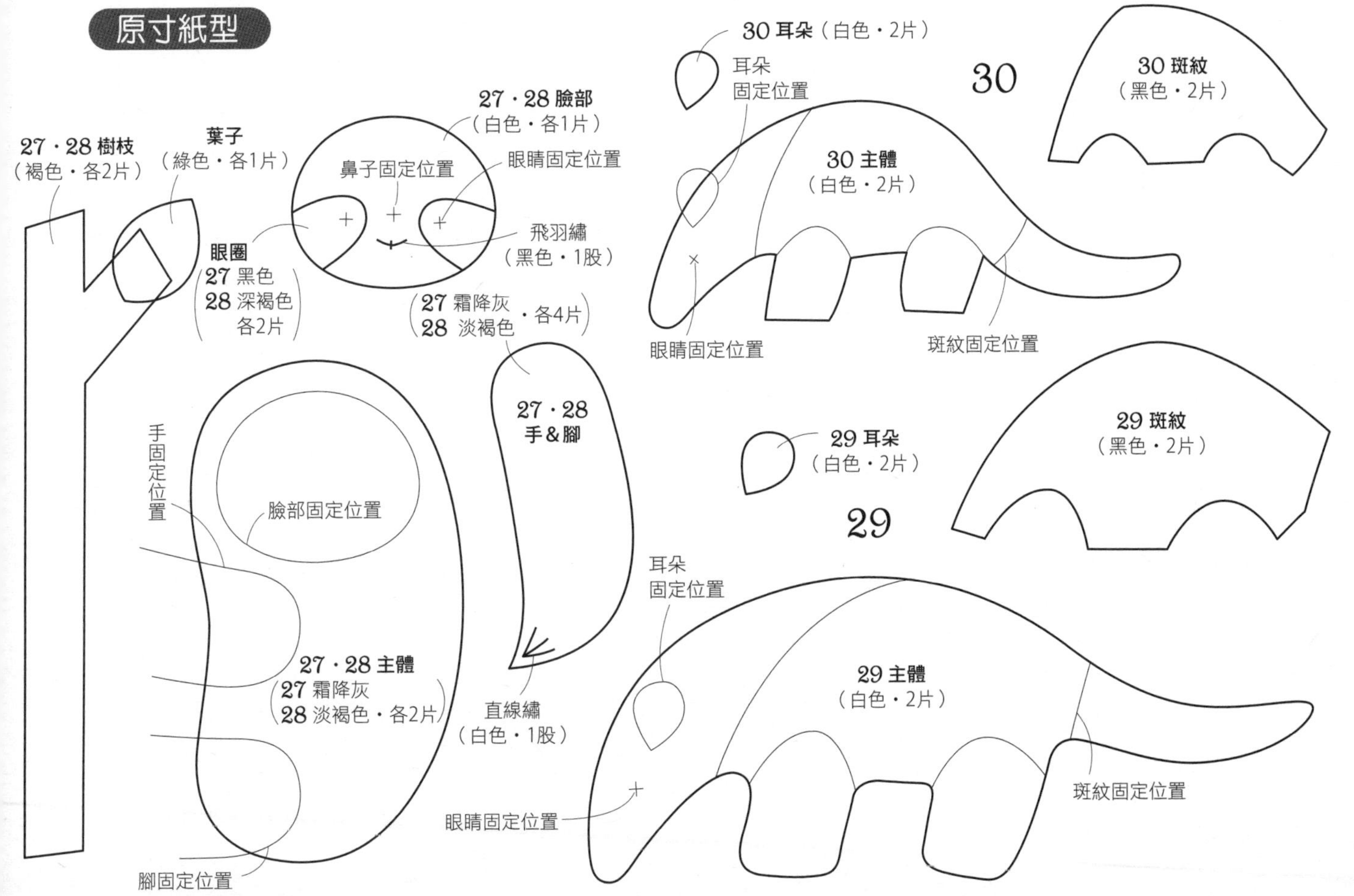

27・28 樹枝
（褐色・各2片）
葉子
（綠色・各1片）
27・28 臉部
（白色・各1片）
鼻子固定位置
眼睛固定位置
飛羽繡
（黑色・1股）
眼圈
27 黑色
28 深褐色
各2片
27 霜降灰
28 淡褐色・各4片
27・28
手&腳
直線繡
（白色・1股）
手固定位置
臉部固定位置
27・28 主體
27 霜降灰
28 淡褐色・各2片
腳固定位置
30 耳朵（白色・2片）
耳朵
固定位置
30
30 斑紋
（黑色・2片）
30 主體
（白色・2片）
眼睛固定位置
斑紋固定位置
29 耳朵
（白色・2片）
29
29 斑紋
（黑色・2片）
耳朵
固定位置
29 主體
（白色・2片）
眼睛固定位置
斑紋固定位置

悠閒的水豚

原寸紙型／31參見P.50　32・33參見P.51

除了特別指定之外，
皆取1股與不織布相同顏色的繡線進行縫製。

31・32 材料（1個）
・不織布
　焦糖色…15×15cm
　黑色…3×3cm
・香菇釦4mm（黑色）…2個
・緞帶3mm寬…8.5cm
　31／藍色　32／紅色
・25號繡線…與不織布相同顏色・黑色・紅色
・手工藝棉花…適量

33 材料
・不織布
　紅褐色…15×15cm
　黑色…3×3cm
・緞帶3mm寬（綠色）…8.5cm
・25號繡線…與不織布相同顏色・黑色・紅色
・手工藝棉花…適量

作法

1 主體縫上鼻頭，33繡上眼睛

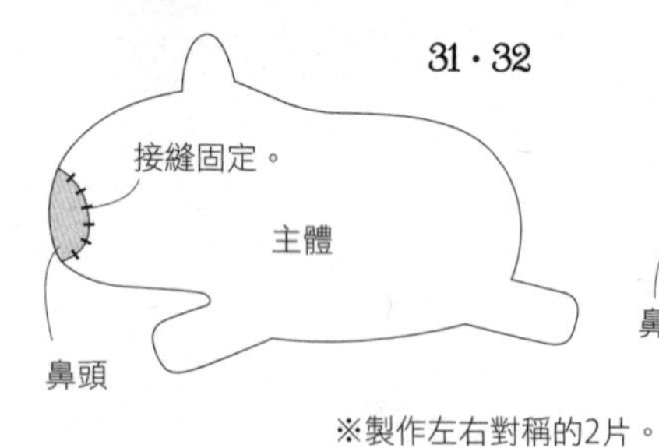
31・32
33
接縫固定。
主體
鼻頭
刺繡。

※製作左右對稱的2片。

2 縫製耳朵

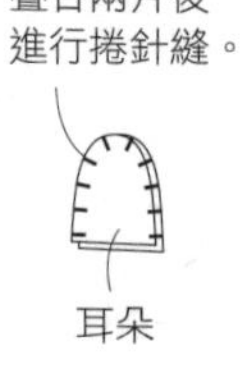
疊合兩片後
進行捲針縫。
耳朵

3 縫製主體

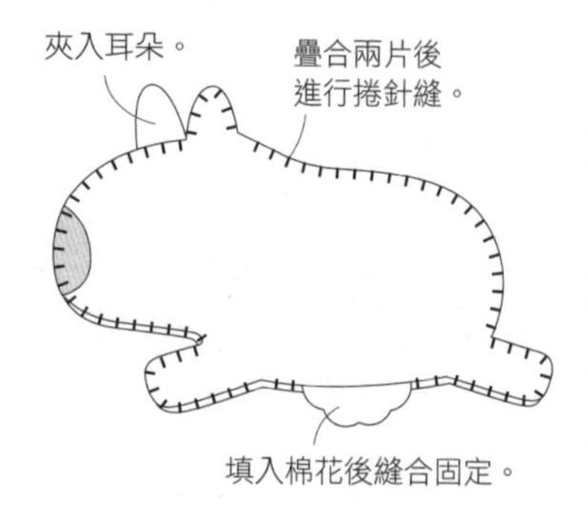
夾入耳朵。
疊合兩片後
進行捲針縫。
填入棉花後縫合固定。

4 固定緞帶

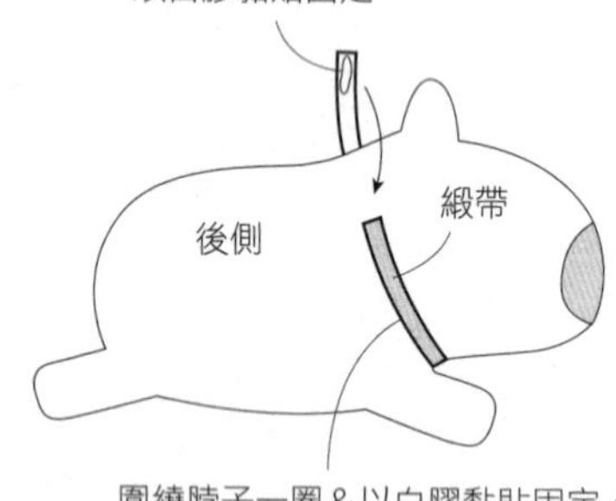
以白膠黏貼固定。
後側
緞帶
圍繞脖子一圈＆以白膠黏貼固定。

5 縫上眼睛（31・32）＆繡上嘴巴

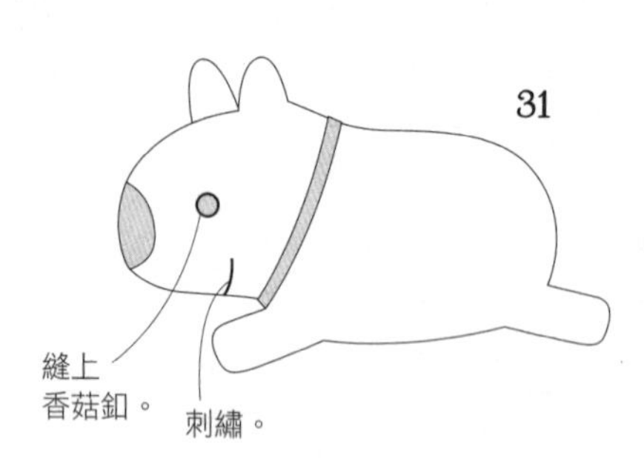
31
縫上
香菇釦。
刺繡。

完成！

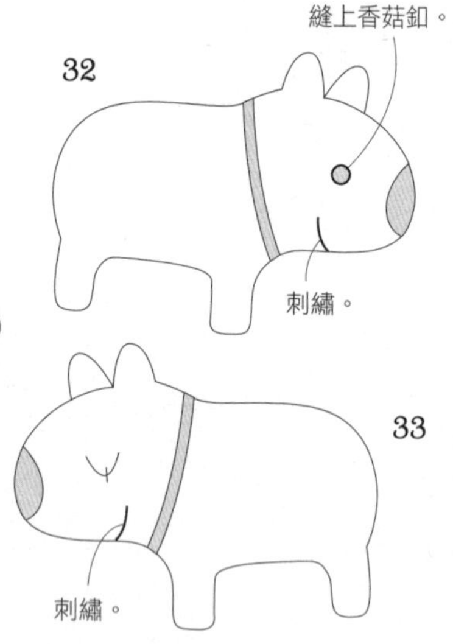
縫上香菇釦。
32
刺繡。
33
刺繡。

原寸紙型

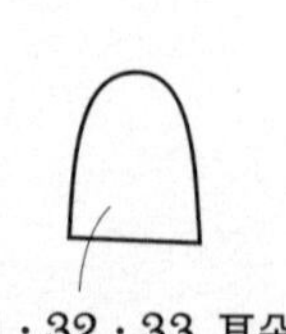
31・32・33 耳朵
（31・32 焦糖色
33 紅褐色・各2片）

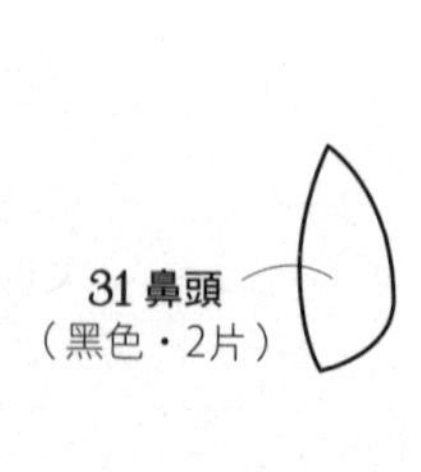
31 鼻頭
（黑色・2片）

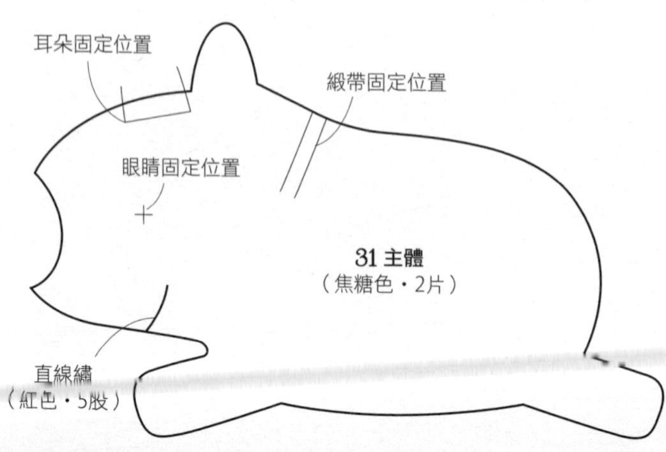
耳朵固定位置
緞帶固定位置
眼睛固定位置
31 主體
（焦糖色・2片）
直線繡
（紅色・5股）

原寸紙型

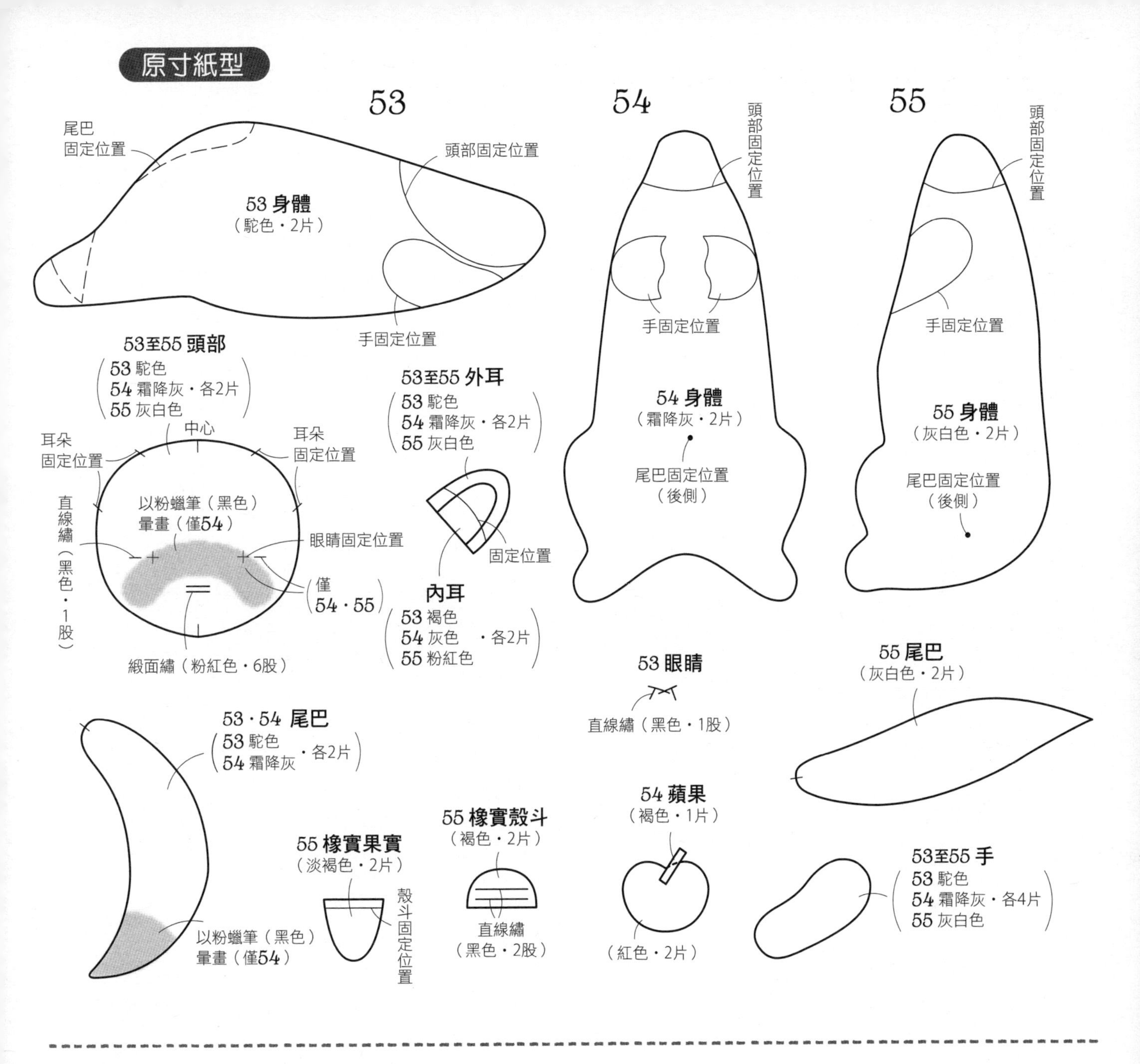
53
尾巴
固定位置
頭部固定位置
53 身體
（駝色・2片）
手固定位置
54
頭部固定位置
手固定位置
54 身體
（霜降灰・2片）
尾巴固定位置
（後側）
55
頭部固定位置
手固定位置
55 身體
（灰白色・2片）
尾巴固定位置
（後側）
53至55 頭部
53 駝色
54 霜降灰・各2片
55 灰白色
中心
耳朵
固定位置
耳朵
固定位置
直線繡（黑色・1股）
以粉蠟筆（黑色）
暈畫（僅54）
眼睛固定位置
僅
54・55
緞面繡（粉紅色・6股）
53至55 外耳
53 駝色
54 霜降灰・各2片
55 灰白色
固定位置
內耳
53 褐色
54 灰色 ・各2片
55 粉紅色
53 眼睛
直線繡（黑色・1股）
55 尾巴
（灰白色・2片）
53・54 尾巴
53 駝色
54 霜降灰 ・各2片
以粉蠟筆（黑色）
暈畫（僅54）
55 橡實果實
（淡褐色・2片）
殼斗固定位置
55 橡實殼斗
（褐色・2片）
直線繡
（黑色・2股）
54 蘋果
（褐色・1片）
（紅色・2片）
53至55 手
53 駝色
54 霜降灰・各4片
55 灰白色

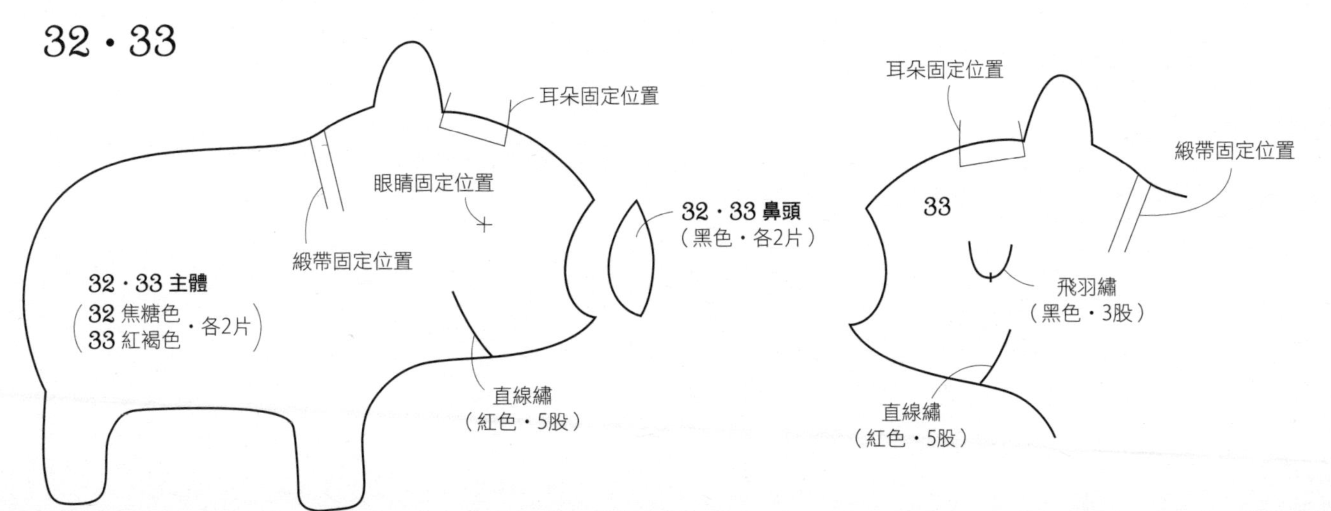
32・33
耳朵固定位置
眼睛固定位置
緞帶固定位置
32・33 主體
32 焦糖色
33 紅褐色 ・各2片
32・33 鼻頭
（黑色・各2片）
直線繡
（紅色・5股）
耳朵固定位置
緞帶固定位置
33
飛羽繡
（黑色・3股）
直線繡
（紅色・5股）

P.14 38至40

愛漂亮的羊駝

原寸紙型參見P.58　除了特別指定之外，皆取1股與不織布相同顏色的繡線進行縫製。

38 材料
- 不織布
  駝色…20×15cm
  象牙色…10×10cm
- 插入式眼睛3.5mm（黑色）…2個
- 25號繡線…與不織布相同顏色・淡褐色
- 手縫線（黑色）
- 手工藝棉花…適量

39 材料
- 不織布
  粉黃色…15×15cm
  象牙色…10×5cm
- 插入式眼睛3.5mm（黑色）…2個
- 緞帶3mm寬（綠色）…12cm
- 25號繡線…與不織布相同顏色・淡褐色
- 手縫線（黑色）
- 手工藝棉花…適量

40 材料
- 不織布
  白色…20×15cm
  象牙色…10×5cm
- 插入式眼睛3.5mm（黑色）…2個
- 緞帶3mm寬（綠色）…12cm
- 25號繡線…與不織布相同顏色・淡褐色
- 手縫線（黑色）
- 手工藝棉花…適量

作法

38

1 接縫臉部

立針縫。
臉部
主體

2 縫上耳朵

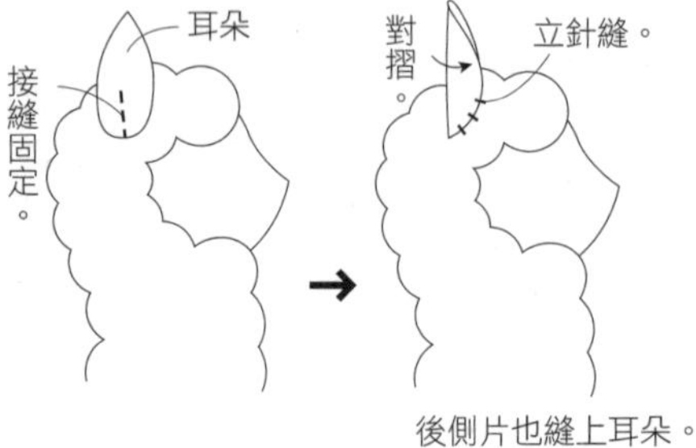

耳朵
接縫固定。
對摺。
立針縫。

後側片也縫上耳朵。

3 縫製主體

疊合兩片後進行捲針縫。
夾入尾巴。
填入棉花後縫合固定。

4 繡上鼻子＆嘴巴

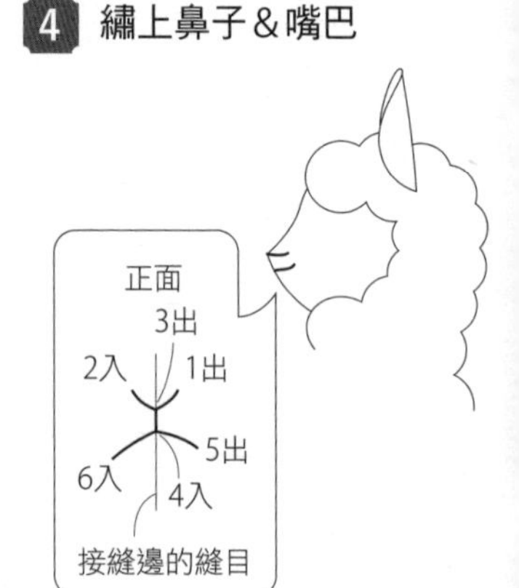

正面
3出
2入
1出
5出
6入
4入
接縫邊的縫目

5 作出凹陷的眼窩

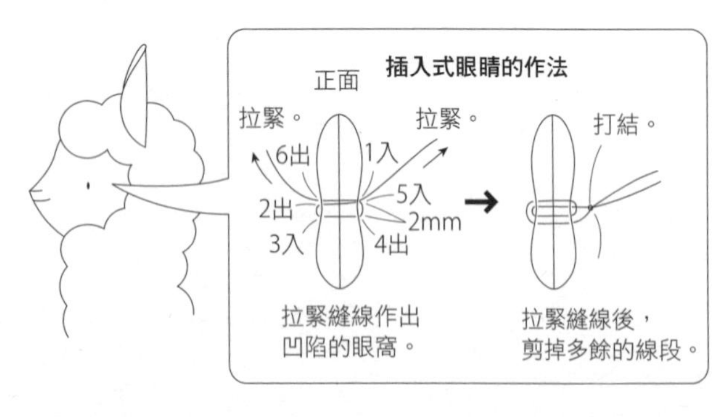

插入式眼睛的作法
正面
拉緊。
拉緊。
6出
1入
5入
2出
2mm
3入
4出
打結。
拉緊縫線作出
凹陷的眼窩。
拉緊縫線後，
剪掉多餘的線段。

6 縫上睫毛

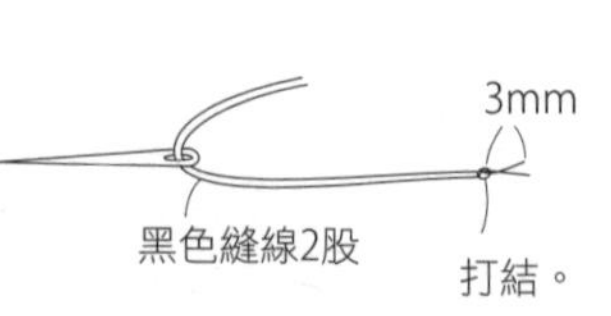

3mm
黑色縫線2股
打結。

穿過眼窩上方。

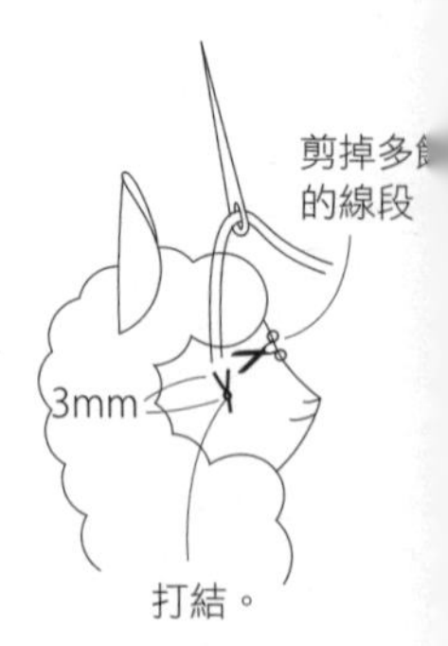

剪掉多餘
的線段
3mm
打結。

7 裝上眼睛

插入式眼睛
以錐子在
眼窩旁開孔。
沾上白膠後
插入固定。

8 縫製手掌＆腳掌

※各製作2個。
手掌・腳掌
疊合兩片後
進行捲針縫。

9 縫製手＆腳

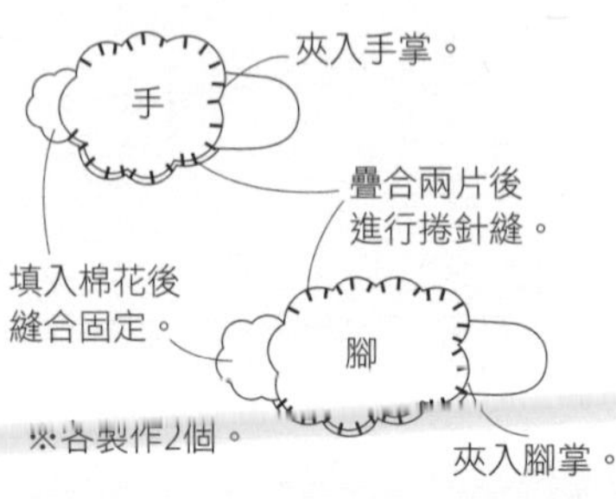

手
夾入手掌。
疊合兩片後
進行捲針縫。
填入棉花後
縫合固定。
腳
※各製作2個。
夾入腳掌。

10 縫上手＆腳

自裡側
接縫固定。
手
後側也
縫上手
＆腳。
腳

完成！

39

1 縫上臉部＆手

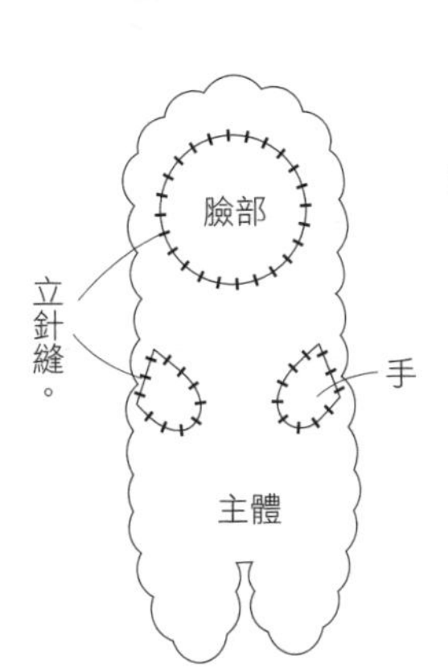
臉部
立針縫。
手
主體

2 縫上耳朵

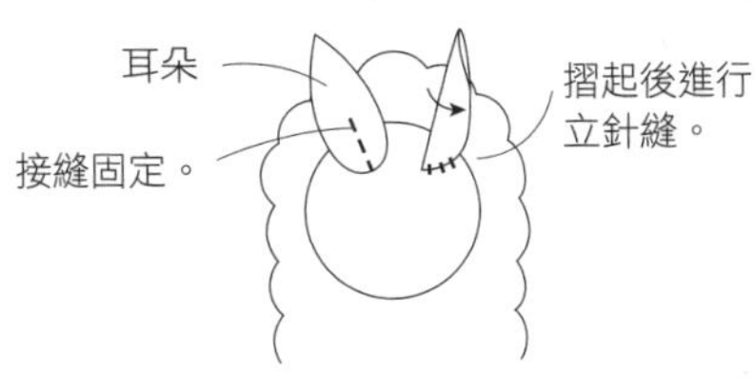
耳朵
接縫固定。
摺起後進行
立針縫。

3 縫上瀏海＆蝴蝶結

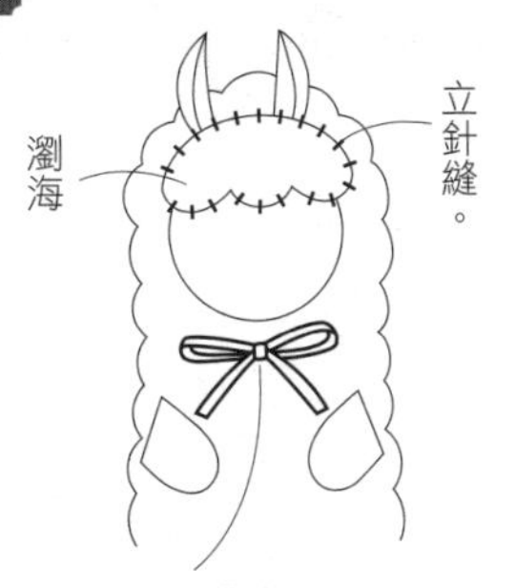
瀏海
立針縫。
縫上緞帶蝴蝶結。

4 繡上鼻子＆嘴巴

繡法同41・43，
參見P.54。

5 將尾巴接縫於後側

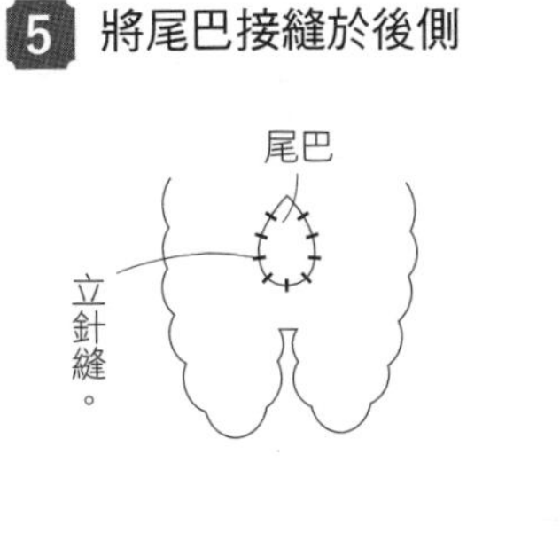
尾巴
立針縫。

6 縫製腳

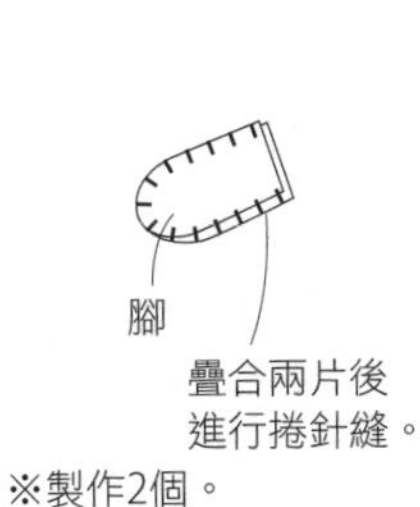
腳
疊合兩片後
進行捲針縫。

※製作2個。

7 縫製主體

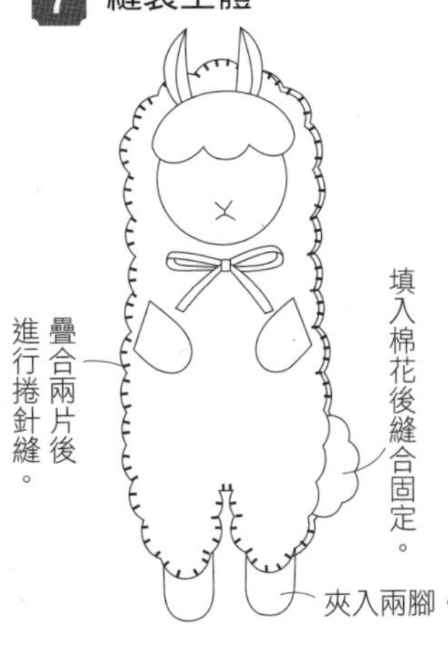
疊合兩片後
進行捲針縫。
填入棉花後縫合固定。
夾入兩腳。

8 裝上眼睛＆縫上睫毛

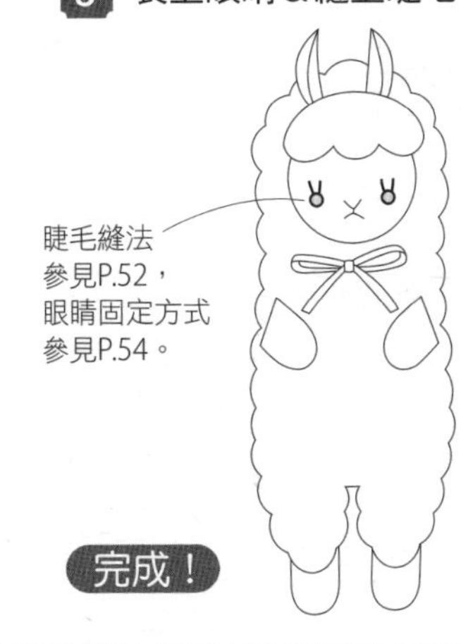
睫毛縫法
參見P.52，
眼睛固定方式
參見P.54。
完成！

40

1 縫上臉部

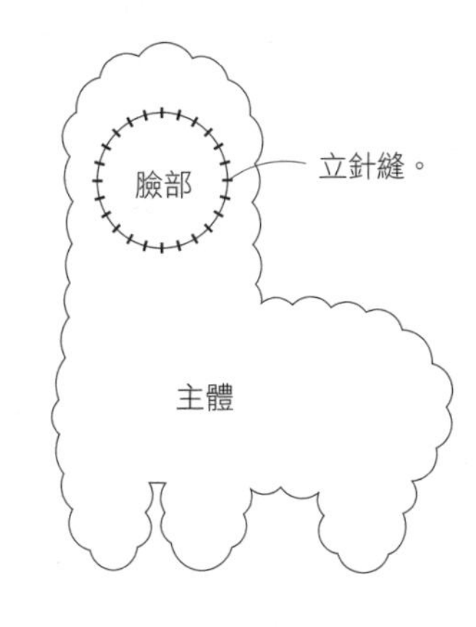
臉部
立針縫。
主體

2 縫上耳朵

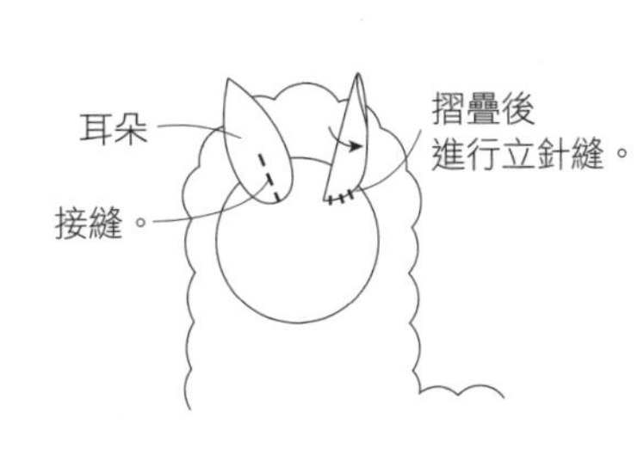
耳朵
接縫。
摺疊後
進行立針縫。

3 縫上瀏海＆緞帶

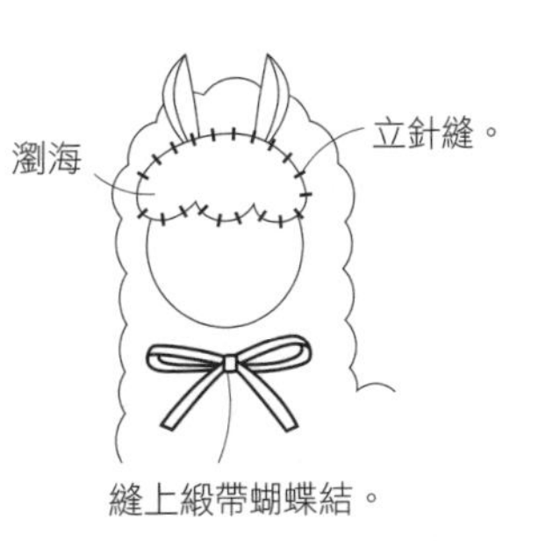
瀏海
立針縫。
縫上緞帶蝴蝶結。

4 繡上鼻子
＆嘴巴

繡法參見P.54。

5 縫製腳

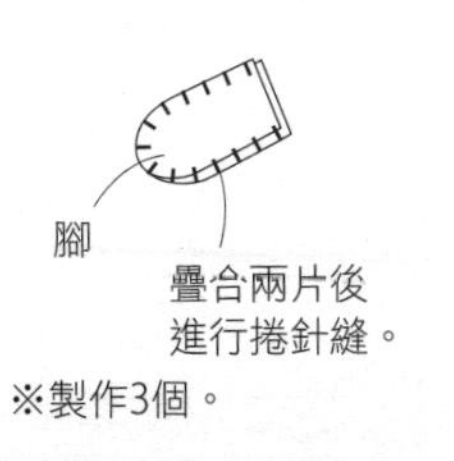
腳
疊合兩片後
進行捲針縫。

※製作3個。

6 縫製主體

填入棉花後縫合固定。
夾入尾巴。
疊合兩片後
進行捲針縫。
夾入腳。

7 裝上眼睛＆縫上睫毛

睫毛縫法參見P.52，
眼睛固定方式參見P.54。
完成！

P.14 41至43

毛蓬蓬的羊咩咩

原寸紙型參見P.55・P.58　除了特別指定之外，皆取1股與不織布相同顏色的繡線進行縫製。

41・43 材料
- 不織布
  41／白色…15×10cm
  象牙色…10×5cm
  43／淡粉紅…15×10cm
  象牙色…10×5cm
- 插入式眼睛3mm（黑色）…2個
- 25號繡線…與不織布相同顏色・淡褐色
- 手工藝棉花…適量

42 材料
- 不織布
  白色…10×10cm
  象牙色…10×5cm
  黃色…2×3cm
- 插入式眼睛3mm（黑色）…2個
- 珍珠3mm…1個
- 25號繡線…與不織布相同顏色・淡褐色
- 手工藝棉花…適量

作法

41・43

1 縫上臉部

臉部
立針縫。
主體

2 縫上瀏海

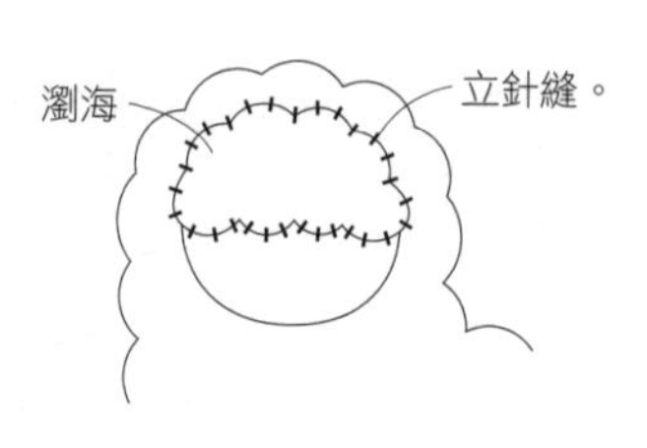

瀏海
立針縫。

3 縫上耳朵

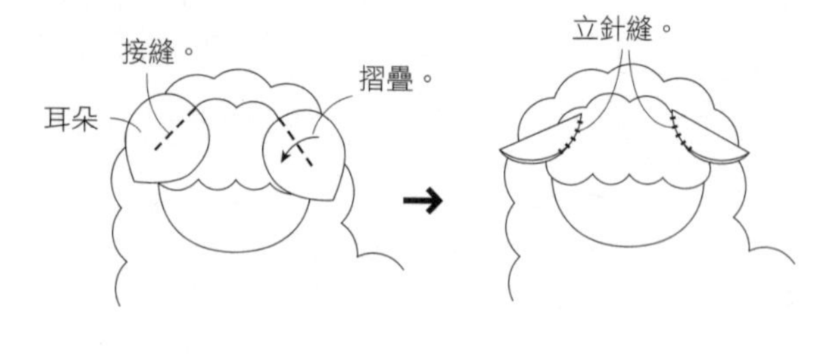

接縫。
摺疊。
耳朵
立針縫。

4 繡上鼻子＆嘴巴

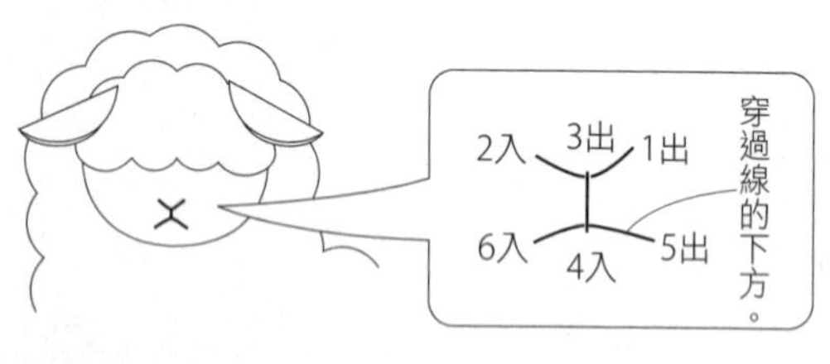

2入
3出
1出
6入
4入
5出
穿過線的下方。

5 縫製腳

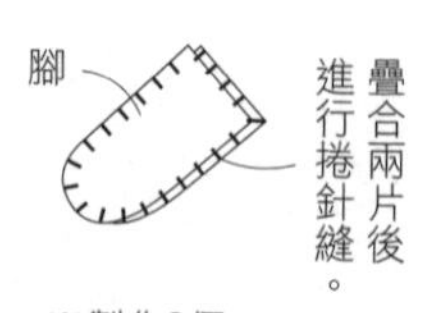

腳
疊合兩片後進行捲針縫。

※製作3個。

6 縫製主體

疊合兩片後
進行捲針縫。
夾入尾巴。
填入棉花後
縫合固定。
夾入腳。

7 裝上眼睛

裝上眼睛。

完成！

眼睛固定方式

2出　1入
眼睛固定位置
在單側眼睛位置入針，從另一側眼睛位置出針。

→ 下方2mm　2出　1入　3入　4出
在「2出」下方2mm處入針，「1入」下方2mm處出針。

→ 6出　5入
再從右邊入針，左邊出針

→ 拉緊左右縫線，作出凹陷的眼窩。

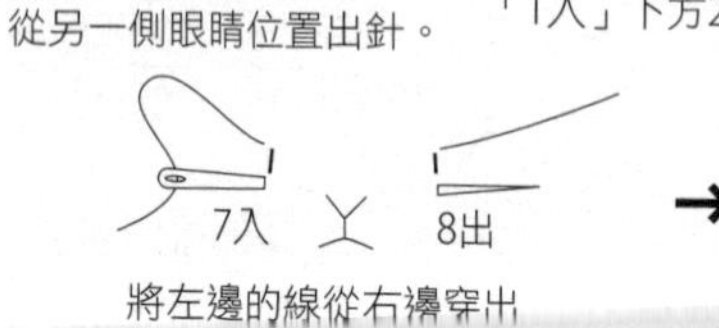

7入
8出

將左邊的線從右邊穿出

→

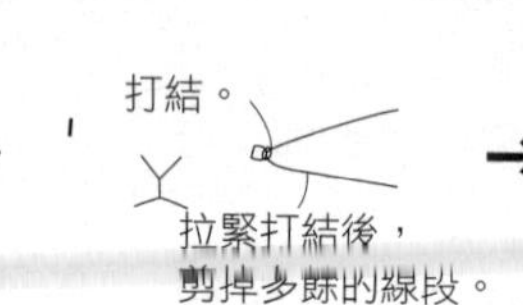

打結。

拉緊打結後，剪掉多餘的線段。

→

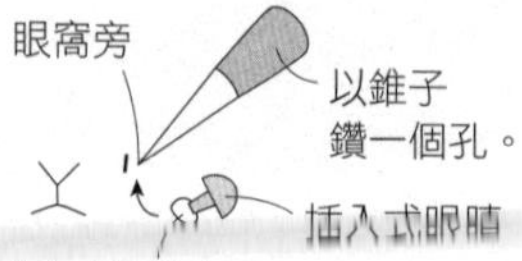

眼窩旁
以錐子鑽一個孔。
插入式眼睛

沾上白膠後插入固定。

42

1 縫上臉部&手

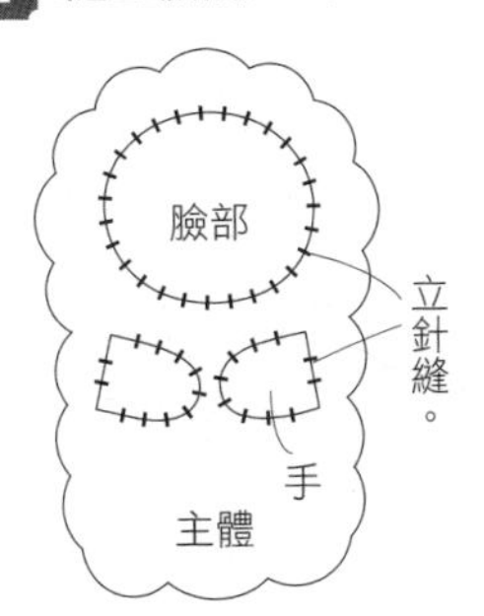
臉部
立針縫。
手
主體

2 縫上瀏海

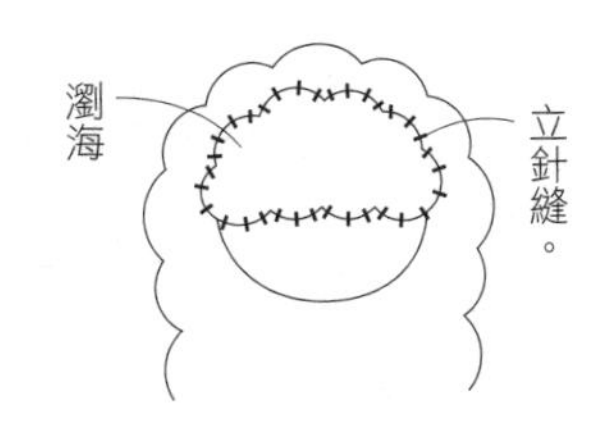
瀏海
立針縫。

3 縫上耳朵

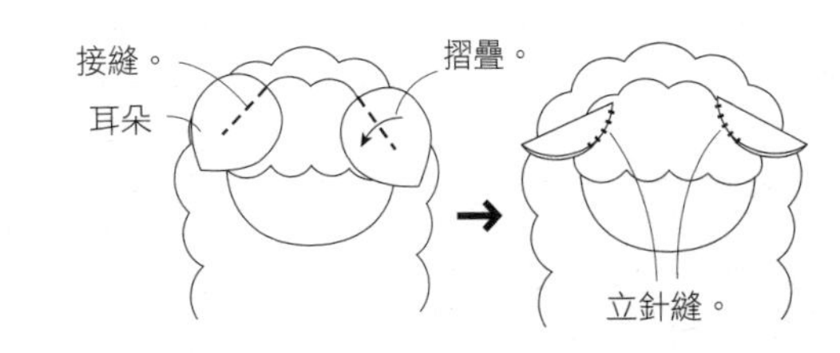
接縫。
摺疊。
耳朵
立針縫。

4 繡上鼻子&嘴巴

繡法同41・43。

5 縫上花朵

花朵
縫上珍珠&花朵
（白色繡線）。

6 將尾巴接縫於後側

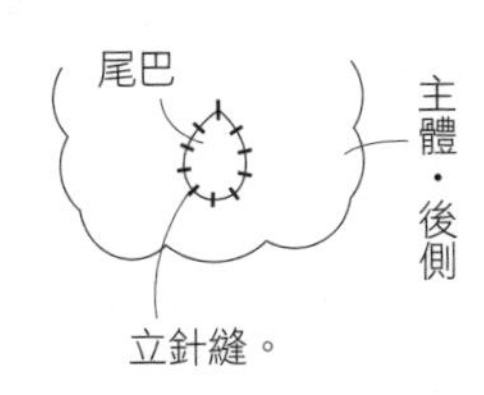
尾巴
主體・後側
立針縫。

7 縫製腳

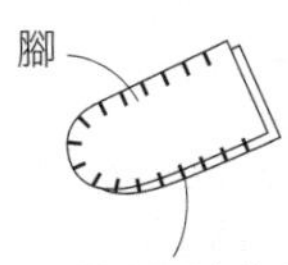
腳
疊合兩片後
進行捲針縫。
※製作2個。

8 縫製主體

填入棉花後縫合固定。
疊合兩片後進行捲針縫。
夾入腳。

9 將腳向上摺疊

縫合固定。
向上摺疊。

10 裝上眼睛

作法同41・43。
完成！

原寸紙型

※42主體・尾巴・手・
花朵的紙型參見 P.58。

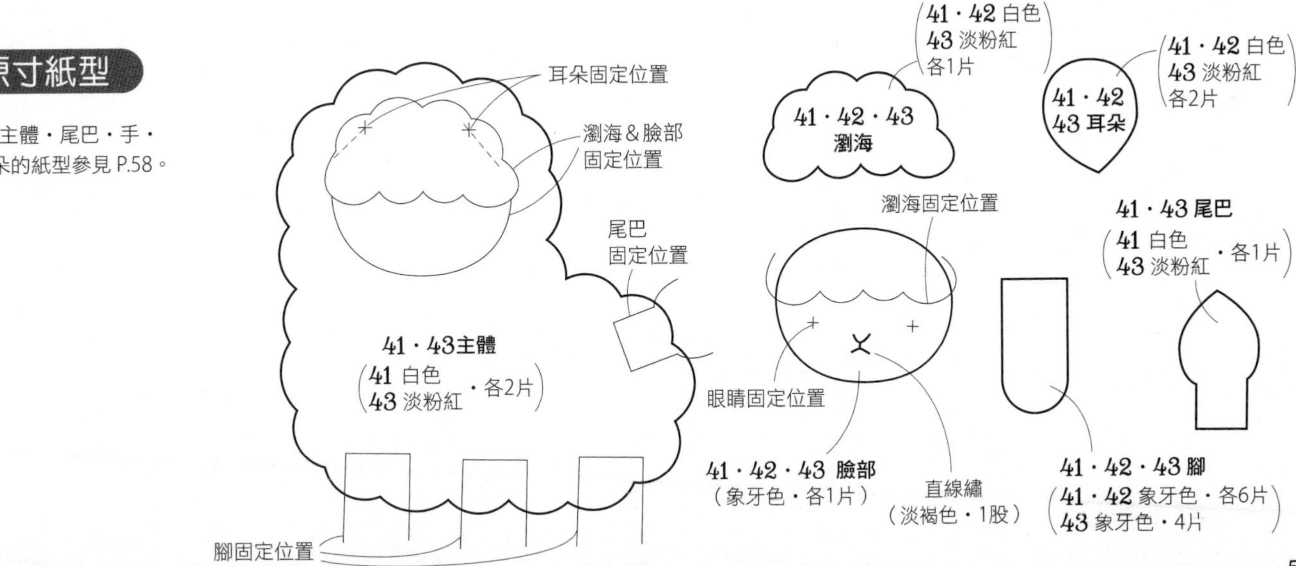
耳朵固定位置
瀏海&臉部
固定位置
尾巴
固定位置
41・43主體
（41 白色
43 淡粉紅・各2片）
腳固定位置
41・42 白色
43 淡粉紅
各1片
41・42・43
瀏海
41・42 白色
43 淡粉紅
各2片
41・42
43 耳朵
瀏海固定位置
眼睛固定位置
41・42・43 臉部
（象牙色・各1片）
直線繡
（淡褐色・1股）
41・43 尾巴
（41 白色
43 淡粉紅・各1片）
41・42・43 腳
（41・42 象牙色・各6片
43 象牙色・4片）

P.15 44至46

可愛的小鹿斑比

44・45 材料（1個）
- 不織布
  淡褐色…20×10cm
  深褐色…5×3cm
  44／白色…2×2cm
- 插入式眼睛3.5mm（黑色）…2個
  插入式眼睛3mm（黑色）…1個
- 25號繡線…淡褐色・深褐色・白色
- 手工藝棉花…適量

46 材料
- 不織布
  淡褐色…15×15cm
- 插入式眼睛3mm（黑色）…1個
- 25號繡線…淡褐色・深褐色・白色
- 手工藝棉花…適量

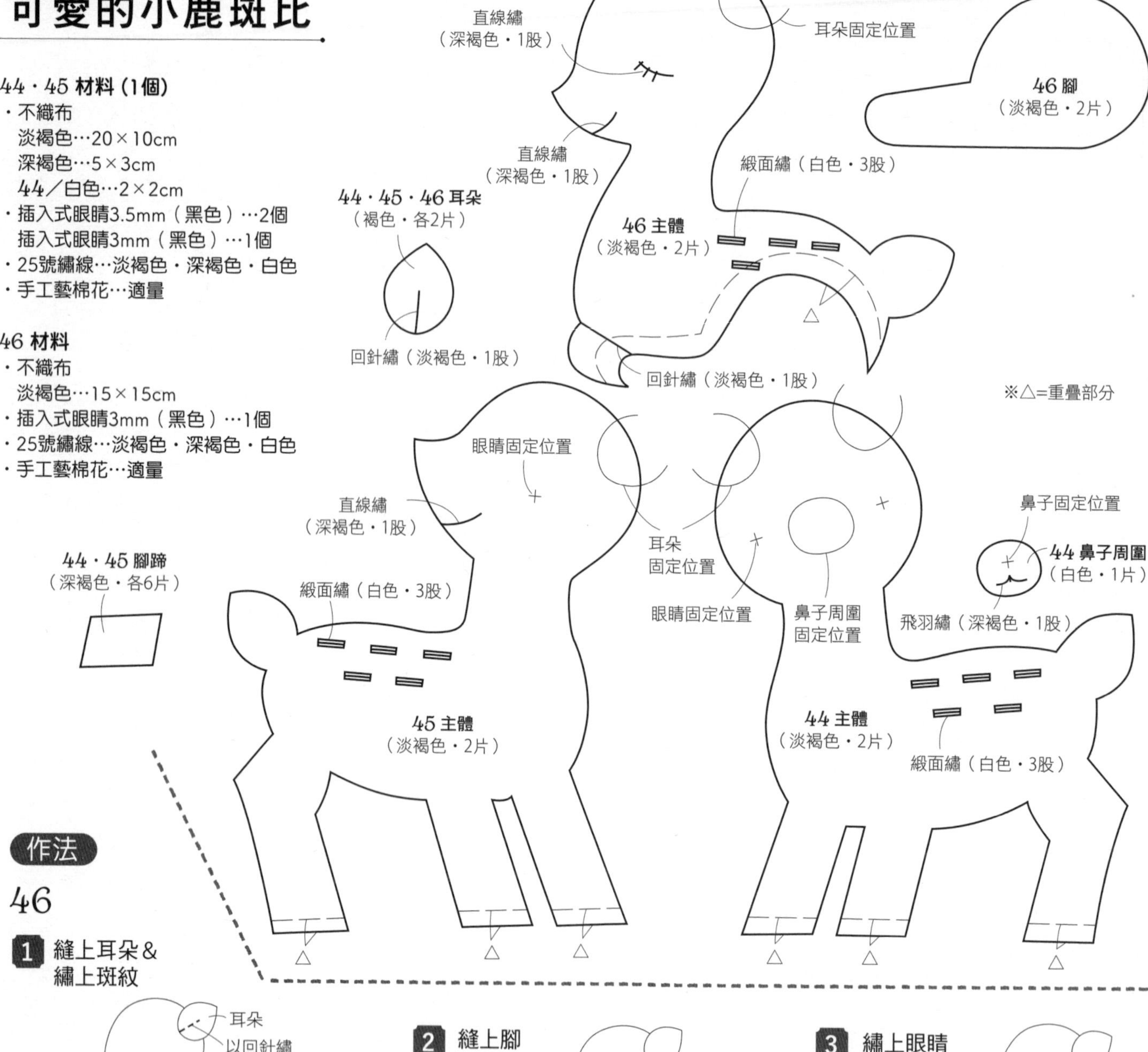

原寸紙型
直線繡
（深褐色・1股）
耳朵固定位置
46 腳
（淡褐色・2片）
直線繡
（深褐色・1股）
緞面繡（白色・3股）
44・45・46 耳朵
（褐色・各2片）
46 主體
（淡褐色・2片）
回針繡（淡褐色・1股）
回針繡（淡褐色・1股）
※△=重疊部分
眼睛固定位置
直線繡
（深褐色・1股）
耳朵
固定位置
鼻子固定位置
44 鼻子周圍
（白色・1片）
44・45 腳蹄
（深褐色・各6片）
緞面繡（白色・3股）
眼睛固定位置
鼻子周圍
固定位置
飛羽繡（深褐色・1股）
45 主體
（淡褐色・2片）
44 主體
（淡褐色・2片）
緞面繡（白色・3股）

作法

46

1 縫上耳朵＆繡上斑紋

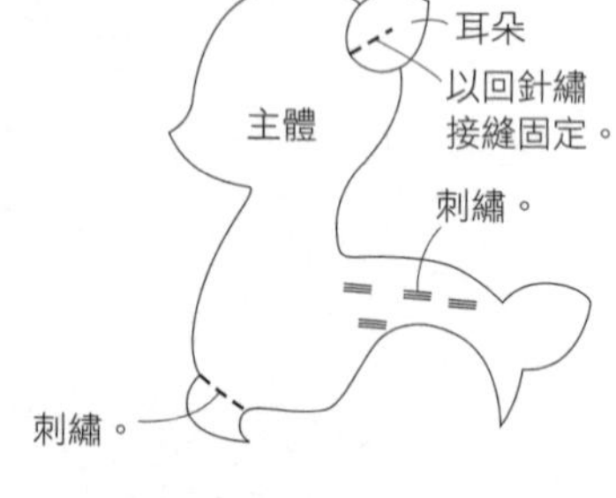

耳朵
以回針繡
接縫固定。
主體
刺繡。
刺繡。

2 縫上腳

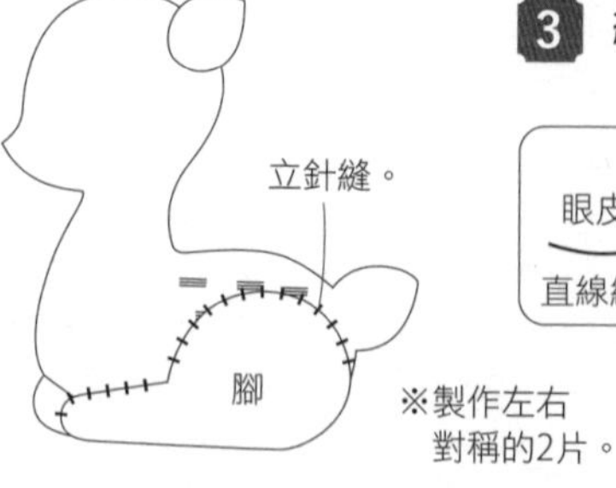

立針縫。
腳
※製作左右
對稱的2片。

3 繡上眼睛

眼皮
睫毛
直線繡。

4 縫製主體

在主體背面的尾巴根部塗上白膠。

※製作左右對稱的2片。

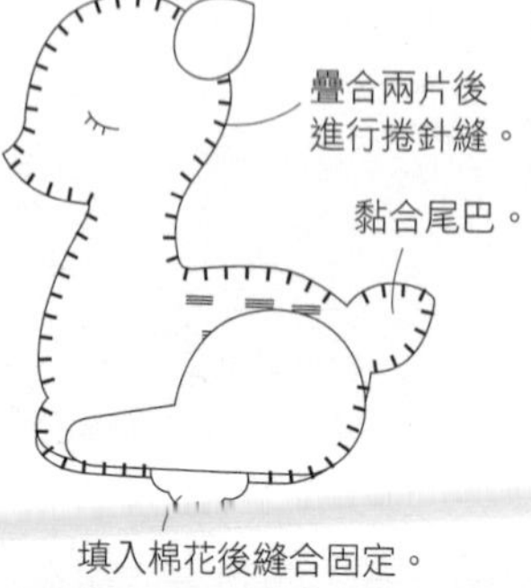

疊合兩片後
進行捲針縫。
黏合尾巴。
填入棉花後縫合固定。

5 裝上鼻子＆繡上嘴巴

作法同45，參見P.57。
鼻頭以錐子鑽一個洞，
將3mm插入式眼睛的前端
沾上白膠後插入固定。

完成！

作法同45。
橫越接縫邊，進行刺繡。

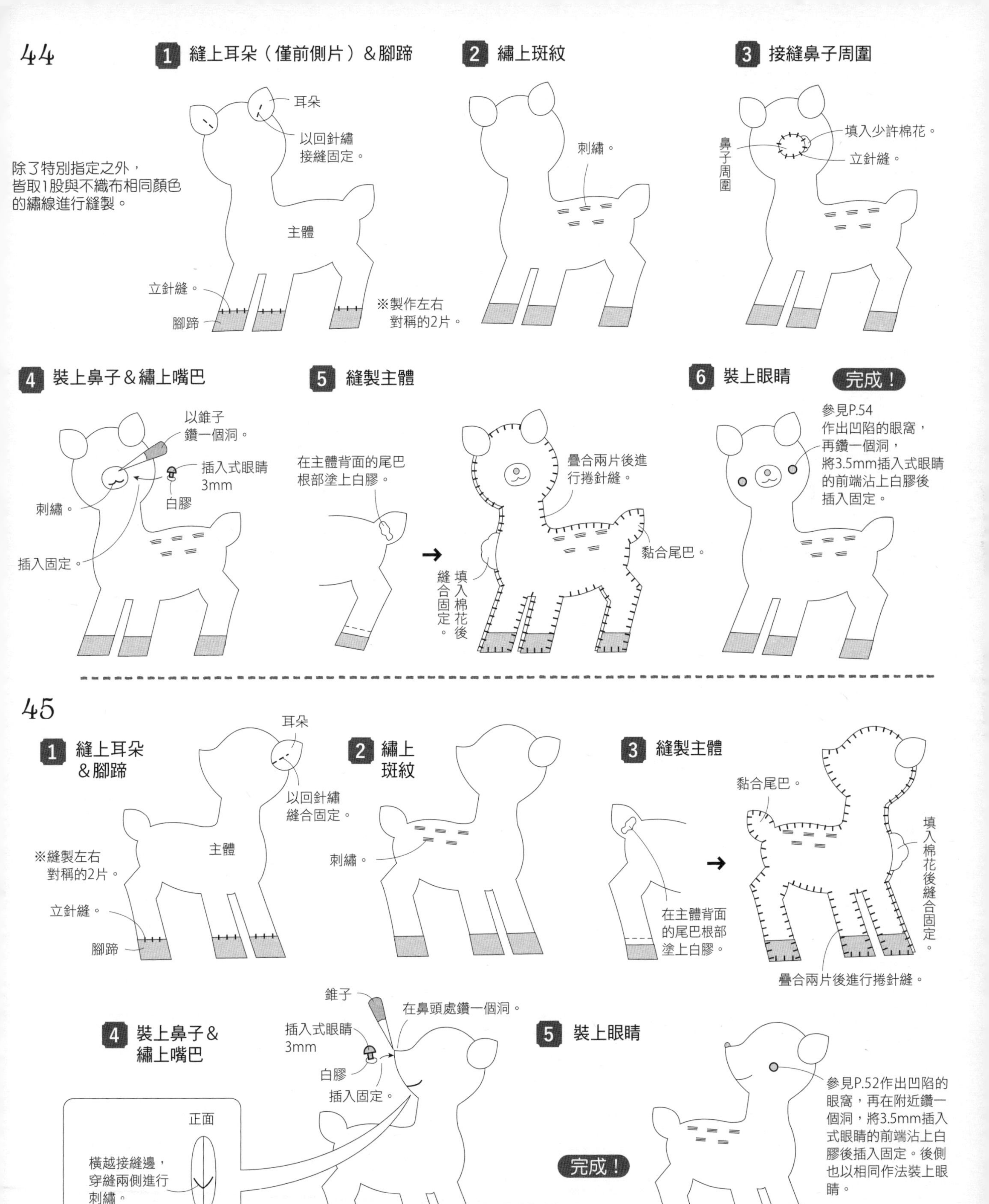
44
1 縫上耳朵（僅前側片）&腳蹄
2 繡上斑紋
3 接縫鼻子周圍
耳朵
以回針繡
接縫固定。
除了特別指定之外，
皆取1股與不織布相同顏色
的繡線進行縫製。
主體
立針縫。
腳蹄
※製作左右
對稱的2片。
刺繡。
鼻子周圍
填入少許棉花。
立針縫。
4 裝上鼻子&繡上嘴巴
5 縫製主體
6 裝上眼睛
完成！
以錐子
鑽一個洞。
插入式眼睛
3mm
白膠
刺繡。
插入固定。
在主體背面的尾巴
根部塗上白膠。
填入棉花後
縫合固定。
疊合兩片後進
行捲針縫。
黏合尾巴。
參見P.54
作出凹陷的眼窩，
再鑽一個洞，
將3.5mm插入式眼睛
的前端沾上白膠後
插入固定。
45
1 縫上耳朵
&腳蹄
2 繡上
斑紋
3 縫製主體
耳朵
以回針繡
縫合固定。
※縫製左右
對稱的2片。
主體
立針縫。
腳蹄
刺繡。
黏合尾巴。
在主體背面
的尾巴根部
塗上白膠。
填入棉花後縫合固定。
疊合兩片後進行捲針縫。
4 裝上鼻子&
繡上嘴巴
5 裝上眼睛
錐子
在鼻頭處鑽一個洞。
插入式眼睛
3mm
白膠
插入固定。
正面
橫越接縫邊，
穿縫兩側進行
刺繡。
完成！
參見P.52作出凹陷的
眼窩，再在附近鑽一
個洞，將3.5mm插入
式眼睛的前端沾上白
膠後插入固定。後側
也以相同作法裝上眼
睛。

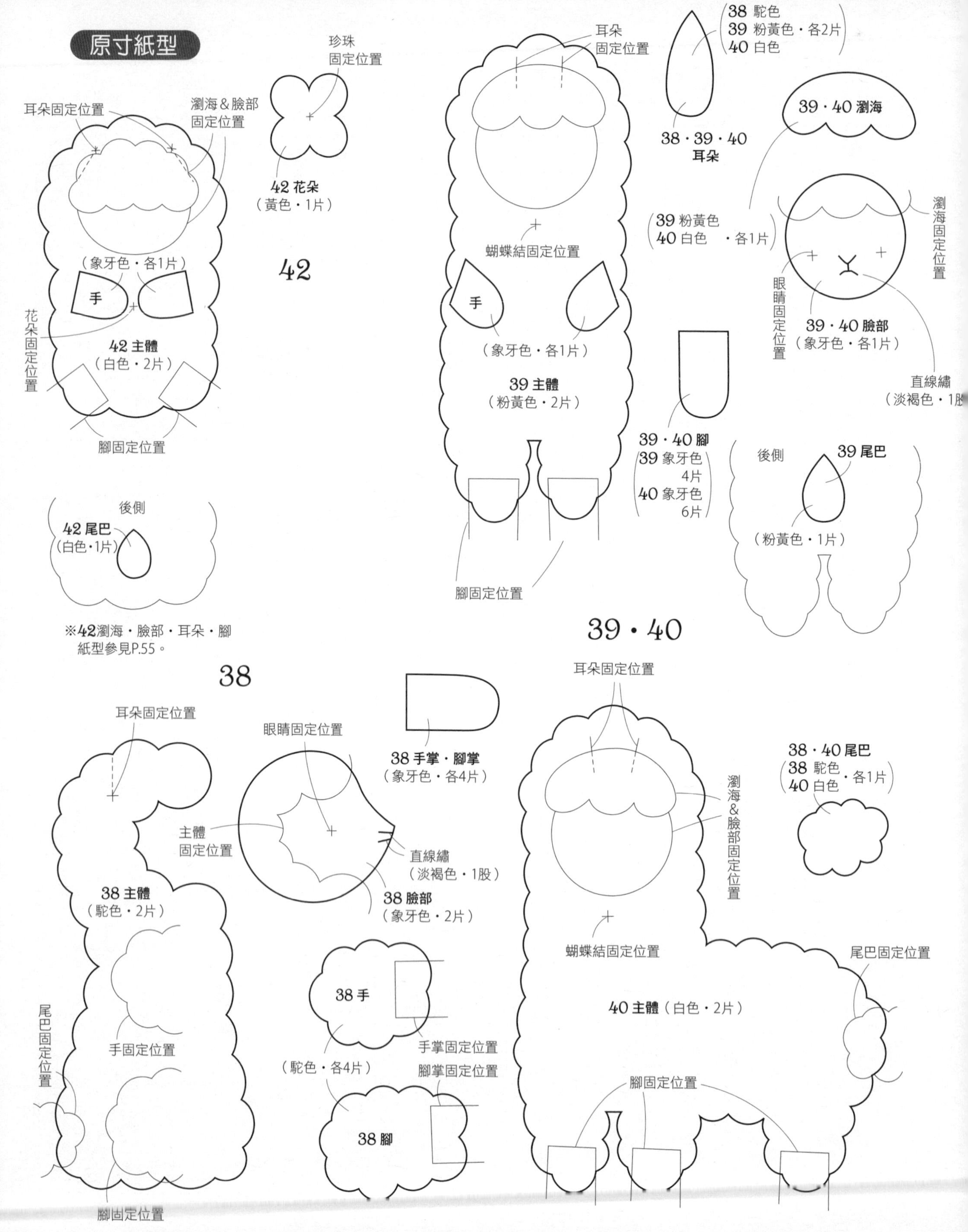
原寸紙型
耳朵固定位置
瀏海＆臉部
固定位置
珍珠
固定位置
42 花朵
（黃色・1片）
（象牙色・各1片）
手
花朵固定位置
42 主體
（白色・2片）
腳固定位置
42
後側
42 尾巴
（白色・1片）
※42瀏海・臉部・耳朵・腳
紙型參見P.55。
耳朵
固定位置
蝴蝶結固定位置
手
（象牙色・各1片）
39 主體
（粉黃色・2片）
腳固定位置
38 駝色
39 粉黃色・各2片
40 白色
38・39・40
耳朵
39・40 瀏海
39 粉黃色
40 白色・各1片
瀏海固定位置
眼睛固定位置
39・40 臉部
（象牙色・各1片）
直線繡
（淡褐色・1股）
39・40 腳
39 象牙色
4片
40 象牙色
6片
後側
39 尾巴
（粉黃色・1片）
39・40
38
耳朵固定位置
眼睛固定位置
主體
固定位置
直線繡
（淡褐色・1股）
38 臉部
（象牙色・2片）
38 手掌・腳掌
（象牙色・各4片）
38 主體
（駝色・2片）
手固定位置
尾巴固定位置
腳固定位置
38 手
手掌固定位置
（駝色・各4片）
腳掌固定位置
38 腳
耳朵固定位置
瀏海＆臉部固定位置
蝴蝶結固定位置
38・40 尾巴
38 駝色
40 白色・各1片
尾巴固定位置
40 主體（白色・2片）
腳固定位置

沙漠的駱駝

原寸紙型參見P.60

52 材料

- 不織布
  駝色…16×15cm
  奶油色…16×15cm
- 裝飾布（印花布）…4×5cm
- 2mm日本珠（淡綠色）…24個
- 25號繡線…與不織布相同顏色・黑色
  水藍色・鮭魚粉・紅色・淡褐色
- 手工藝棉花…適量

作法

1 主體前片縫上裝飾布＆進行刺繡

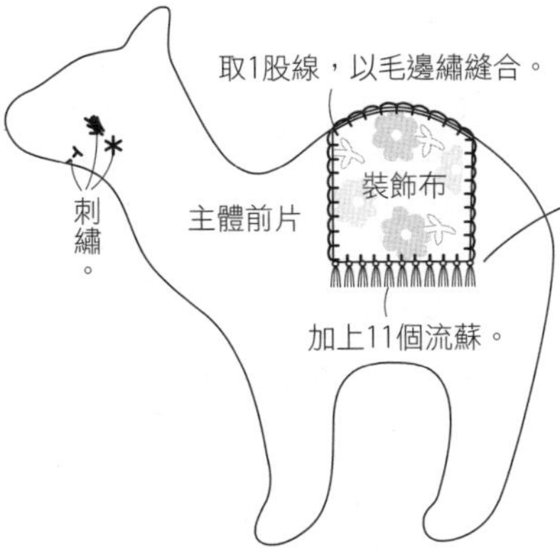

取1股線，以毛邊繡縫合。
刺繡。
裝飾布
主體前片
加上11個流蘇。

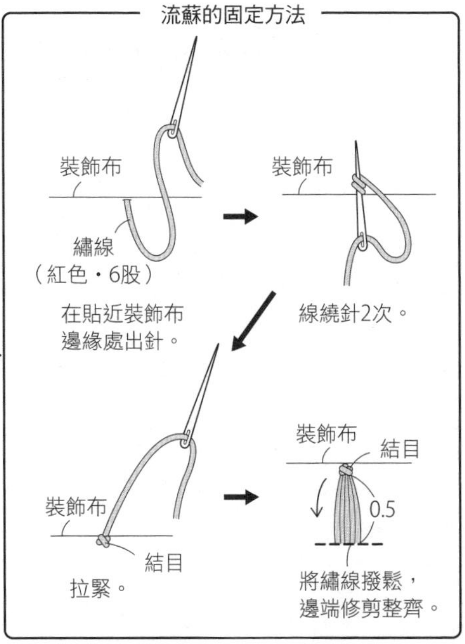

流蘇的固定方法

裝飾布
繡線
（紅色・6股）
在貼近裝飾布
邊緣處出針。
裝飾布
線繞針2次。
裝飾布
拉緊。
結目
裝飾布
結目
0.5
將繡線撥鬆，
邊端修剪整齊。

2 縫製主體

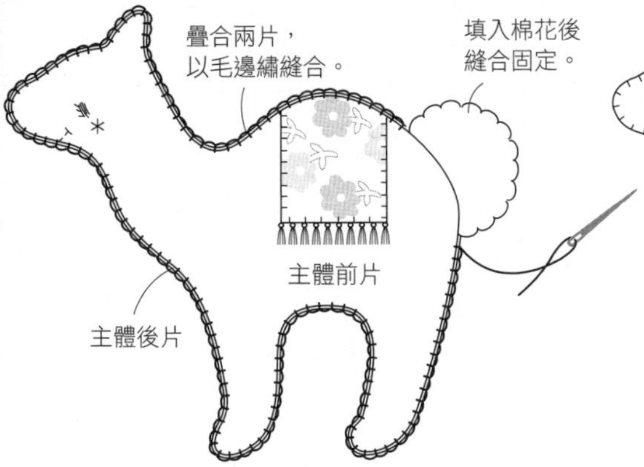

疊合兩片，
以毛邊繡縫合。
填入棉花後
縫合固定。
主體前片
主體後片

3 縫上串珠

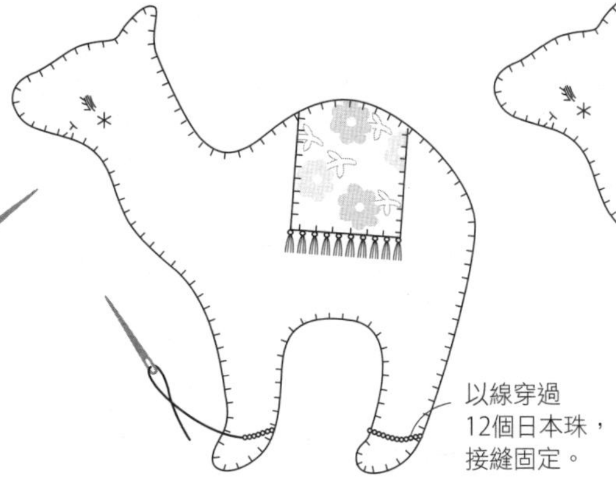

以線穿過
12個日本珠，
接縫固定。

4 縫上尾巴

接縫胸針的作法

主體後片
3
縫上胸針。

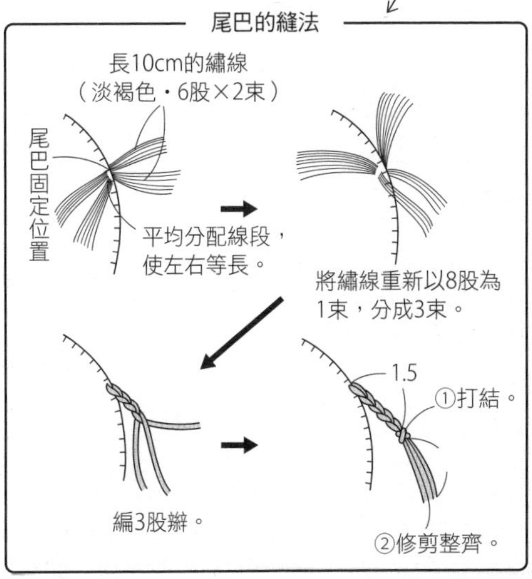

尾巴的縫法

長10cm的繡線
（淡褐色・6股×2束）
尾巴固定位置
平均分配線段，
使左右等長。
將繡線重新以8股為
1束，分成3束。
編3股辮。
1.5
①打結。
②修剪整齊。

完成！

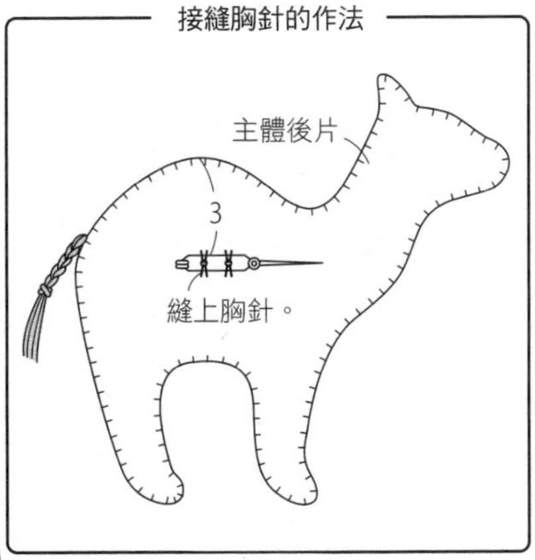

原寸紙型

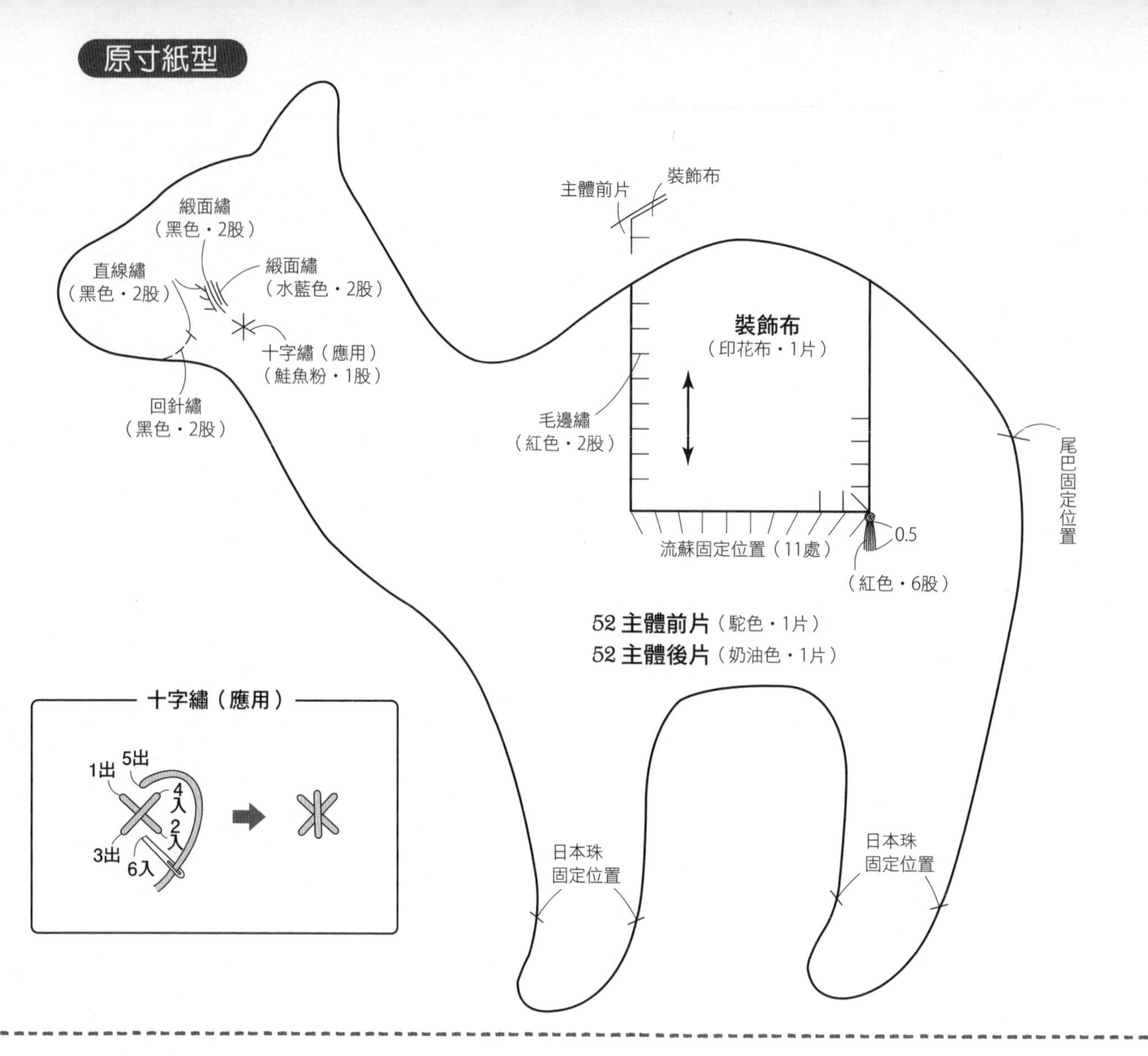

主體前片
裝飾布
緞面繡
（黑色・2股）
直線繡
（黑色・2股）
緞面繡
（水藍色・2股）
十字繡（應用）
（鮭魚粉・1股）
回針繡
（黑色・2股）
裝飾布
（印花布・1片）
毛邊繡
（紅色・2股）
尾巴固定位置
流蘇固定位置（11處）
0.5
（紅色・6股）
52 主體前片（駝色・1片）
52 主體後片（奶油色・1片）
十字繡（應用）
1出
5出
4入
2入
3出
6入
日本珠
固定位置
日本珠
固定位置

原寸紙型

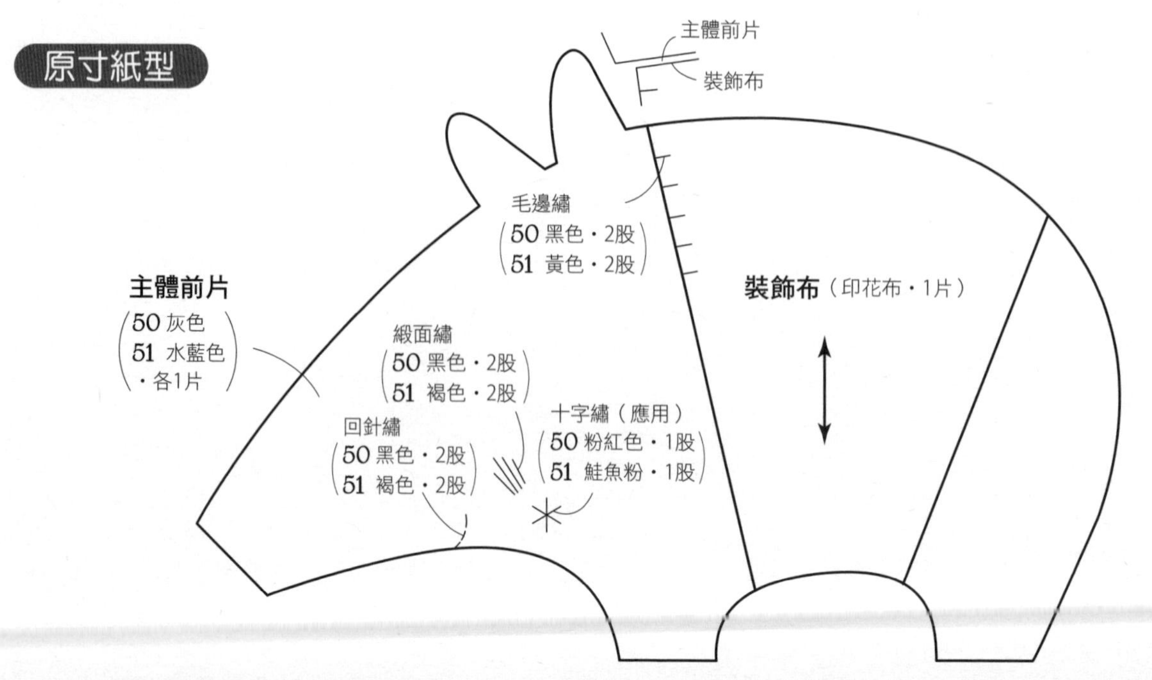

主體前片
裝飾布
毛邊繡
50 黑色・2股
51 黃色・2股
主體前片
50 灰色
51 水藍色
・各1片
裝飾布（印花布・1片）
緞面繡
50 黑色・2股
51 褐色・2股
回針繡
50 黑色・2股
51 褐色・2股
十字繡（應用）
50 粉紅色・1股
51 鮭魚粉・1股

晚安馬來貘

原寸紙型參見P.60・P.61

50 材料

- 不織布
  灰色…14×9cm
  黃綠色…14×9cm
- 裝飾布（點點）…6×7cm
- 25號繡線…灰色・紅色・黑色・粉紅色
- 手工藝棉花…適量

51 材料

- 不織布
  水藍色…14×9cm
  藍色…14×9cm
- 裝飾布（印花布）…6×7cm
- 25號繡線…水藍色・黃色
  淡黃色・褐色・鮭魚粉
- 手工藝棉花…適量

作法

1 主體前片縫上裝飾布＆進行刺繡

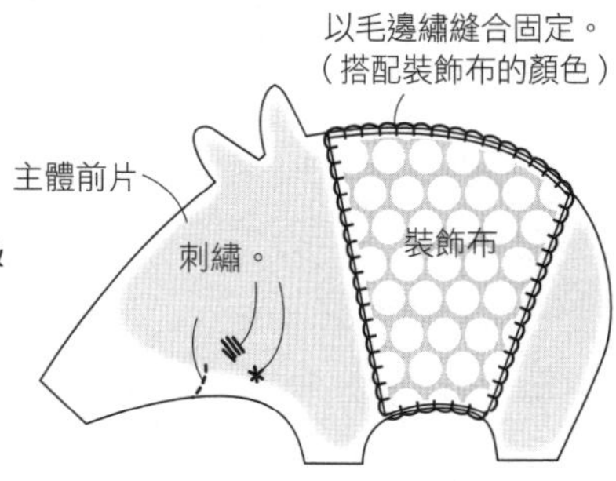
以毛邊繡縫合固定。
（搭配裝飾布的顏色）
主體前片
刺繡。
裝飾布

2 在主體後片上刺繡

主體後片
Good night
刺繡。

3 縫製主體

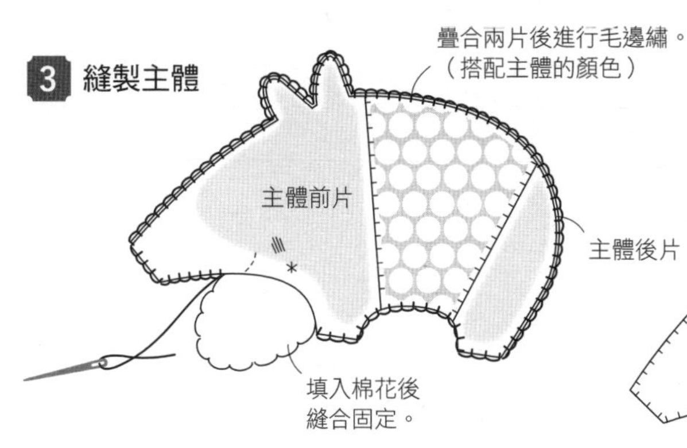
疊合兩片後進行毛邊繡。
（搭配主體的顏色）
主體前片
主體後片
填入棉花後
縫合固定。

完成！

前側　後側

Good night

原寸紙型

十字繡（應用）

回針繡

Good night

直線繡

主體後片
（50 黃綠色
51 藍色
各1片）

（50 粉紅色・2股
51 淡黃色・2股）

P.16 47至49

元氣滿滿的無尾熊＆袋鼠

原寸紙型／47・48參見P.69 49參見P.82

除了特別指定之外，皆取1股與不織布相同顏色的繡線進行縫製。

47 材料

- 不織布
  粉紅色…10×10cm
  珊瑚粉…10×10cm
- 香菇釦4mm（黑色）…2個
- 25號繡線…與不織布相同顏色・紅色
- 手工藝棉花…適量

48 材料

- 不織布
  水藍色…15×10cm
  天藍色…10×10cm
- 香菇釦4mm（黑色）…2個
- 25號繡線…與不織布相同顏色・紅色
- 手工藝棉花…適量

49 材料

- 不織布
  橘色…15×15cm
  黃色…5×5cm
  祖母綠…3×2cm
  土耳其藍…3×2cm
- 香菇釦4mm（黑色）…2個
- 串珠3mm（黑色）…3個
- 絨毛球8mm（黑色）…1個
- 25號繡線
  …與不織布相同顏色（祖母綠除外）・紅色
- 手工藝棉花…適量

作法

1 縫製身體＆耳朵

47

※耳朵製作左右對稱的2片。

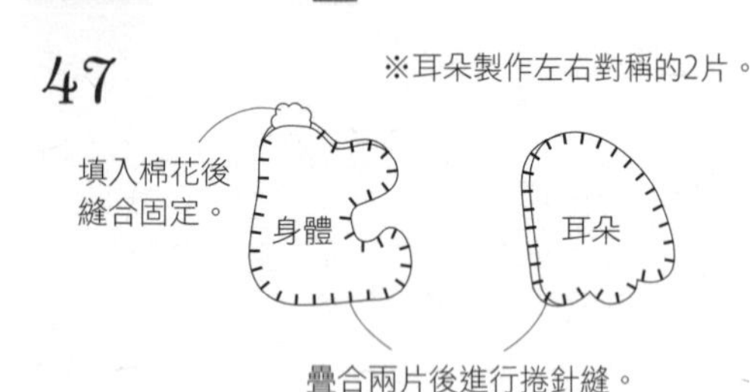
填入棉花後
縫合固定。
身體
耳朵
疊合兩片後進行捲針縫。

48

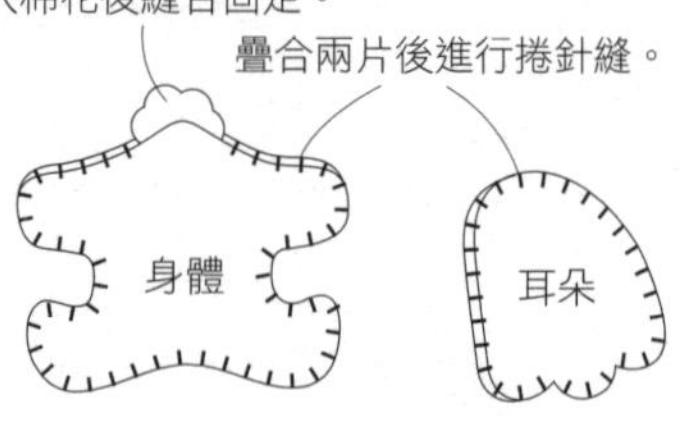
填入棉花後縫合固定。
疊合兩片後進行捲針縫。
身體
耳朵

※耳朵製作左右對稱的2片。

2 夾住身體＆耳朵，接縫臉部

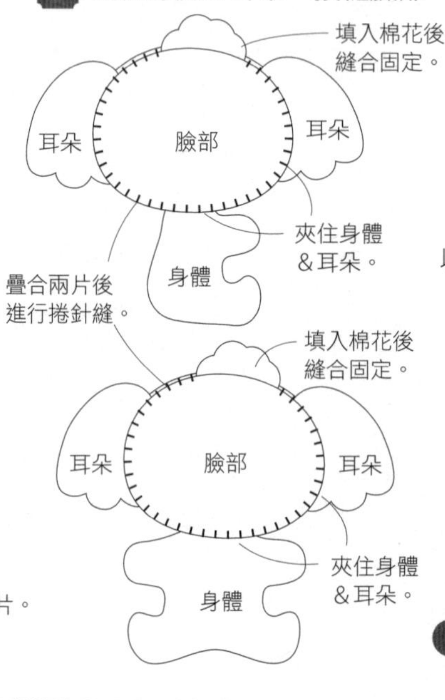
填入棉花後
縫合固定。
耳朵
臉部
耳朵
夾住身體
＆耳朵。
身體
疊合兩片後
進行捲針縫。
填入棉花後
縫合固定。
耳朵
臉部
耳朵
夾住身體
＆耳朵。
身體

3 加上臉部表情

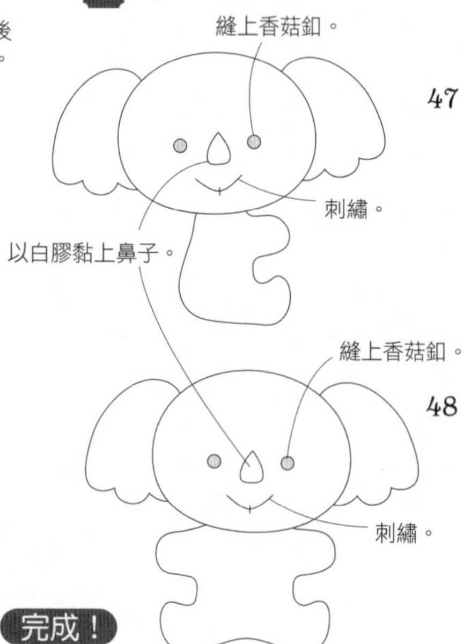
縫上香菇釦。
47
刺繡。
以白膠黏上鼻子。
縫上香菇釦。
48
刺繡。

完成！

作法

49

1 縫上口袋

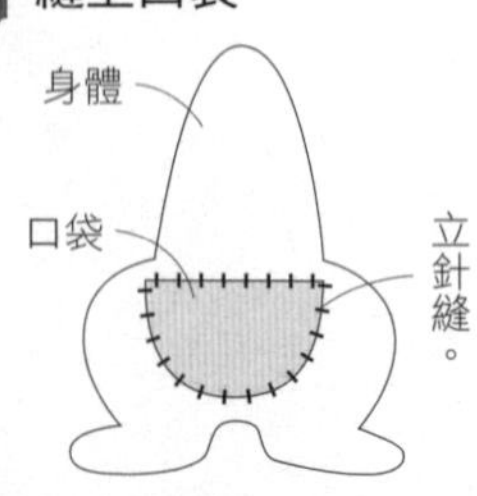
身體
口袋
立針縫。

2 縫製手部

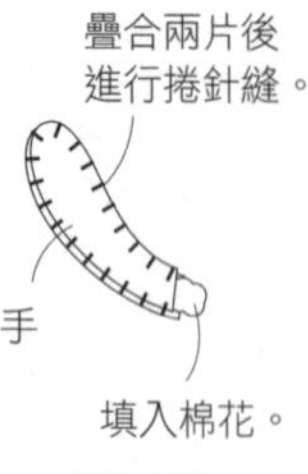
疊合兩片後
進行捲針縫。
手
填入棉花。

※製作2個。

3 縫製身體

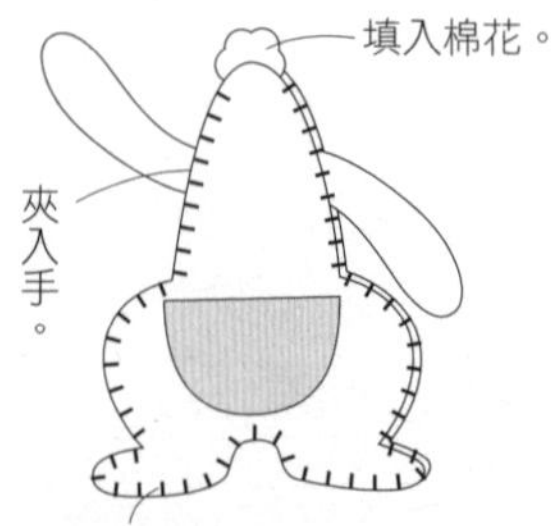
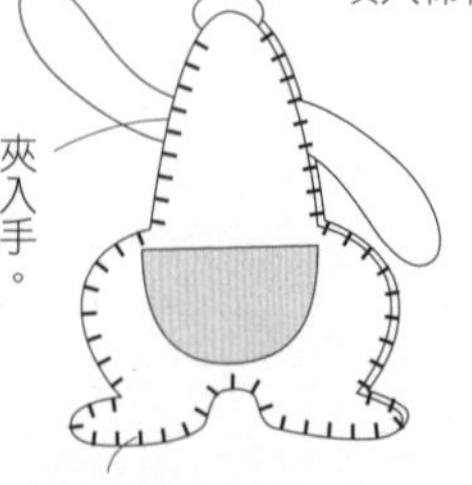
填入棉花。
夾入手。
疊合兩片後進行捲針縫。

4 縫製耳朵

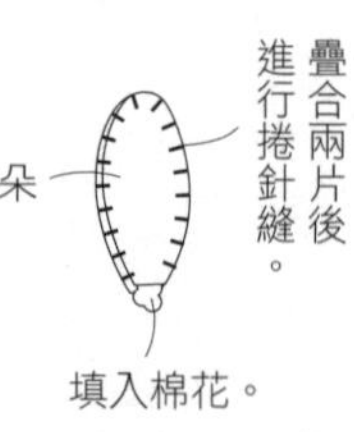
耳朵
疊合兩片後進行捲針縫。
填入棉花。

※製作2個。

5 夾住身體＆耳朵，接縫臉部

夾入耳朵。
填入棉花後縫合固定。
臉部
夾入身體。
疊合兩片後進行捲針縫。

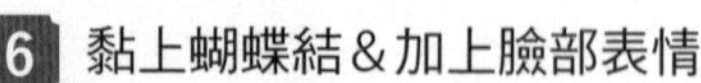

6 黏上蝴蝶結＆加上臉部表情

以白膠
黏蝴蝶結。
縫上香菇釦。
以白膠
黏上絨毛球。
刺繡。

7 縫製寶寶

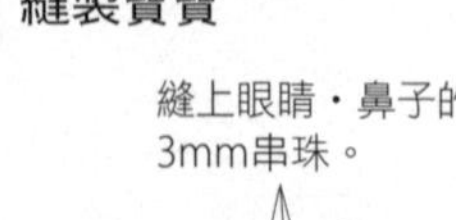
縫上眼睛・鼻子的
3mm串珠。

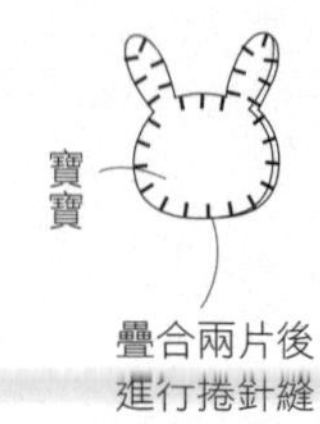

寶寶
疊合兩片後
進行捲針縫。

刺繡。

自裡側接縫固定。

8 固定寶寶

完成！

一本正經的雪貂

原寸紙型參見P.51

除了特別指定之外，皆取1股與不織布相同顏色的繡線進行縫製。

53 材料
・不織布
駝色…20×10cm
褐色…2×2cm
・25號繡線…駝色・黑色・粉紅色
・手工藝棉花…適量

54 材料
・不織布
霜降灰…20×10cm
灰色…2×2cm
紅色…4×2cm
褐色…1×1cm
・香菇釦4mm（黑色）…2個
・25號繡線…灰色・紅色・黑色・粉紅色
・粉蠟筆（黑色）
・手工藝棉花…適量

55 材料
・不織布
灰白色…20×10cm
粉紅色…2×2cm
褐色…3×1cm
淡褐色…3×2cm
・香菇釦4mm（黑色）…2個
・25號繡線…與不織布相同顏色・黑色
・手工藝棉花…適量

刺繡的方法
1出 5出 4入 7出 6出 3出 2入 8入

作法

1 縫製頭部

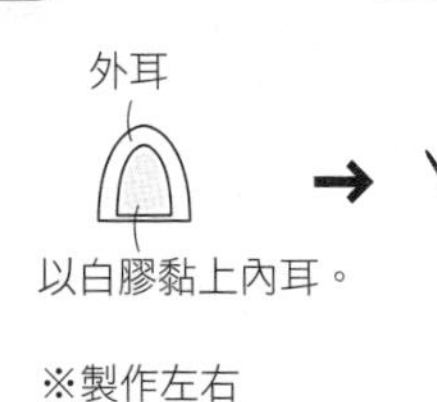

外耳
以白膠黏上內耳。
※製作左右對稱的2片。

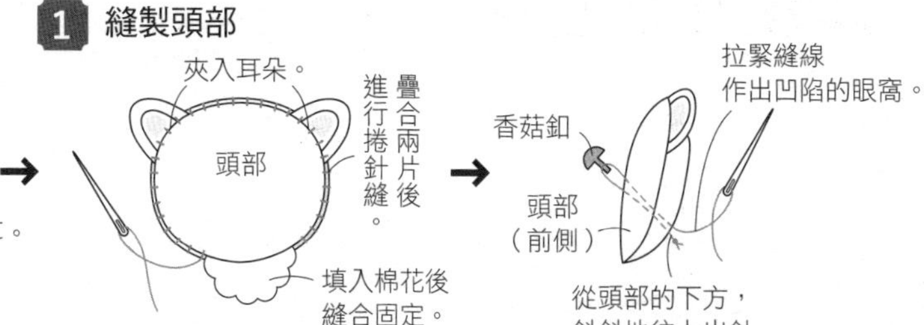

夾入耳朵。
頭部
疊合兩片後進行捲針縫。
填入棉花後縫合固定。
拉緊縫線作出凹陷的眼窩。
香菇釦
頭部（前側）
從頭部的下方，斜斜地往上出針。

53
刺繡。

54
刺繡。
②縫上眼睛。
①以粉蠟筆暈畫斑紋。

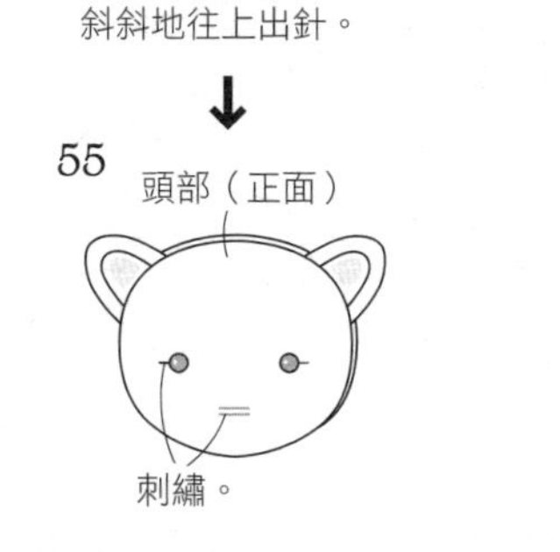

55
頭部（正面）
刺繡。

2 縫製身體

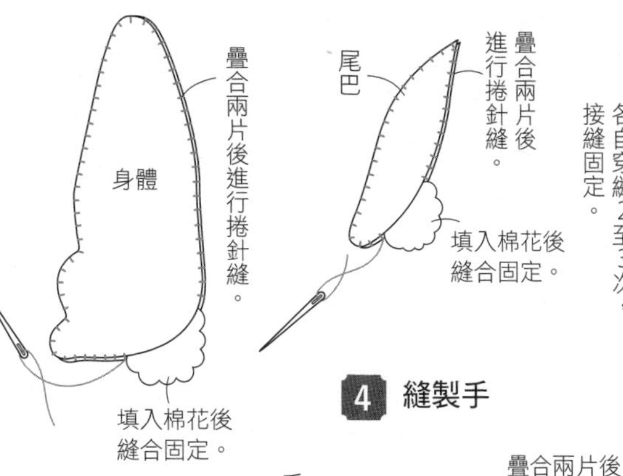

身體
疊合兩片後進行捲針縫。
填入棉花後縫合固定。
尾巴
疊合兩片後進行捲針縫。
填入棉花後縫合固定。

3 縫製尾巴

5 將身體縫上頭部&尾巴

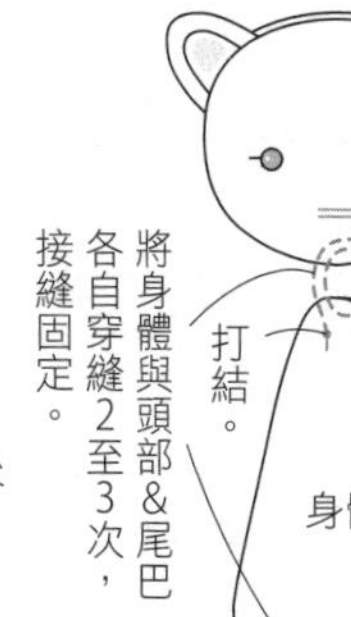

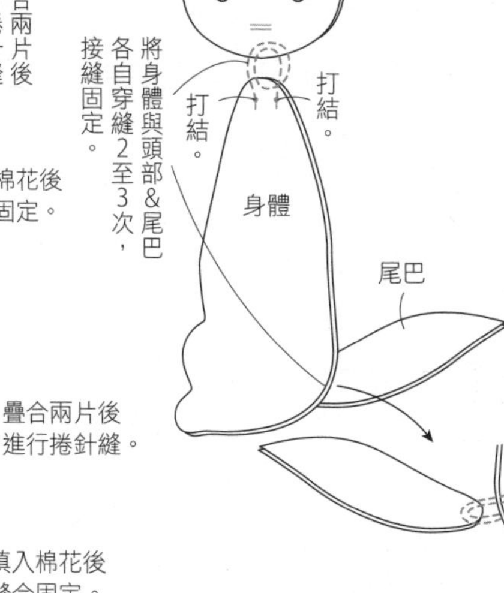

將身體與頭部&尾巴各自穿縫2至3次，接縫固定。
打結。
打結。
身體
尾巴
打結。
打結。

4 縫製手

手
手
疊合兩片後進行捲針縫。
填入棉花後縫合固定。

6 縫製橡實

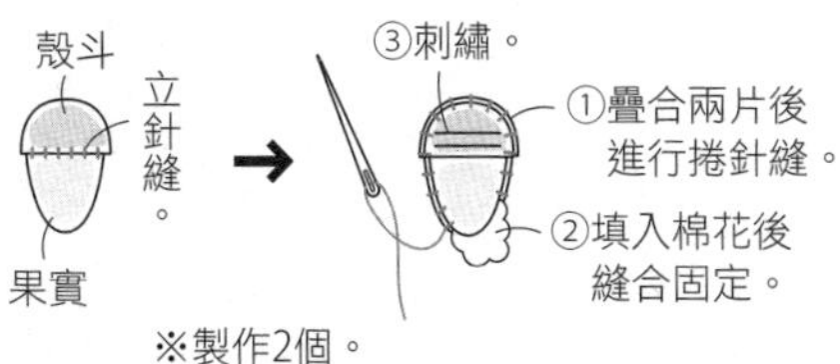

殼斗
立針縫。
果實
③刺繡。
①疊合兩片後進行捲針縫。
②填入棉花後縫合固定。
※製作2個。

7 身體縫上手&在兩手間接縫蘋果（54）・橡實（55）

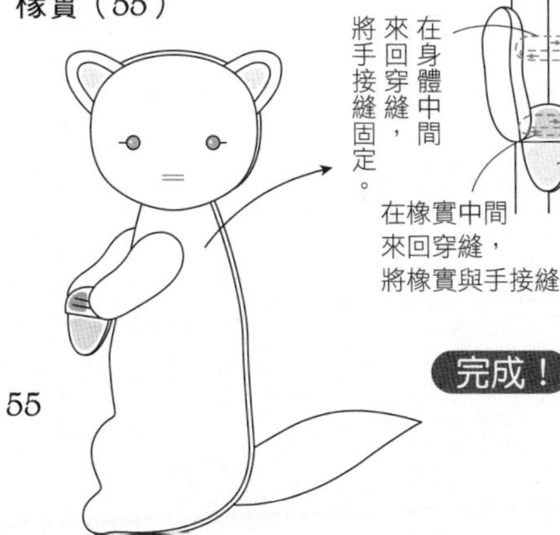

55

前側中心
身體
手（正面）
在身體中間來回穿縫，將手接縫固定。
橡實
在橡實中間來回穿縫，將橡實與手接縫固定。

①疊合兩片後進行捲針縫。
蘋果
②填入棉花後縫合固定。
立針縫。
蘋果

完成！

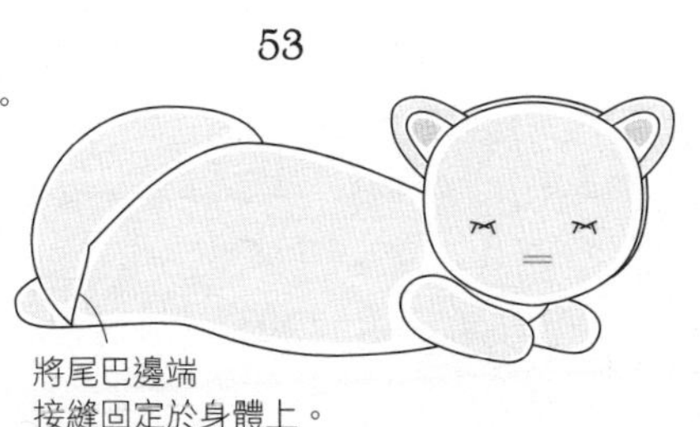

53
將尾巴邊端接縫固定於身體上。

以粉蠟筆暈畫斑紋。

森林中的松鼠

原寸紙型參見P.65

除了特別指定之外，
皆取1股與不織布相同顏色的繡線進行縫製。

56 材料

- 不織布
  土黃色…15×10cm
  紅褐色…10×4cm
- 香菇釦4mm（黑色）…2個
- 25號繡線…與不織布相同顏色・深褐色・淡褐色
- 手工藝棉花…適量

57・58 材料（1個）

- 不織布
  土黃色…15×10cm
  紅褐色…10×4cm
  褐色…4×3cm
  駝色…5×3cm
- 香菇釦4mm（黑色）…2個
- 25號繡線…與不織布相同顏色・深褐色・淡褐色
- 手工藝棉花…適量

作法

56

1 將頭部縫上斑紋

立針縫。
頭部
→
保留0.1cm，剪去多餘的部分。
頭部

2 縫製耳朵

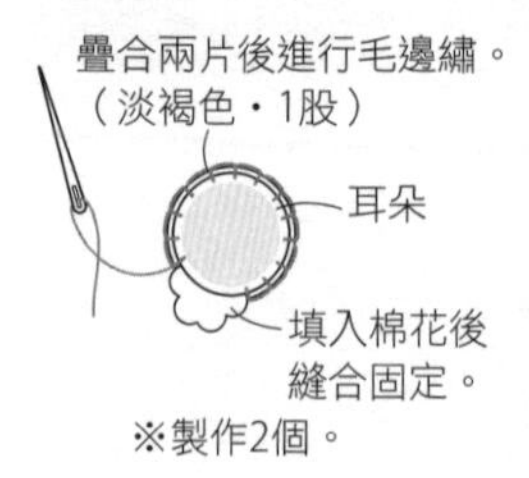

疊合兩片後進行毛邊繡。（淡褐色・1股）
耳朵
填入棉花後縫合固定。
※製作2個。

3 縫製頭部

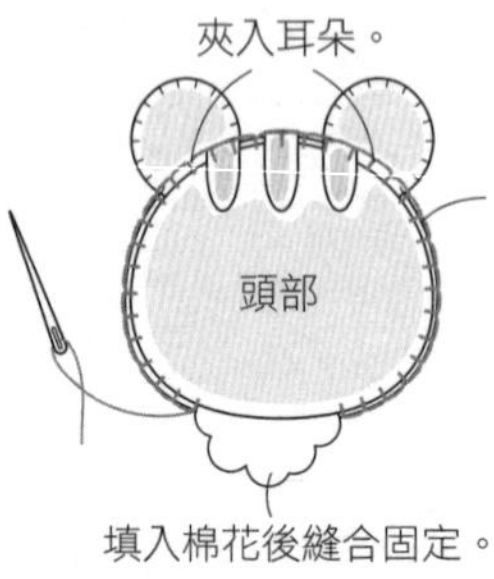

夾入耳朵。
頭部
疊合兩片後進行毛邊繡。（淡褐色・1股）
填入棉花後縫合固定。

刺繡的方法
1出 2入 3出 4入 5出 6入 7出 8入

4 縫製臉部

從頭部後側入針，將眼睛縫合固定。
刺繡。
打結。

5 縫製尾巴

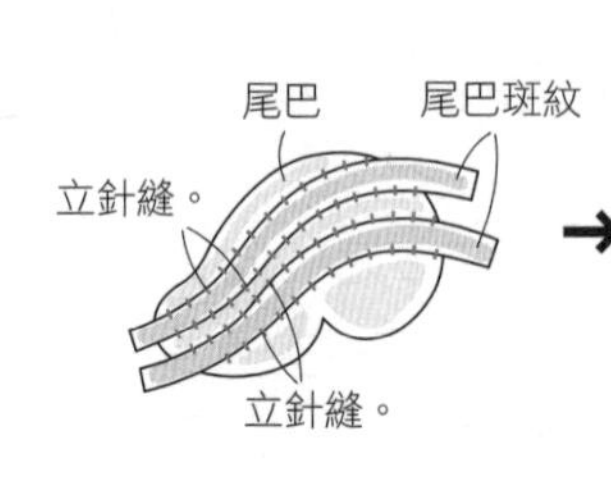

尾巴
尾巴斑紋
立針縫。
立針縫。

→
保留0.1cm，剪去多餘的部分。
保留0.1cm，剪去多餘的部分。
尾巴
→
疊合兩片後進行毛邊繡。（淡褐色・1股）
填入棉花後縫合固定。
尾巴

6 縫製身體

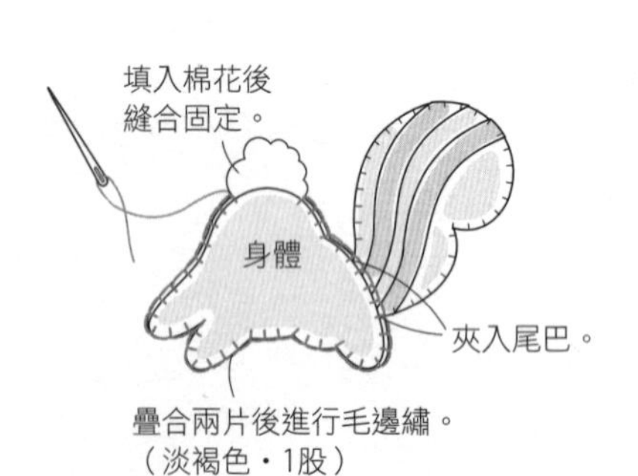

填入棉花後縫合固定。
身體
夾入尾巴。
疊合兩片後進行毛邊繡。（淡褐色・1股）

7 接縫頭部＆身體

<後側>

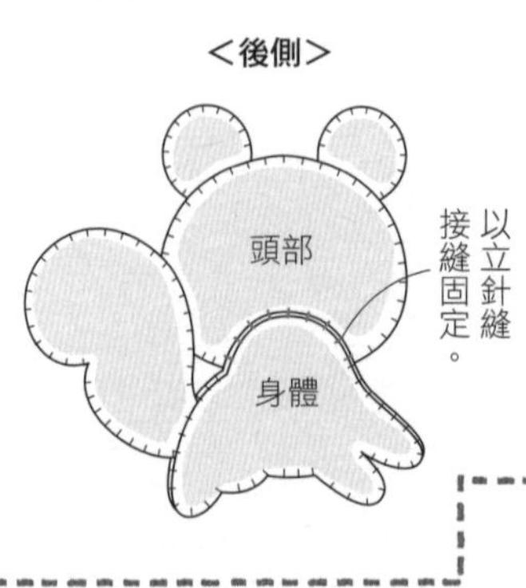

頭部
身體
以立針縫接縫固定。

完成！

56

57

1至5作法同56。

6 縫製身體

填入棉花後縫合固定。
身體（前側）
疊合兩片後進行毛邊繡。（淡褐色・1股）

7 縫製手＆接縫於身體上

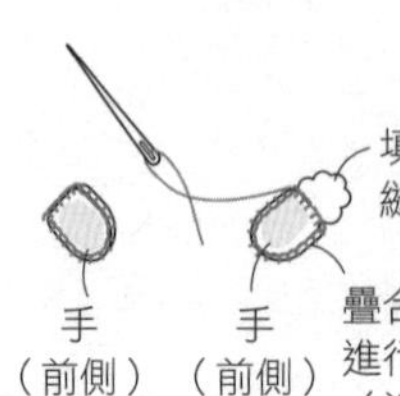

填入棉花後縫合固定。
手（前側）
手（前側）
疊合兩片後進行毛邊繡。（淡褐色・1股）

→

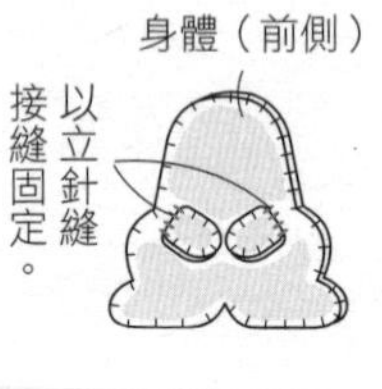

身體（前側）
以立針縫接縫固定。

8 將身體接縫上頭部＆尾巴

<後側>

頭部（後側）
尾巴（後側）
以立針縫接縫固定。
身體
以立針縫接縫固定。

9 縫製橡實

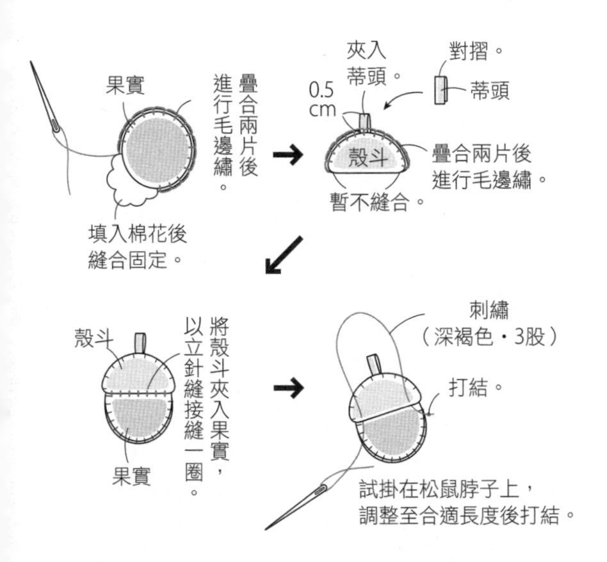
果實
疊合兩片後進行毛邊繡。
填入棉花後縫合固定。
夾入蒂頭。
0.5 cm
對摺。
蒂頭
殼斗
疊合兩片後進行毛邊繡。
暫不縫合。
殼斗
將殼斗夾入果實，以立針縫接縫一圈。
果實
刺繡（深褐色・3股）
打結。
試掛在松鼠脖子上，調整至合適長度後打結。

完成！

57

58
將橡實止縫固定於手上。
刺繡。

*58作法參見56・57。

原寸紙型

56至58 頭部（土黃色・2片）

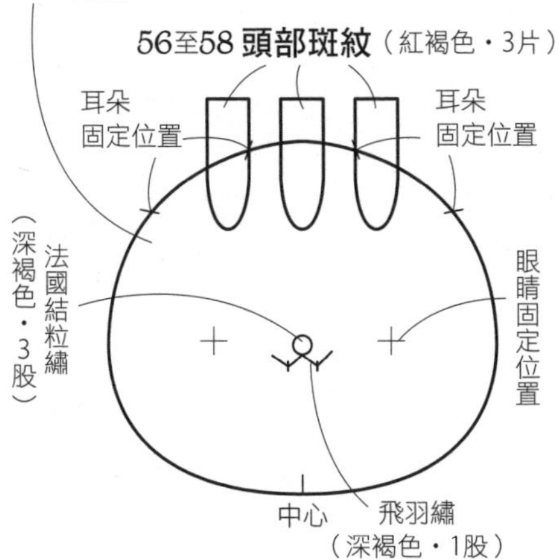
56至58 頭部斑紋（紅褐色・3片）
耳朵固定位置
耳朵固定位置
法國結粒繡（深褐色・3股）
眼睛固定位置
中心
飛羽繡（深褐色・1股）

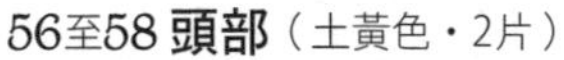

56至58 耳朵（土黃色・4片）

固定位置

57 手（土黃色・4片）

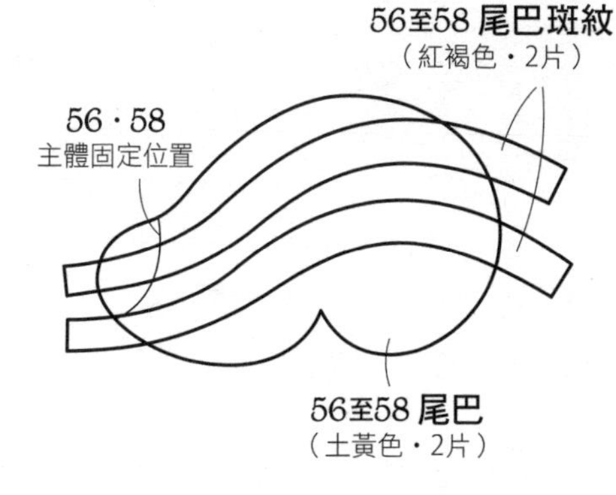
56至58 尾巴斑紋（紅褐色・2片）
56・58 主體固定位置
56至58 尾巴（土黃色・2片）

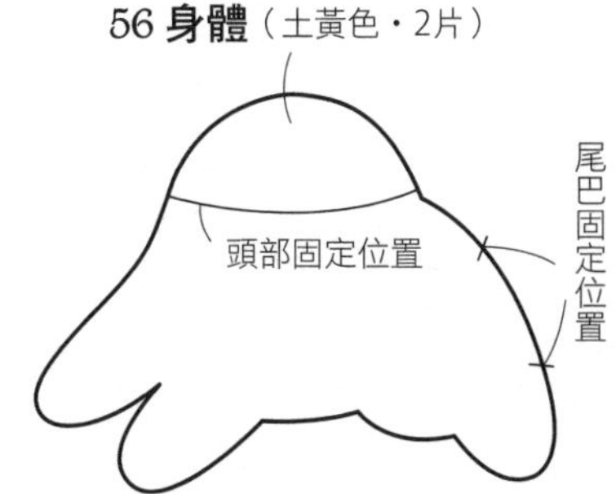

56 身體（土黃色・2片）
頭部固定位置
尾巴固定位置

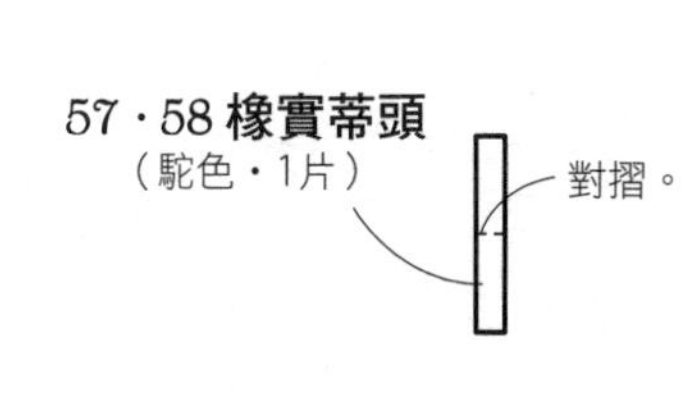
57・58 橡實蒂頭（駝色・1片）
對摺。

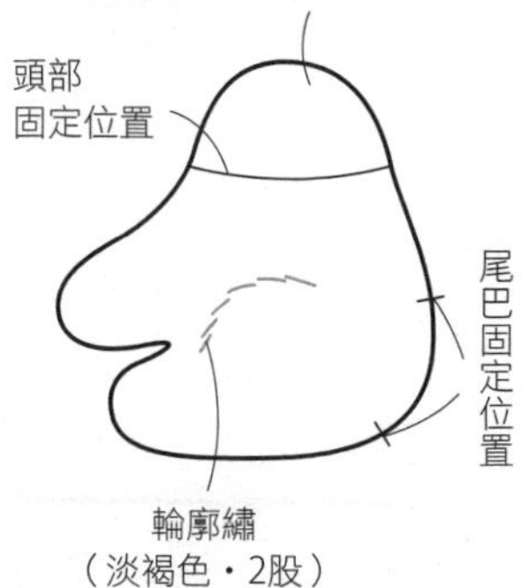
58 身體（土黃色・2片）
頭部固定位置
尾巴固定位置
輪廓繡（淡褐色・2股）

57 身體（土黃色・2片）
中心
頭部固定位置
△尾巴固定位置（後側）
手固定位置（前側）

※△＝重疊部分

57・58 橡實殼斗（駝色・2片）
蒂頭固定位置

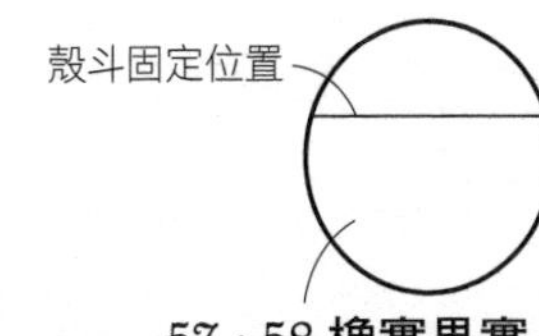
殼斗固定位置
57・58 橡實果實（褐色・2片）

P.19 61・62

雙胞胎小老鼠

除了特別指定之外，
皆取1股與不織布相同顏色的繡線進行縫製。

61 材料
- 不織布
  粉藍色…12×12cm
  淡粉紅…4×2cm　白色…2×2cm
- 插入式眼睛4mm（黑色）…2個
- 木珠3mm（淡褐色）…1個
- 25號繡線…與不織布相同顏色・褐色
- 手縫線（白色）…鬍鬚用
- 蕾絲10mm寬（白色）…7cm
- 手工藝棉花…適量

62 材料
- 不織布
  粉黃色…12×12cm
  淡粉紅…4×2cm　白色…2×2cm
- 插入式眼睛4mm（黑色）…2個
- 木珠3mm（深褐色）…1個
- 25號繡線…與不織布相同顏色・深褐色
- 手縫線（白色）…鬍鬚用
- 蕾絲10mm寬（白色）…7cm
- 手工藝棉花…適量

作法

1 縫製前側耳朵，再與主體耳朵疊合&接縫固定

重疊前側耳朵，以毛邊繡接縫固定。
前側外耳
前側內耳
立針縫。
主體後片

2 縫上嘴部&手

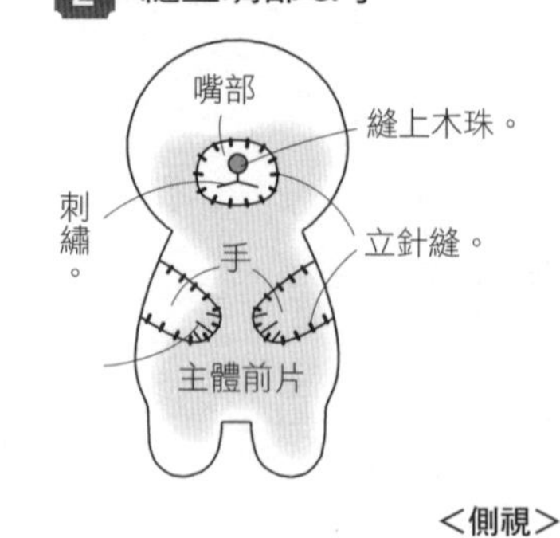
嘴部
縫上木珠。
刺繡。
手
立針縫。
主體前片

3 縫製主體

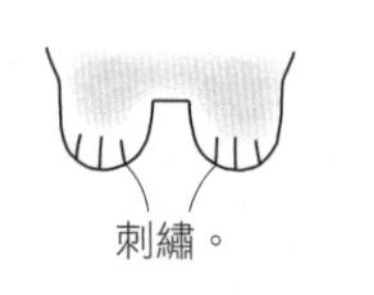
主體前片
主體後片
疊合兩片後進行毛邊繡。
填入棉花後縫合固定。
僅將腳以白膠黏合。

4 縫製腳爪

<側視>
前側
主體前片
刺繡。
凹摺腳部，並止縫固定於主體上。

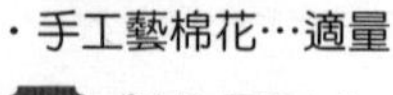

5 製作尾巴&縫合固定

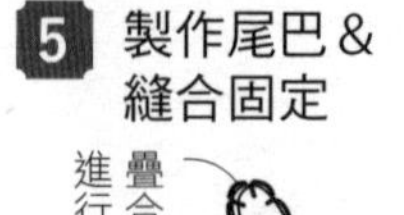

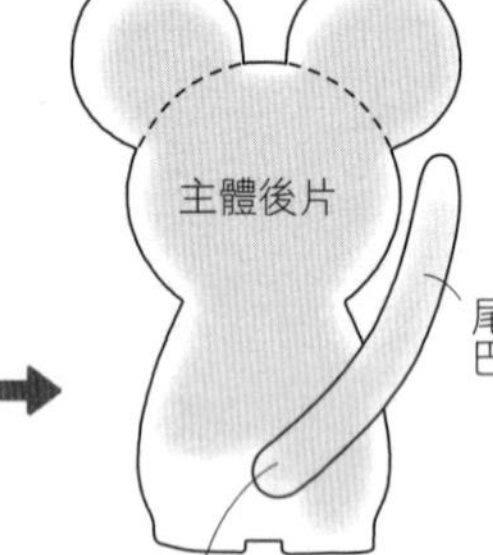
疊合兩片後進行毛邊繡。
主體後片
尾巴
自裡側接縫固定。

6 裝上眼睛&縫上鬍鬚，脖子圍繞蕾絲

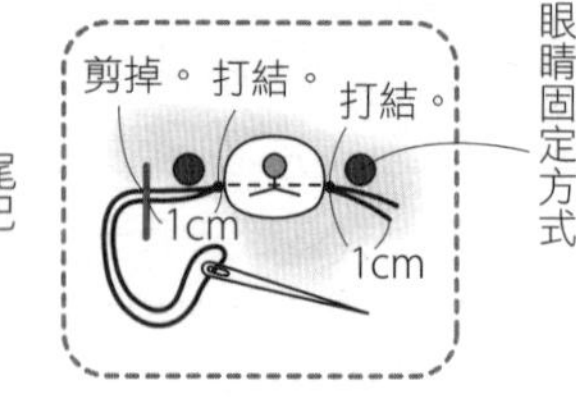
＊鬍鬚的縫製方式＊
剪掉。
打結。
打結。
1cm
1cm
參見P.54眼睛固定方式

完成！

61
固定鬍鬚
圍繞一圈蕾絲後，在後側以白膠黏貼固定。
62

原寸紙型

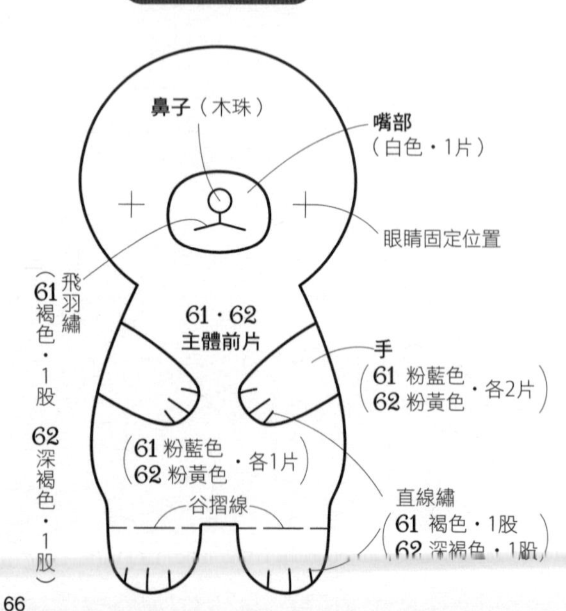
鼻子（木珠）
嘴部（白色・1片）
眼睛固定位置
飛羽繡（61褐色・1股 62深褐色・1股）
61・62 主體前片
手（61粉藍色 62粉黃色・各2片）
（61粉藍色 62粉黃色・各1片）
谷摺線
直線繡（61褐色・1股 62深褐色・1股）

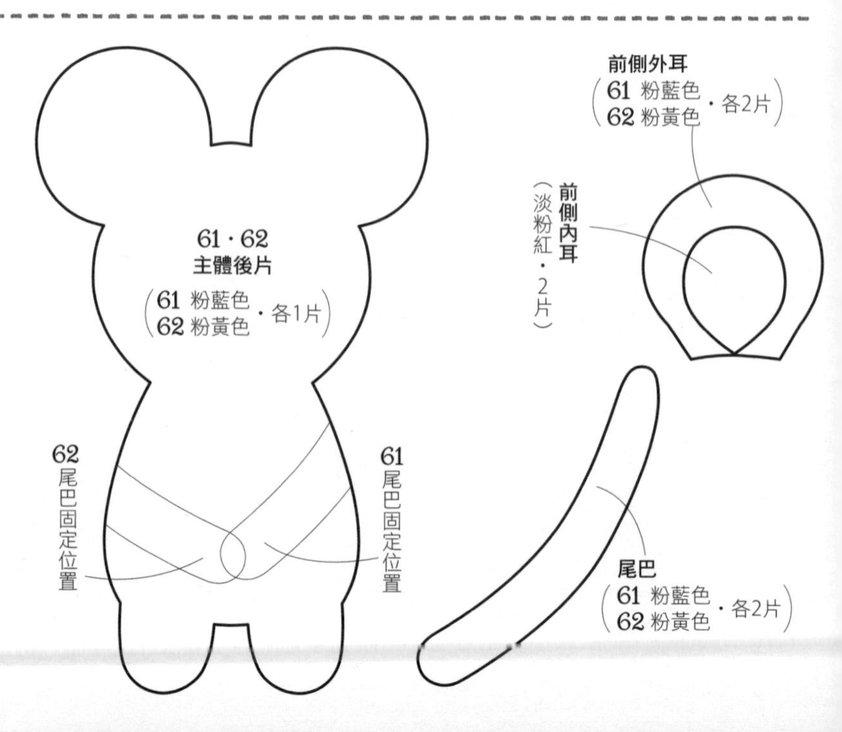
61・62 主體後片（61粉藍色 62粉黃色・各1片）
62 尾巴固定位置
61 尾巴固定位置
前側外耳（61粉藍色 62粉黃色・各2片）
前側內耳（淡粉紅・2片）
尾巴（61粉藍色 62粉黃色・各2片）

P.19 59・60

滿身尖刺的刺蝟

除了特別指定之外，皆取1股與不織布相同顏色的繡線進行縫製。

59・60 材料（1個）

- 不織布
  白色…10×10cm
  59／褐色…10×10cm
  60／霜降灰…10×10cm
- 插入式眼睛4mm（黑色）…2個
- 插入式眼睛3.5mm（黑色）…1個
- 25號繡線…與不織布相同顏色・黑色
- 手縫線（黑色）
- 手工藝棉花…適量

作法

60

59作法參見60

1 將硬刺縫於主體上

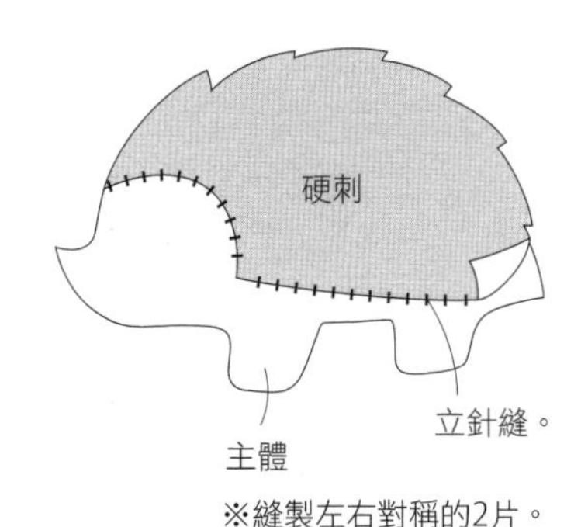

硬刺
主體
立針縫。

※縫製左右對稱的2片。

2 縫上耳朵

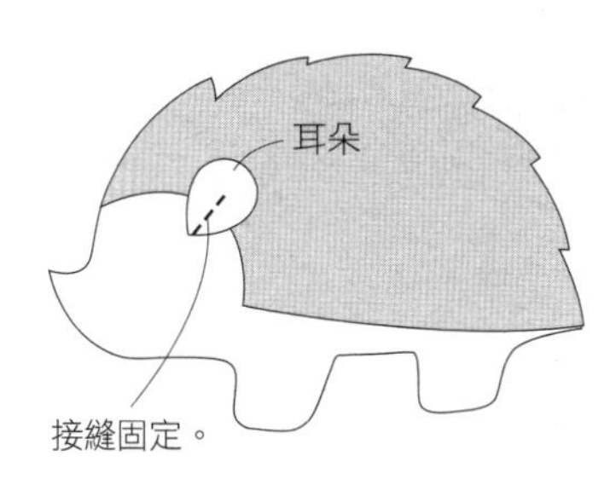

耳朵
接縫固定。

3 縫製主體

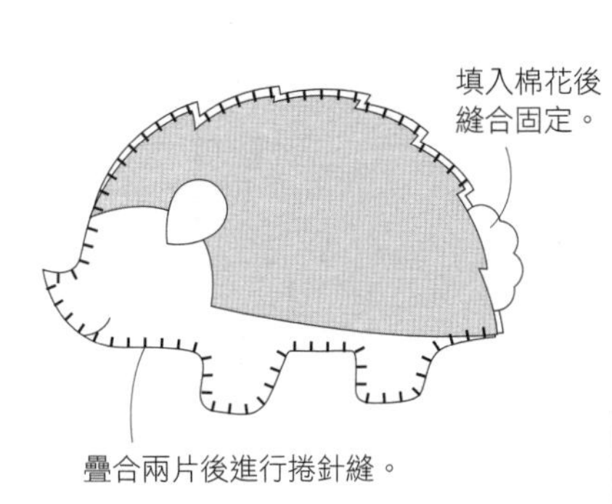

填入棉花後
縫合固定。
疊合兩片後進行捲針縫。

4 裝上鼻子＆縫上嘴巴

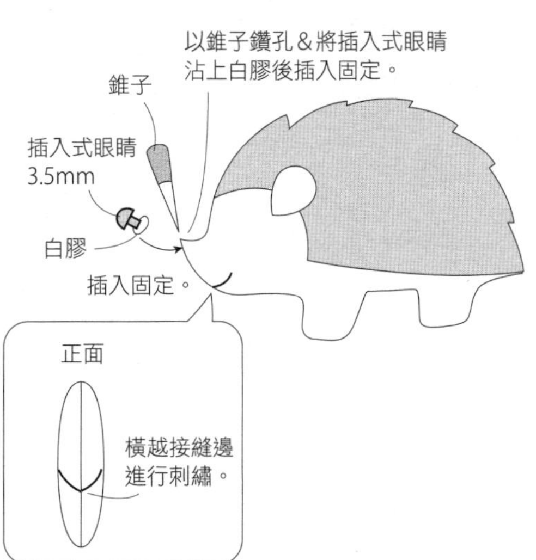

以錐子鑽孔＆將插入式眼睛
沾上白膠後插入固定。
錐子
插入式眼睛
3.5mm
白膠
插入固定。
正面
橫越接縫邊
進行刺繡。

5 裝上眼睛

60

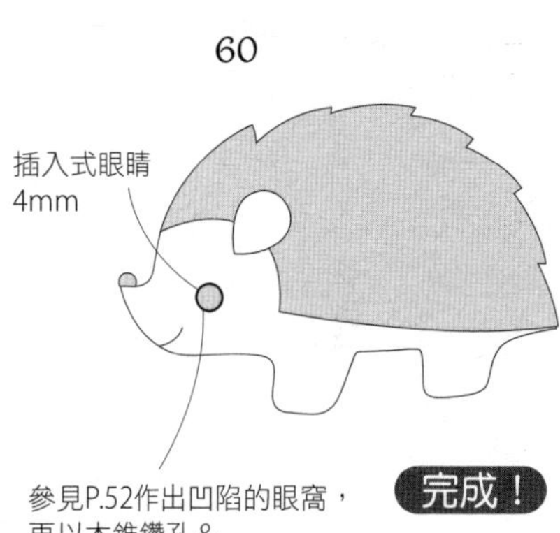

插入式眼睛
4mm
參見P.52作出凹陷的眼窩，
再以木錐鑽孔＆
將插入式眼睛沾上白膠後
插入固定。
完成！

原寸紙型

回針繡
（白色・1股）
59・60 耳朵
（白色・各2片）

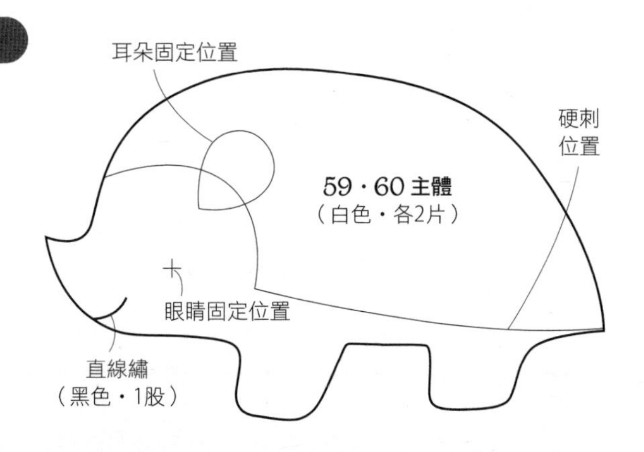

耳朵固定位置
硬刺
位置
59・60 主體
（白色・各2片）
眼睛固定位置
直線繡
（黑色・1股）

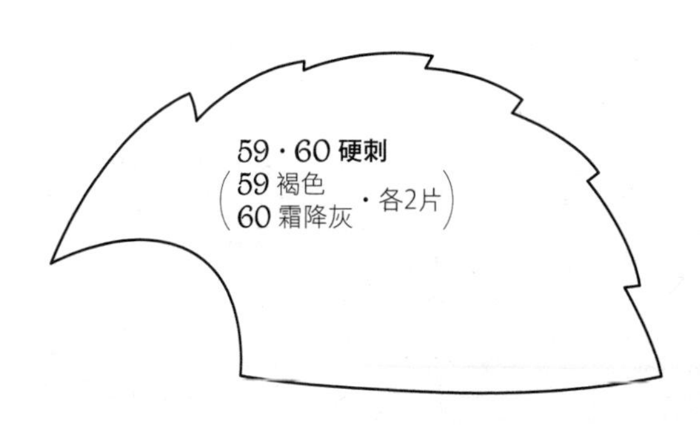

59・60 硬刺
59 褐色
60 霜降灰
・各2片

P.20 63・64

冰天雪地的動物居民

原寸紙型參見P.70

除了特別指定之外，皆取1股與不織布相同顏色的繡線進行縫製。

63 材料

・不織布
白色…20×15cm
黑色…2×2cm
・串珠3mm（黑色）…2個
・25號繡線…與不織布相同顏色
・手工藝棉花…適量

64 材料

・不織布
白色…20×10cm
黑色…2×1cm
・串珠3mm（黑色）…2個
・25號繡線…與不織布相同顏色
・手工藝棉花…適量

作法

63

1 縫製主體

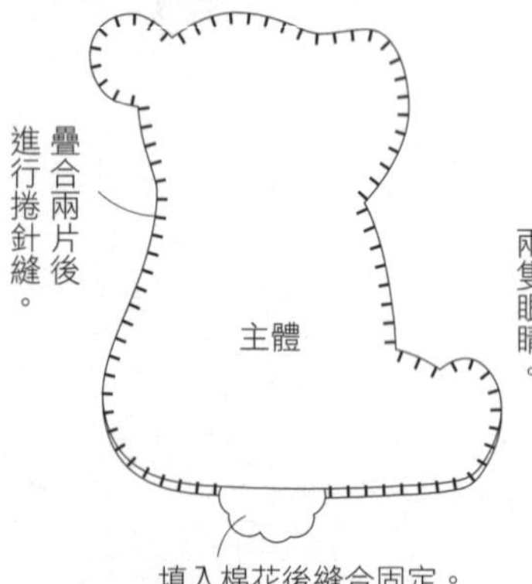

疊合兩片後進行捲針縫。
主體
填入棉花後縫合固定。

2 製作臉部

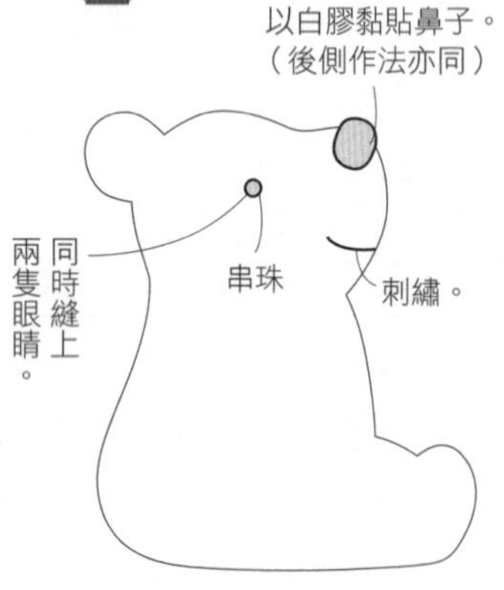

以白膠黏貼鼻子。（後側作法亦同）
兩隻眼睛同時縫上
串珠
刺繡。

3 縫製手

疊合兩片後進行捲針縫。
填入棉花後縫合固定。
※縫製2個。
刺繡。
橫越接縫邊進行刺繡。

4 將手接縫於主體上

自裡側接縫固定。
後片也縫上另一隻手。

完成！

64

1 縫上眼睛&嘴巴

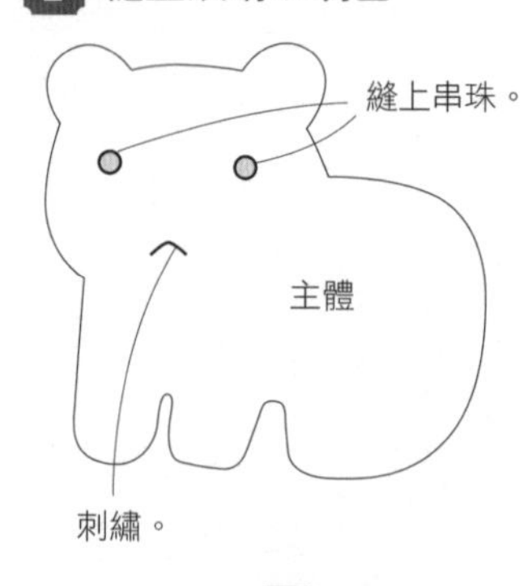

縫上串珠。
主體
刺繡。

2 黏上鼻子

以白膠黏貼鼻子。

3 縫製主體

疊合兩片後進行捲針縫。
填入棉花後縫合固定。

完成！

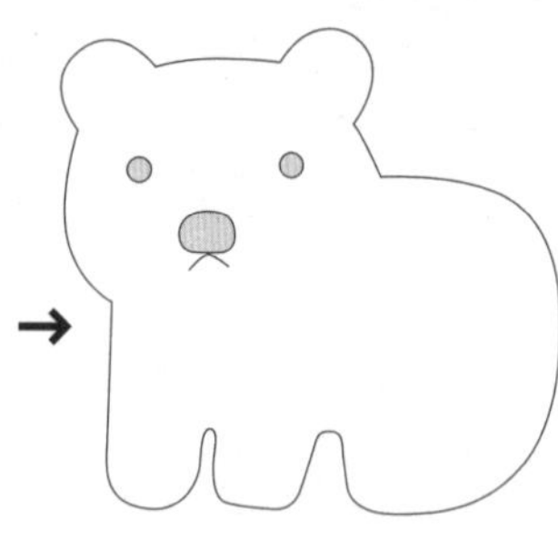

原寸紙型 69至71

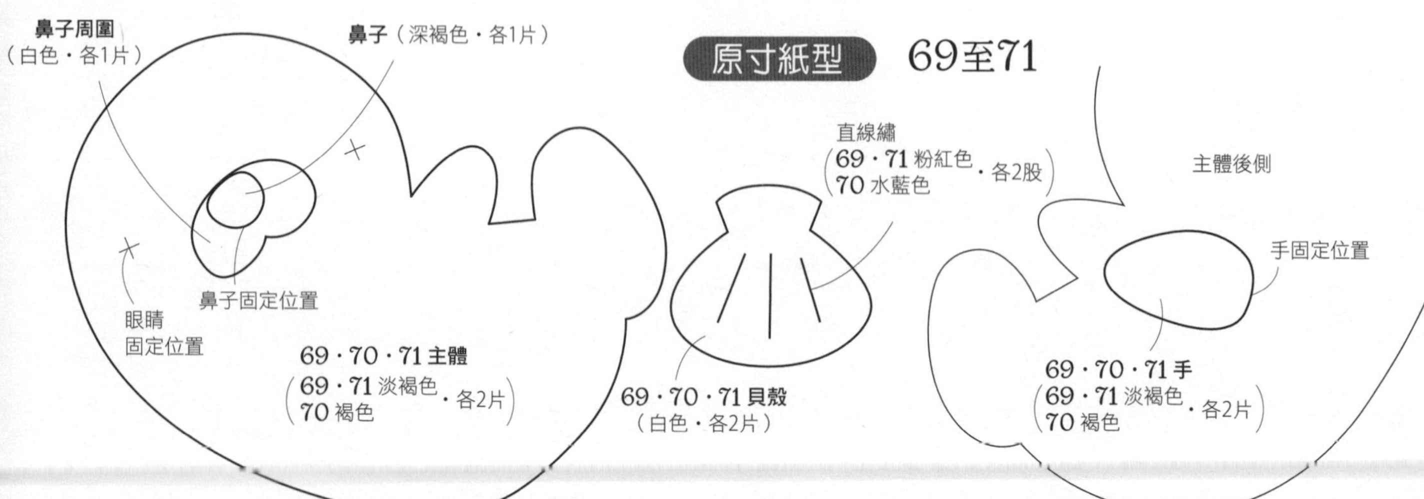

鼻子周圍（白色・各1片）
鼻子（深褐色・各1片）
鼻子固定位置
眼睛固定位置
69・70・71主體
（69・71淡褐色、70褐色・各2片）
直線繡（69・71粉紅色、70水藍色・各2股）
69・70・71貝殼（白色・各2片）
主體後側
手固定位置
69・70・71手
（69・71淡褐色、70褐色・各2片）

冰天雪地的動物居民

原寸紙型參見P.70　除了特別指定之外，皆取1股與不織布相同顏色的繡線進行縫製。

65・68 材料（1個）

・不織布
65／霜降灰…15×10cm
　白色…10×5cm
　黑色…5×5cm
68／黑色…15×10cm
　橘色…5×5cm
　白色…10×5cm
・25號繡線…與不織布相同顏色（橘色除外）
・手工藝棉花…適量

66・67 材料（1個）

・不織布
66／黑色…20×10cm
　白色…10×5cm
　橘色…5×5cm
67／霜降灰…20×10cm
　白色…10×5cm
　黑色…5×5cm
・串珠4mm（黑色）…2個
・25號繡線…與不織布相同顏色（橘色除外）
・手工藝棉花…適量

作法

65・68

1 將主體前縫於主體上

主體
主體前
立針縫。

2 繡上眼睛＆下巴

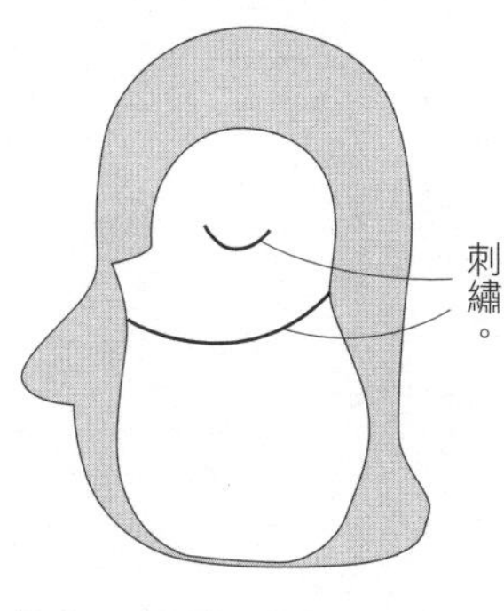
刺繡。

3 縫製主體

疊合兩片後進行捲針縫。
填入棉花後縫合固定。

4 縫製翅膀

翅膀
疊合兩片後進行捲針縫。

5 黏上鳥喙・翅膀・腳

鳥喙
翅膀
腳
完成！

皆以白膠黏貼固定。

66・67

1 將主體前縫於主體上

主體前
立針縫。
主體

2 加上臉部表情

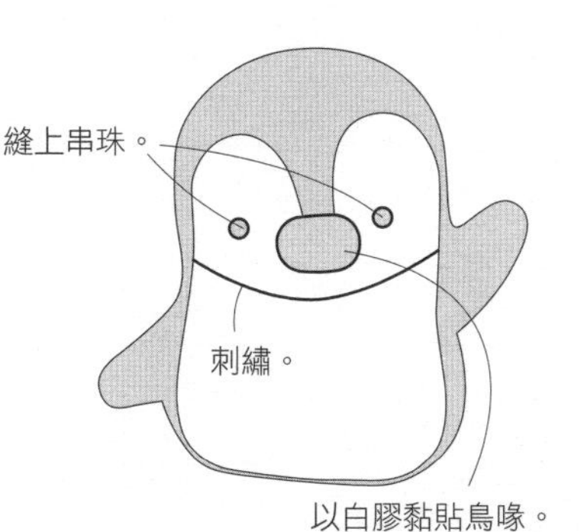
縫上串珠。
刺繡。
以白膠黏貼鳥喙。

3 縫製主體

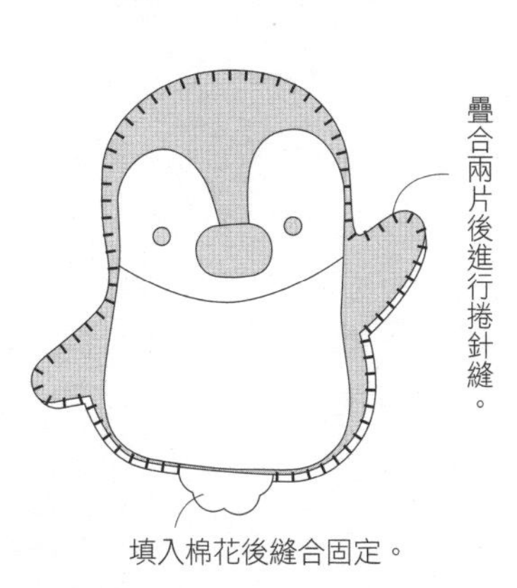
疊合兩片後進行捲針縫。
填入棉花後縫合固定。

4 黏上腳

完成！

以白膠黏上腳。

原寸紙型

47・48

耳朵固定位置
47・48 臉部（47 粉紅色、48 水藍色・各2片）
眼睛固定位置
飛羽繡（紅色・5股）
鼻子（47 珊糊粉、48 天藍色・各1片）

臉部固定位置
47身體（粉紅色・2片）

臉部固定位置
47・48 耳朵（47 珊瑚粉、48 天藍色・各4片）

臉部固定位置
48 身體（水藍色・2片）

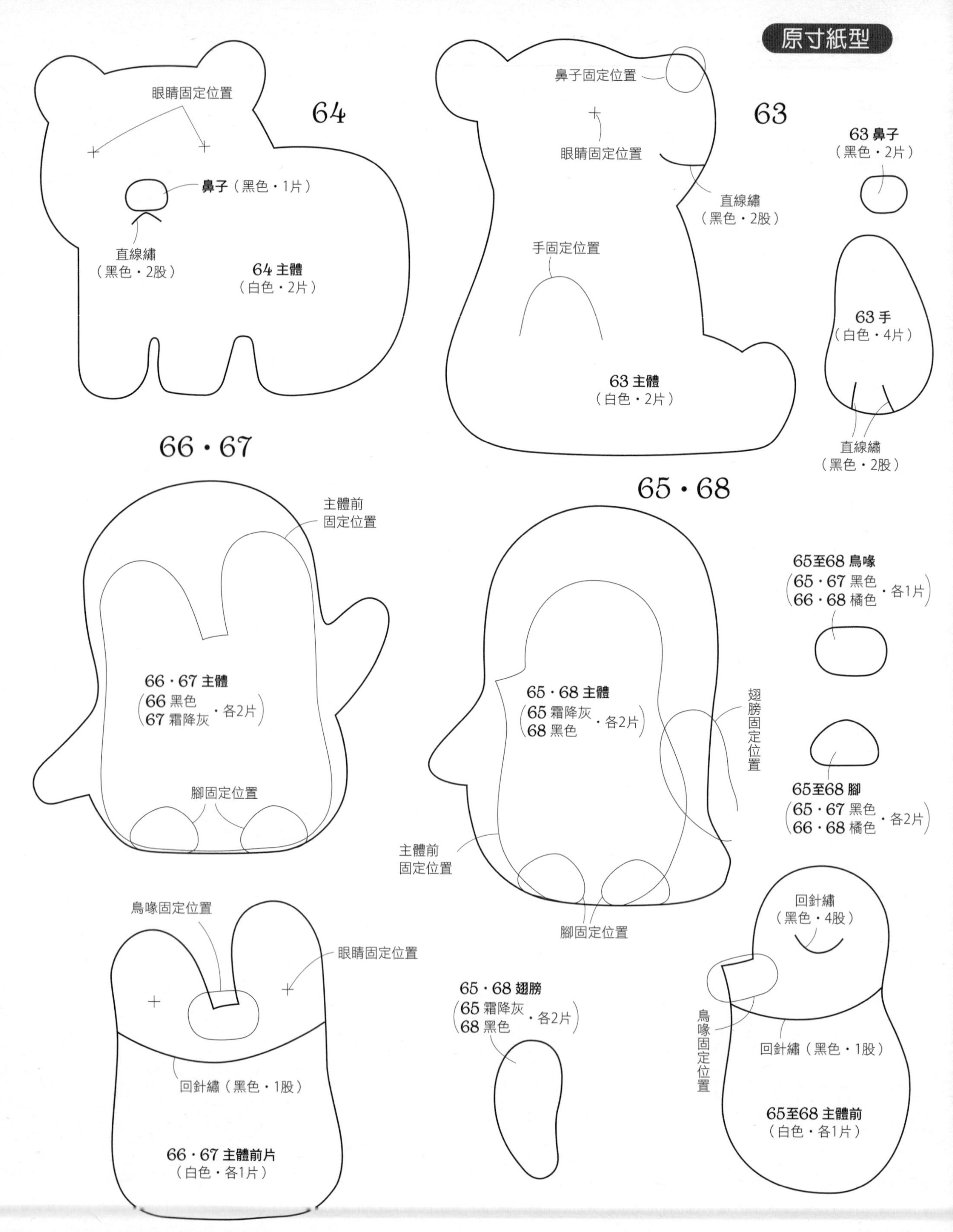
64
眼睛固定位置
鼻子（黑色・1片）
直線繡
（黑色・2股）
64 主體
（白色・2片）
63
鼻子固定位置
眼睛固定位置
直線繡
（黑色・2股）
手固定位置
63 主體
（白色・2片）
63 鼻子
（黑色・2片）
63 手
（白色・4片）
直線繡
（黑色・2股）
66・67
主體前
固定位置
66・67 主體
66 黑色
67 霜降灰 ・各2片
腳固定位置
65・68
65至68 鳥喙
65・67 黑色
66・68 橘色 ・各1片
65・68 主體
65 霜降灰
68 黑色 ・各2片
翅膀固定位置
65至68 腳
65・67 黑色
66・68 橘色 ・各2片
主體前
固定位置
腳固定位置
鳥喙固定位置
眼睛固定位置
回針繡（黑色・1股）
66・67 主體前片
（白色・各1片）
65・68 翅膀
65 霜降灰
68 黑色 ・各2片
回針繡
（黑色・4股）
鳥喙固定位置
回針繡（黑色・1股）
65至68 主體前
（白色・各1片）

P.21 69至73

漂浮在海上的海獺＆海豹

原寸紙型參見P.68・P.71

除了特別指定之外，
皆取1股與不織布相同顏色的繡線進行縫製。

69・70・71 材料（1個）

- 不織布
  - 69・71／淡褐色…20×10cm
  - 70／褐色…20×10cm
    - 白色…10×5cm
    - 深褐色…2×1cm
- 串珠4mm（黑色）…2個
- 25號繡線…與不織布相同顏色
  - 69・71／粉紅色　70／水藍色
- 手工藝棉花…適量

72・73 材料（1個）

- 不織布
  - 72／霜降灰…15×10cm
    - 灰色…3×2cm
  - 73／白色…15×10cm
    - 霜降灰…3×2cm
- 串珠6mm（黑色）…2個
- 串珠4mm（黑色）…1個
- 25號繡線…72 灰色　73 白色
- 手工藝棉花…適量

作法 69・70

1 加上臉部表情

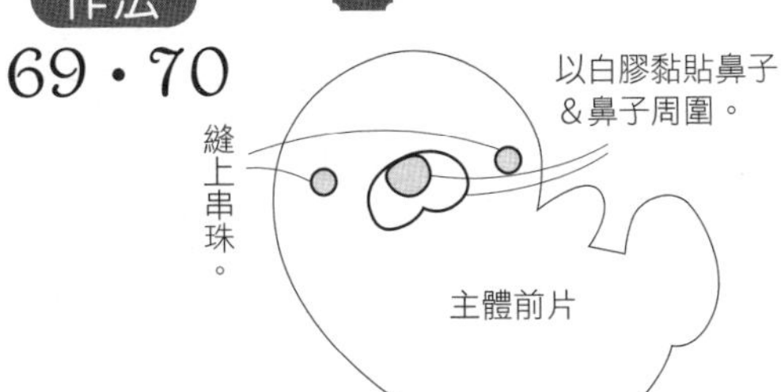
以白膠黏貼鼻子
&鼻子周圍。
縫上串珠。
主體前片

2 縫製主體

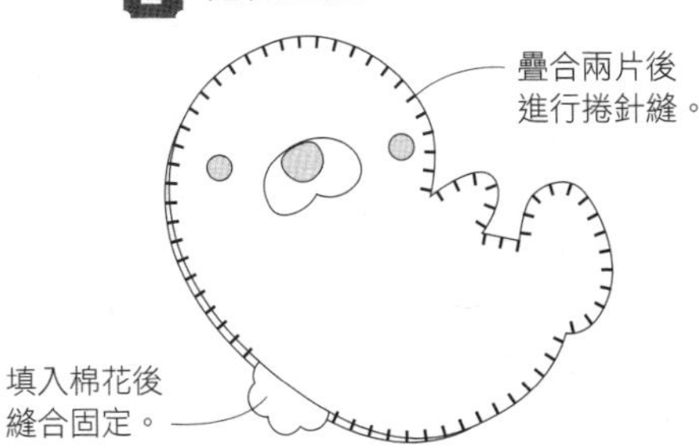
疊合兩片後
進行捲針縫。
填入棉花後
縫合固定。

3 縫製手

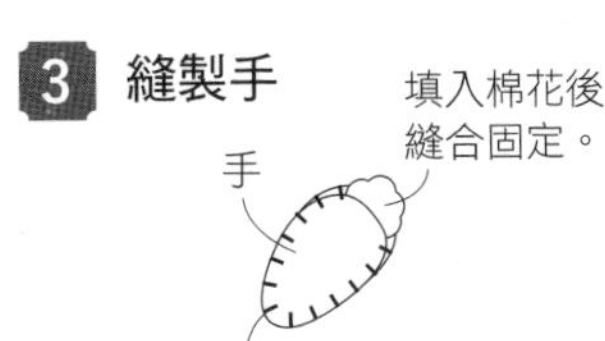
填入棉花後
縫合固定。
手
疊合兩片後
進行捲針縫。

4 縫上手

主體後側
接縫固定。

5 縫製貝殼

※製作2個。

貝殼

刺繡。

疊合兩片後
進行捲針縫。
填入棉花後縫合固定。

6 將手接縫上貝殼

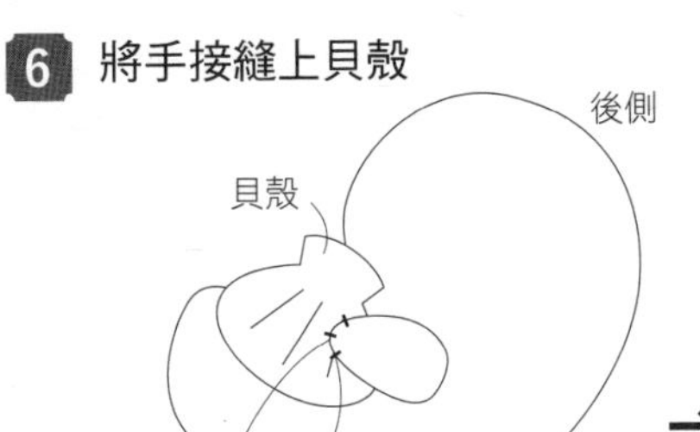
後側
貝殼
接縫固定。
夾在
兩手之間。

完成！

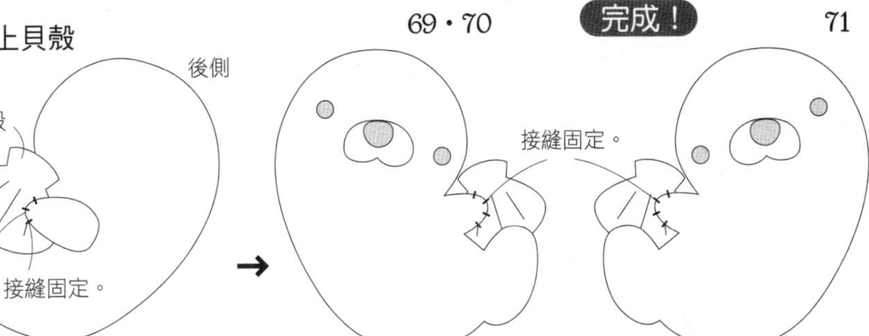
69・70
71
接縫固定。

作法 72・73

1 縫製鼻部

縫上4mm串珠。

鼻子周圍

2 縫上眼睛＆黏上鼻子周圍

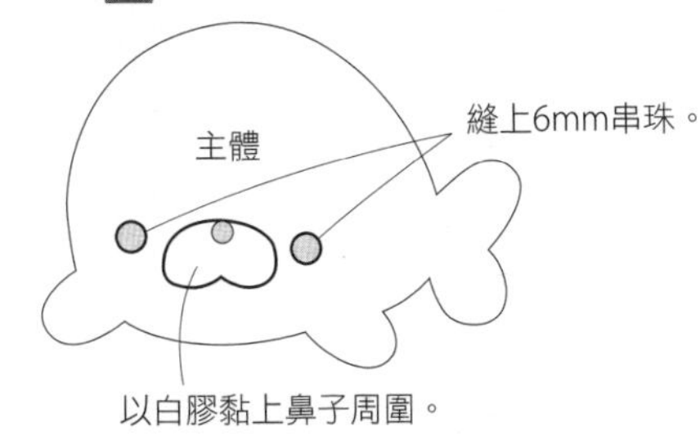
主體
縫上6mm串珠。
以白膠黏上鼻子周圍。

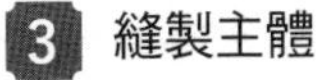

3 縫製主體

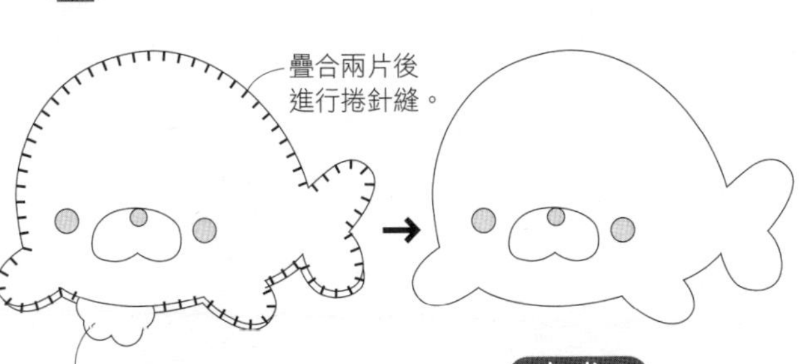
疊合兩片後
進行捲針縫。
填入棉花後縫合固定。

完成！

原寸紙型

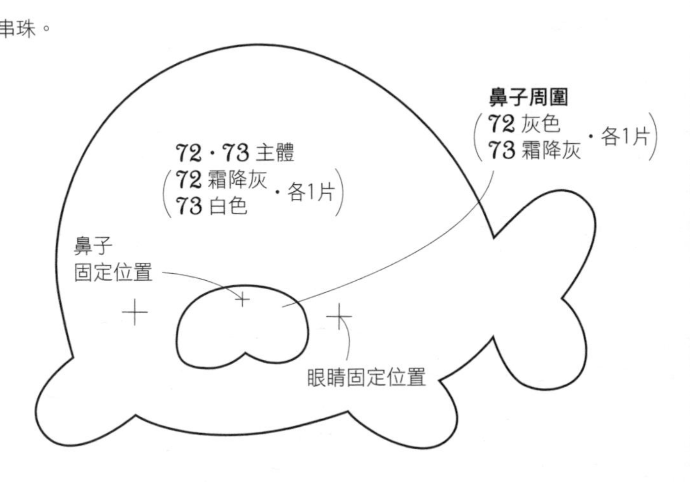
鼻子周圍
72 灰色
73 霜降灰
・各1片
72・73 主體
72 霜降灰
73 白色
・各1片
鼻子
固定位置
眼睛固定位置

P.22 74至78

隨波輕舞的曼波魚&水母

原寸紙型參見P.77

除了特別指定之外，
皆取1股與不織布相同顏色的繡線進行縫製。

74 材料
- 不織布
  珊瑚藍…15×15cm
  白色…10×10cm
  粉紅色…5×5cm
- 香菇釦4mm（黑色）…2個
- 25號繡線…
  珊瑚藍・白色・藍色
- 手工藝棉花…適量

75 材料
- 不織布
  粉藍色…15×10cm
  白色…10×10cm
- 香菇釦4mm（黑色）…2個
- 25號繡線…
  與不織布相同顏色・藍色
- 色鉛筆（粉紅色）
- 手工藝棉花…適量

76 材料
- 不織布
  淡黃色…20×15cm
- 串珠1.5mm（黑色）…2個
- 蕾絲1cm寬…20cm
- 25號繡線…
  與不織布相同顏色・黃土色
- 色鉛筆（粉紅色）
- 手工藝棉花…適量

77・78 材料（1個）
- 不織布
  77／白色…15×15cm
  淡水藍…2×2cm
  78／淡粉紅…15×15cm
  白色…2×2cm
- 香菇釦4mm（黑色）…2個
- 25號繡線…77／白色・淡水藍
  78／淡粉紅・淡黃色
- 手工藝棉花…適量

作法

75

1 接縫主體上下片

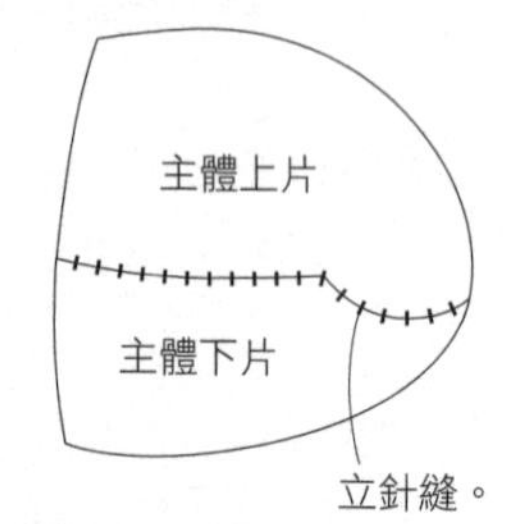
主體上片
主體下片
立針縫。

※製作左右對稱的2片。

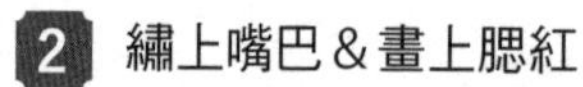

2 繡上嘴巴&畫上腮紅

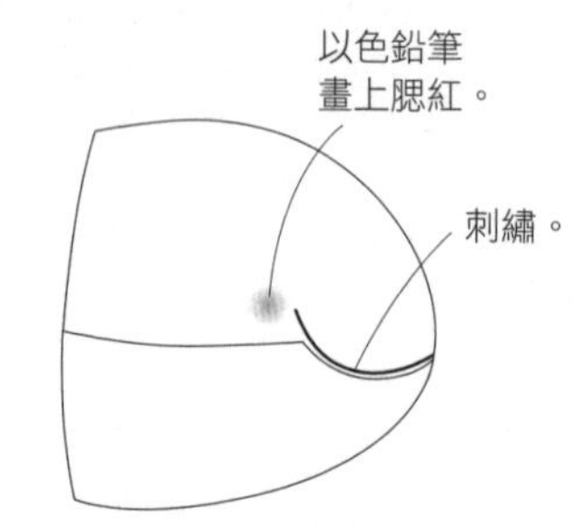
以色鉛筆
畫上腮紅。
刺繡。

3 在尾鰭上刺繡

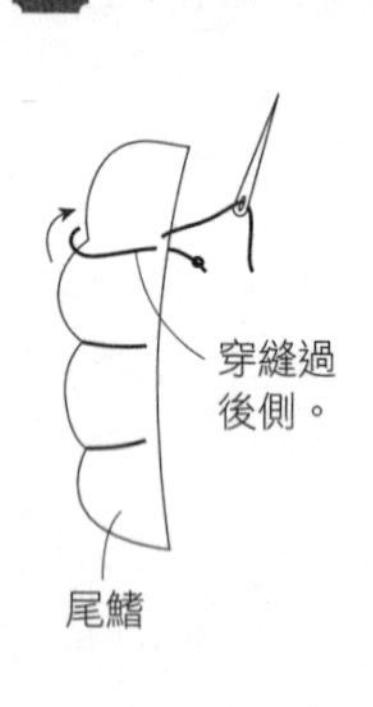
穿縫過
後側。
尾鰭

4 縫製主體

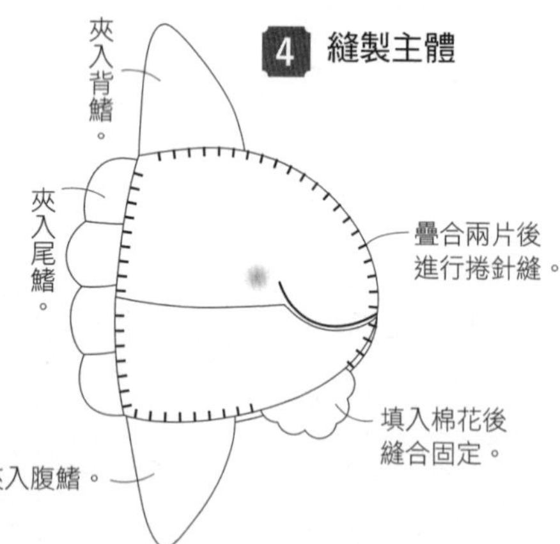
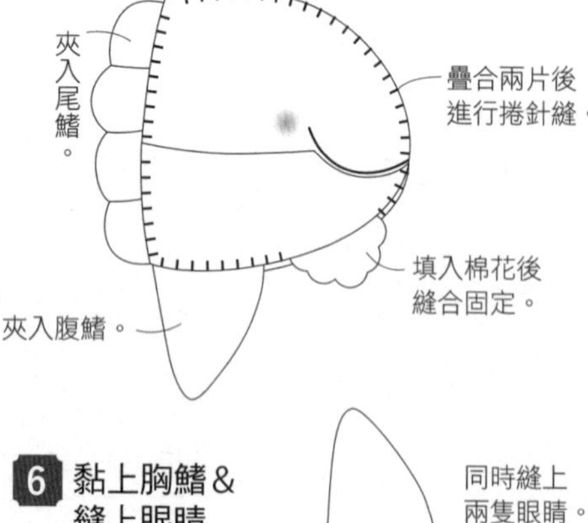
夾入背鰭。
夾入尾鰭。
疊合兩片後
進行捲針縫。
填入棉花後
縫合固定。
夾入腹鰭。

5 在胸鰭上刺繡

胸鰭
刺繡。

※製作左右對稱的2片。

6 黏上胸鰭&縫上眼睛

完成！

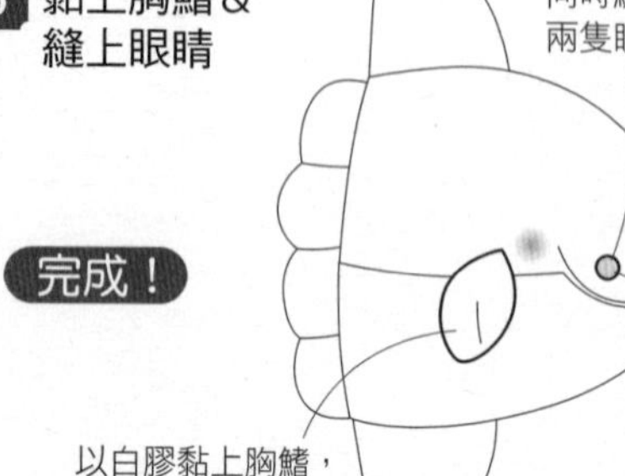
同時縫上
兩隻眼睛。
以白膠黏上胸鰭，
後側作法亦同。
縫上
香菇釦。

77・78

1 黏上斑紋&繡上嘴巴

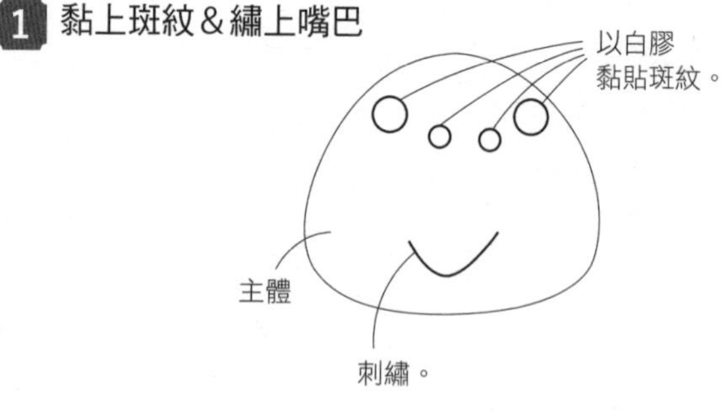
以白膠
黏貼斑紋。
主體
刺繡。

2 縫製主體

78

疊合兩片後
進行捲針縫。

填入棉花後
縫合固定。

夾入觸腳。

3 縫上眼睛

完成！

穿縫至後側止縫固定。

78

香菇釦

縫上
香菇釦。

77

77

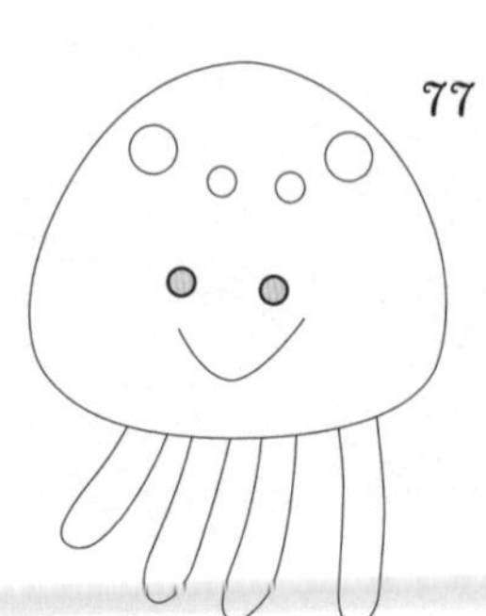

觸腳方向與78相反。

74

1 接縫主體上下片

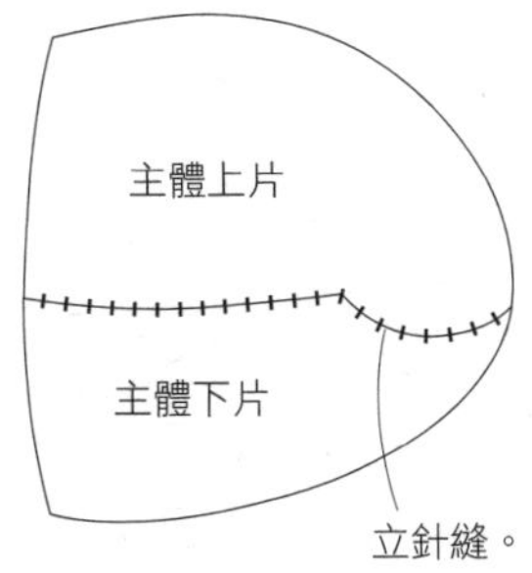
主體上片
主體下片
立針縫。

※製作左右對稱的2片。

2 縫上嘴巴

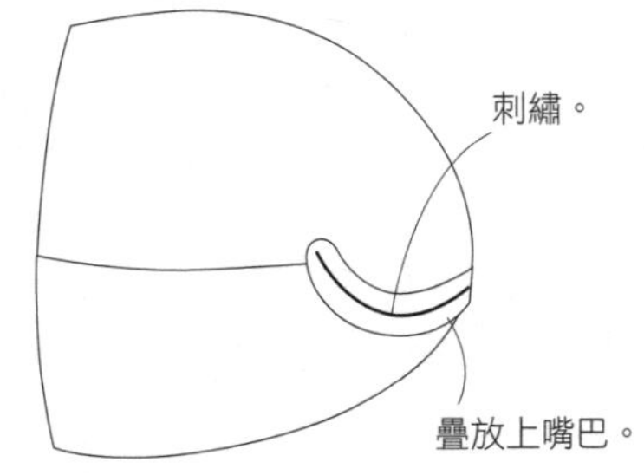
刺繡。
疊放上嘴巴。

※製作左右對稱的2片。

3 縫製尾鰭的紋路

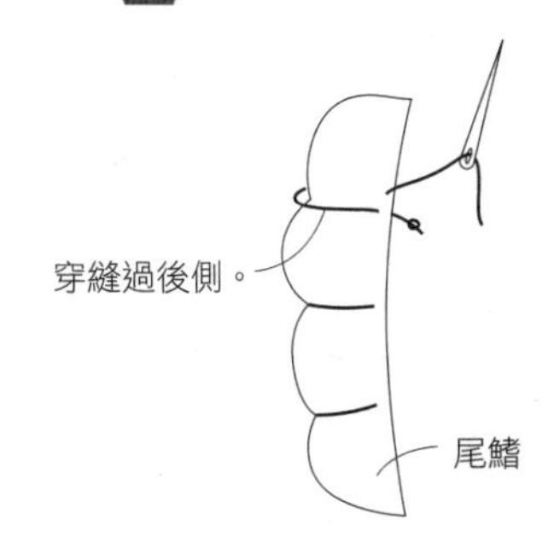
穿縫過後側。
尾鰭

4 縫製主體

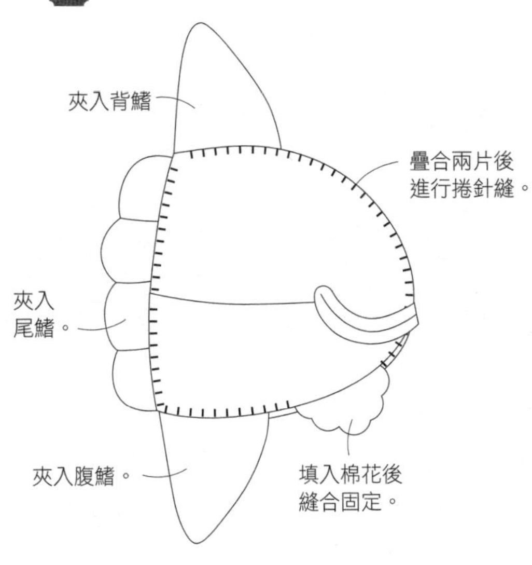
夾入背鰭
疊合兩片後
進行捲針縫。
夾入
尾鰭。
夾入腹鰭。
填入棉花後
縫合固定。

5 在胸鰭上刺繡

刺繡。
胸鰭

※製作左右對稱的2片。

6 黏上胸鰭＆縫上眼睛

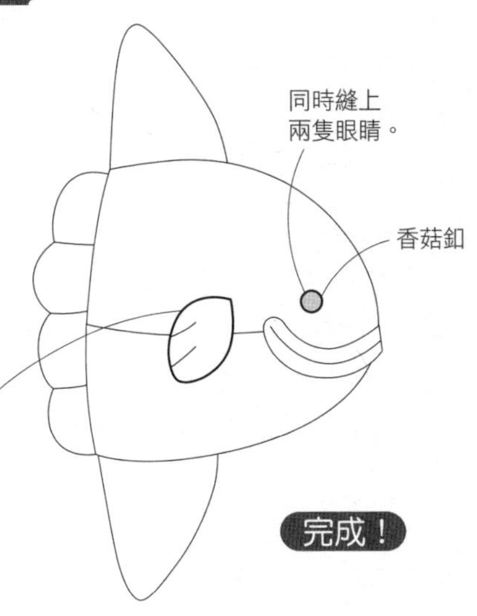
同時縫上
兩隻眼睛。
香菇釦
以白膠黏上胸鰭，
後側作法亦同。

完成！

76

1 縫製臉部

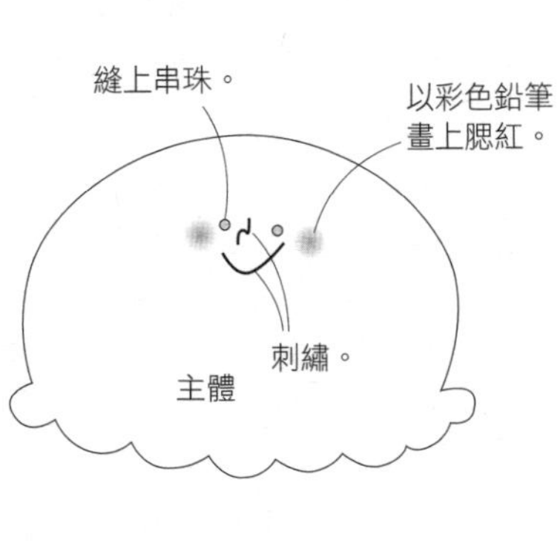
縫上串珠。
以彩色鉛筆
畫上腮紅。
刺繡。
主體

2 縫製主體

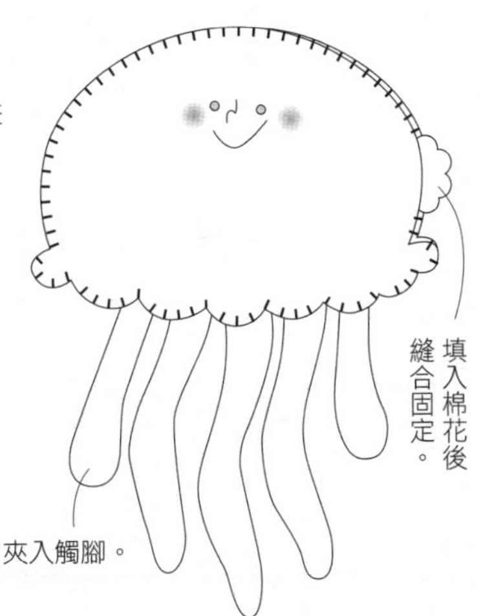
填入棉花後
縫合固定。
夾入觸腳。

3 黏上蕾絲

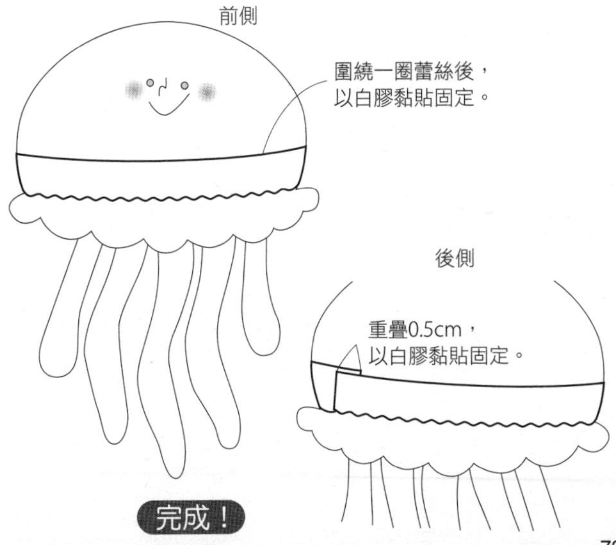
前側
圍繞一圈蕾絲後，
以白膠黏貼固定。
後側
重疊0.5cm，
以白膠黏貼固定。

完成！

海中的人氣之星

原寸紙型參見P.76 除了特別指定之外，皆取1股與不織布相同顏色的繡線進行縫製。

79 材料

- 不織布
  淺蓮紅色…20×15cm
- 香菇釦4mm（黑色）…2個
- 25號繡線…與不織布相同顏色．褐色
- 手工藝棉花…適量

80 材料

- 不織布
  土耳其藍…5×5cm
  黃色…10×5cm
- 25號繡線…與不織布相同顏色
- 手工藝棉花…適量

81 材料

- 不織布
  土耳其藍…20×15cm
  黃色…10×10cm
  橘色…10×5cm
- 香菇釦4mm（黑色）…2個
- 25號繡線…與不織布相同顏色．藍色
- 手工藝棉花…適量

82 材料

- 不織布
  珊瑚粉…15×15cm
  白色…10×10cm
- 香菇釦4mm（黑色）…2個
- 25號繡線…與不織布相同顏色．褐色
- 手工藝棉花…適量

83 材料

- 不織布
  藍綠色…15×10cm
  深水藍…10×10cm
  白色…10×10cm
- 香菇釦4mm（黑色）…2個
- 25號繡線…與不織布相同顏色．藏青色
- 手工藝棉花…適量

作法

79

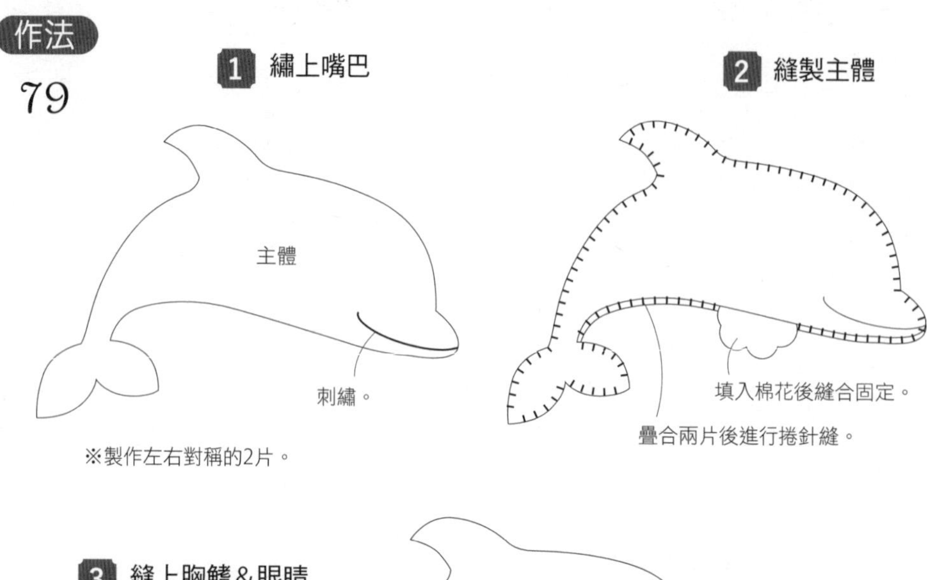
1 繡上嘴巴
主體
刺繡。
※製作左右對稱的2片。
2 縫製主體
填入棉花後縫合固定。
疊合兩片後進行捲針縫。

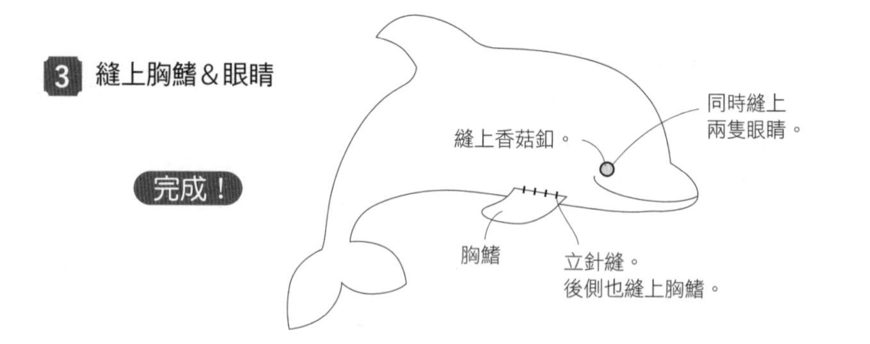
3 縫上胸鰭＆眼睛
完成！
縫上香菇釦。
同時縫上
兩隻眼睛。
胸鰭
立針縫。
後側也縫上胸鰭。

81

1 以79相同作法縫製海豚

2 縫製泳圈

主體

立針縫。

條紋

↓

填入棉花後縫合固定。

疊合兩片後進行捲針縫。

3 縫上泳圈

完成！

前側

將泳圈重疊在
海豚身上。

後側

在泳圈兩側邊端
止縫固定。

82

1 繡上嘴巴

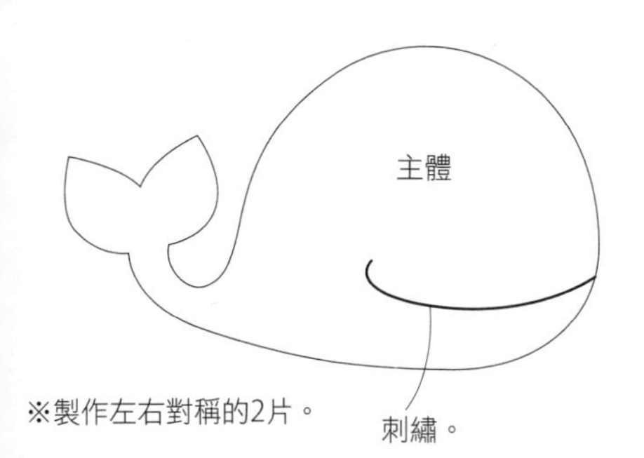

主體
※製作左右對稱的2片。
刺繡。

2 縫製水柱

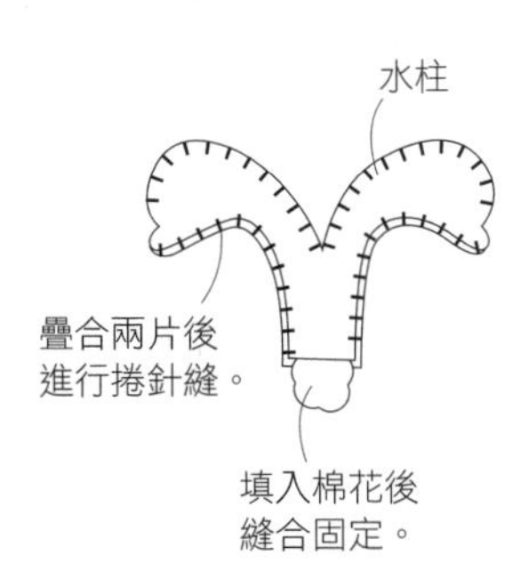

水柱
疊合兩片後
進行捲針縫。
填入棉花後
縫合固定。

3 縫製主體

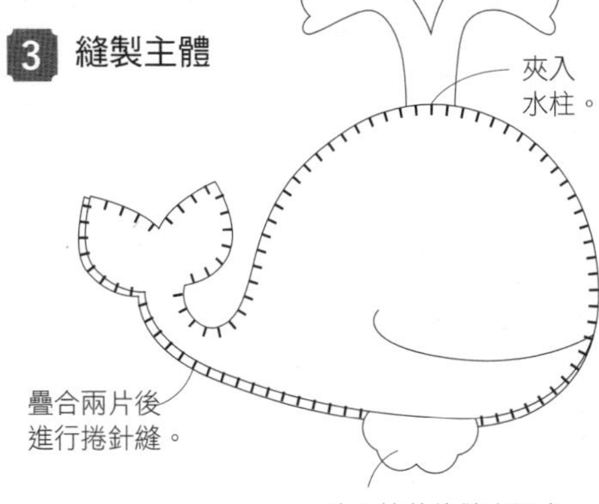

夾入
水柱。
疊合兩片後
進行捲針縫。
填入棉花後縫合固定。

4 黏上胸鰭＆縫上眼睛

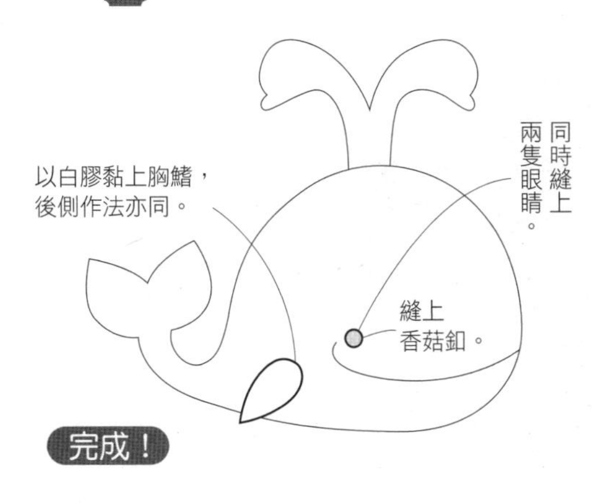

以白膠黏上胸鰭，
後側作法亦同。
同時縫上
兩隻眼睛。
縫上
香菇釦。
完成！

80

1 縫上條紋

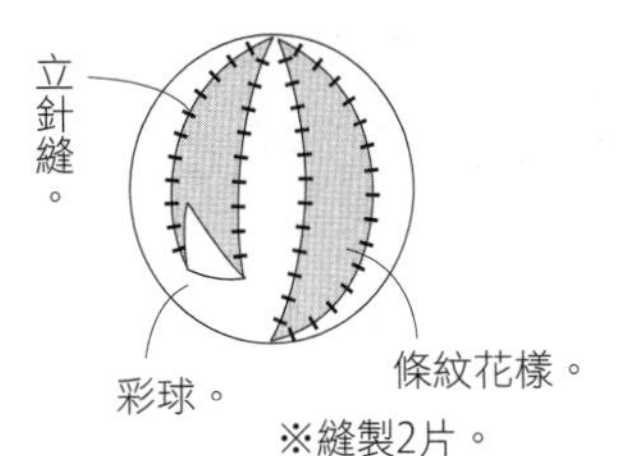

立針縫。
彩球。
條紋花樣。
※縫製2片。

2 縫合彩球

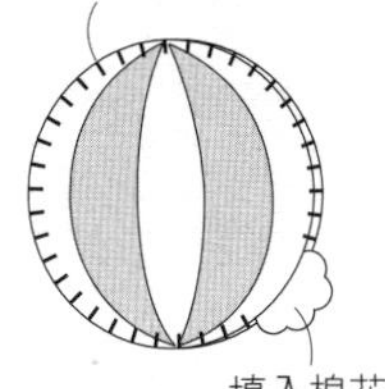

疊合兩片後進行捲針縫。
填入棉花後
縫合固定。

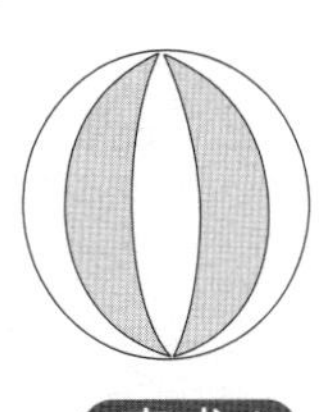

完成！

83

1 將主體下片繡上條紋

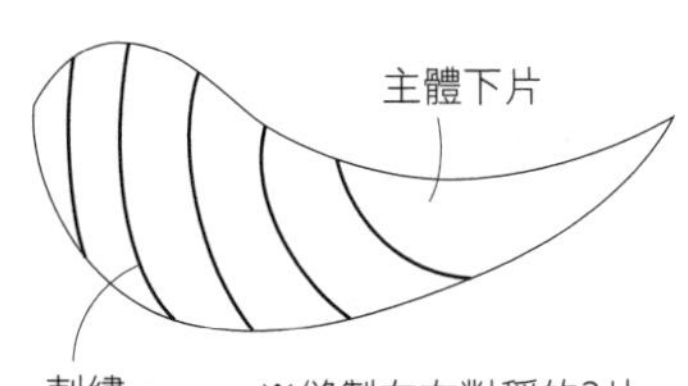

主體下片
刺繡。
※縫製左右對稱的2片。

2 縫合主體上下片

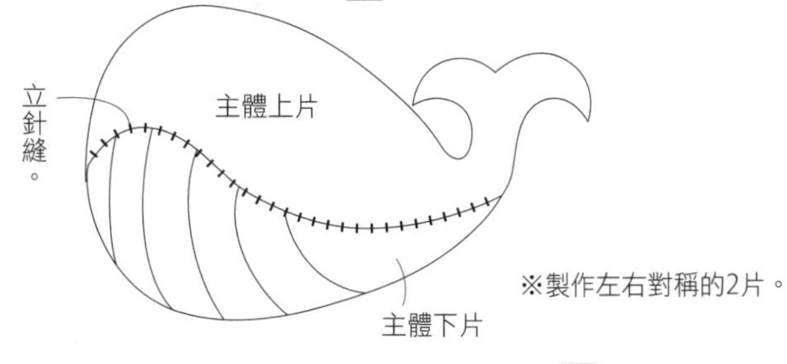

立針縫。
主體上片
※製作左右對稱的2片。
主體下片

3 繡上嘴巴

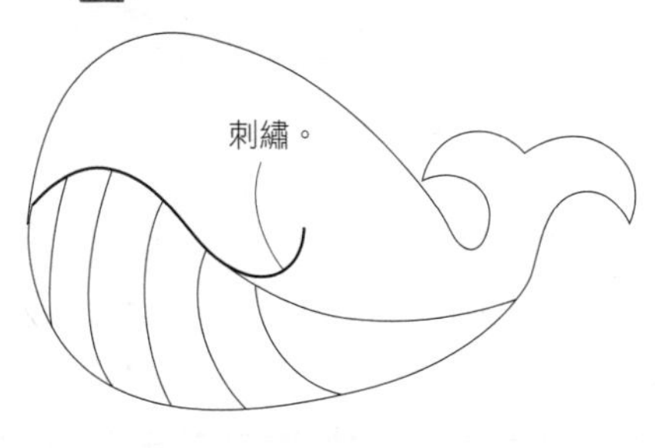

刺繡。

4 縫製主體

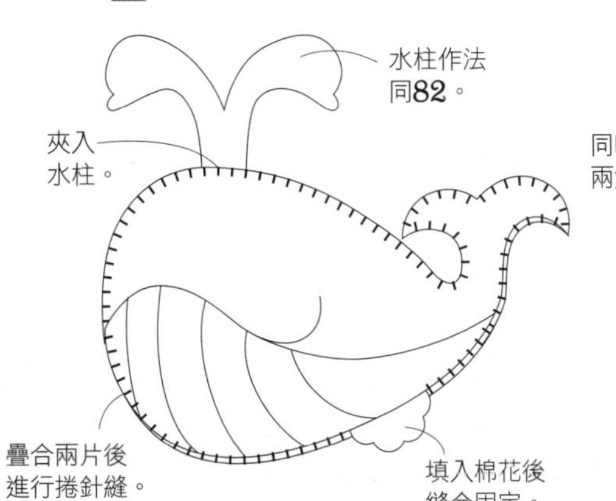

水柱作法
同82。
夾入
水柱。
疊合兩片後
進行捲針縫。
填入棉花後
縫合固定。

5 黏上胸鰭＆縫上眼睛

完成！

同時縫上
兩隻眼睛。

以白膠黏上胸鰭，
後側作法亦同。

香菇釦

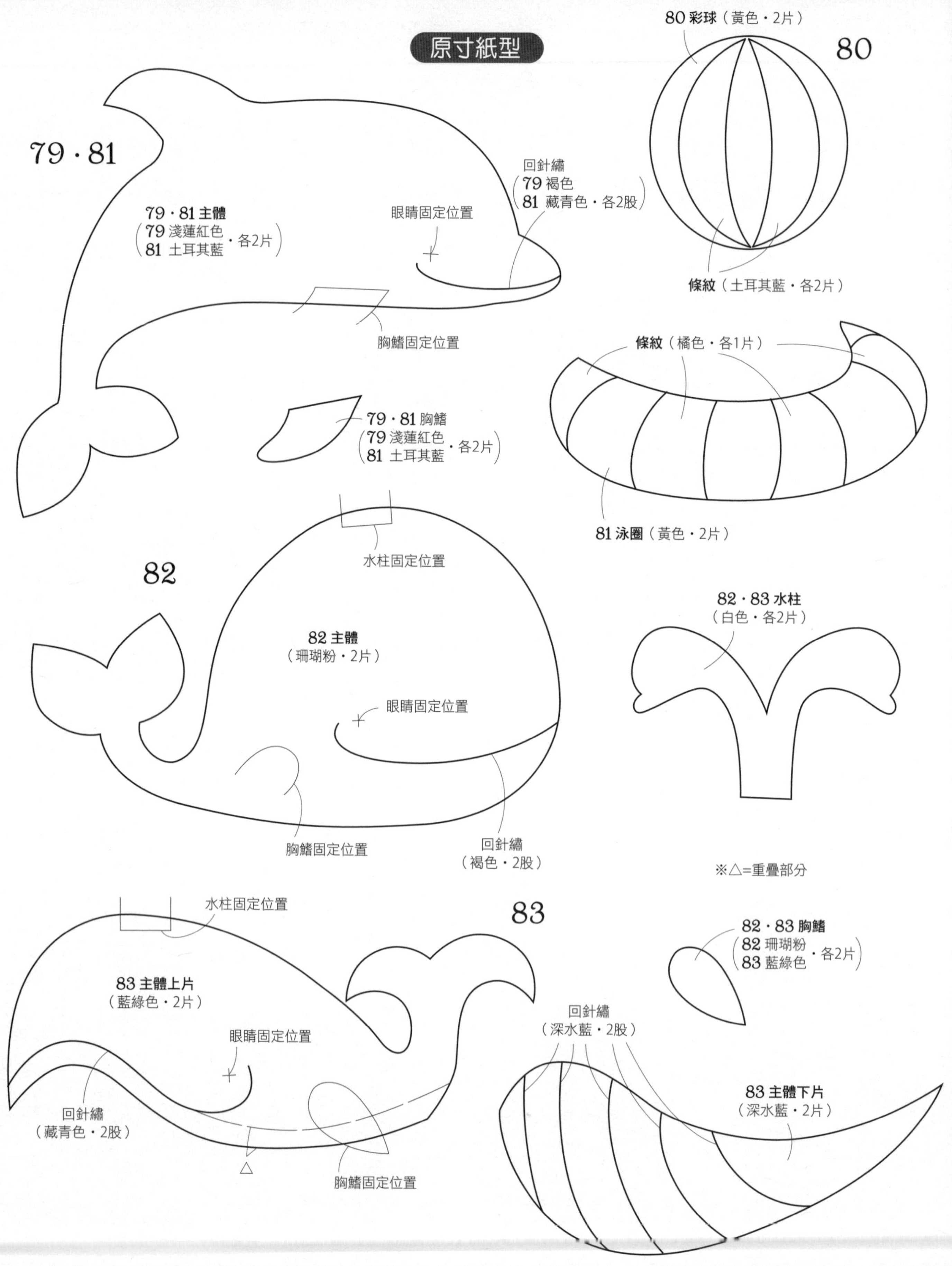
原寸紙型
79・81
79・81主體
（79淺蓮紅色
81 土耳其藍・各2片）
眼睛固定位置
回針繡
（79 褐色
81 藏青色・各2股）
胸鰭固定位置
79・81胸鰭
（79淺蓮紅色
81 土耳其藍・各2片）
80彩球（黃色・2片）
80
條紋（土耳其藍・各2片）
條紋（橘色・各1片）
81泳圈（黃色・2片）
82
水柱固定位置
82主體
（珊瑚粉・2片）
眼睛固定位置
胸鰭固定位置
回針繡
（褐色・2股）
82・83水柱
（白色・各2片）
※△=重疊部分
水柱固定位置
83
83主體上片
（藍綠色・2片）
眼睛固定位置
回針繡
（藏青色・2股）
△
胸鰭固定位置
82・83胸鰭
（82 珊瑚粉
83 藍綠色・各2片）
回針繡
（深水藍・2股）
83主體下片
（深水藍・2片）

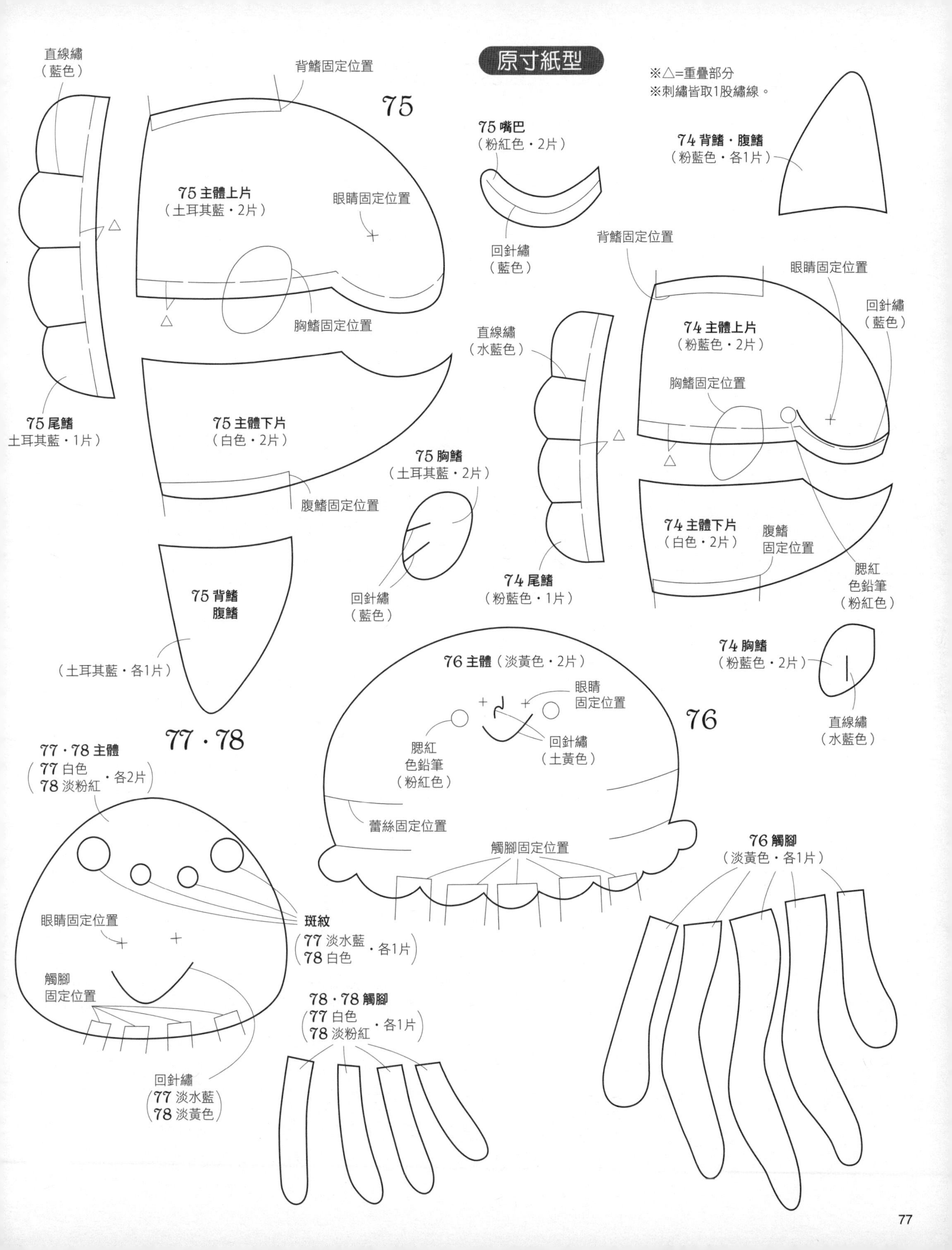

原寸紙型
※△=重疊部分
※刺繡皆取1股繡線。
75
直線繡
（藍色）
背鰭固定位置
75 主體上片
（土耳其藍・2片）
眼睛固定位置
△
△
胸鰭固定位置
75 尾鰭
土耳其藍・1片）
75 主體下片
（白色・2片）
腹鰭固定位置
75 背鰭
腹鰭
（土耳其藍・各1片）
75 嘴巴
（粉紅色・2片）
回針繡
（藍色）
75 胸鰭
（土耳其藍・2片）
回針繡
（藍色）
74 背鰭・腹鰭
（粉藍色・各1片）
背鰭固定位置
眼睛固定位置
回針繡
（藍色）
直線繡
（水藍色）
74 主體上片
（粉藍色・2片）
胸鰭固定位置
△
△
74 主體下片
（白色・2片）
腹鰭
固定位置
腮紅
色鉛筆
（粉紅色）
74 尾鰭
（粉藍色・1片）
74 胸鰭
（粉藍色・2片）
直線繡
（水藍色）
76 主體（淡黃色・2片）
眼睛
固定位置
76
腮紅
色鉛筆
（粉紅色）
回針繡
（土黃色）
蕾絲固定位置
觸腳固定位置
76 觸腳
（淡黃色・各1片）
77・78
77・78 主體
77 白色
78 淡粉紅
・各2片
斑紋
77 淡水藍
78 白色
・各1片
眼睛固定位置
觸腳
固定位置
回針繡
77 淡水藍
78 淡黃色
78・78 觸腳
77 白色
78 淡粉紅
・各1片

嘰嘰喳喳的文鳥

原寸紙型參見P.82

除了特別指定之外，
皆取1股與不織布相同
顏色的繡線進行縫製。

84 材料

- 不織布
  白色…15×10cm
  黑色…10×5cm
  霜降灰…5×5cm
  紅色…3×3cm
- 香菇釦6mm（黑色）…2個
- 25號繡線…與不織布相同顏色
- 手工藝棉花…適量

85・86 材料（1個）

- 不織布
  白色…15×10cm
  粉紅色…5×5cm
- 香菇釦6mm（黑色）…2個
- 25號繡線…與不織布相同顏色
- 手工藝棉花…適量

作法

84

1 接縫頭部&身體

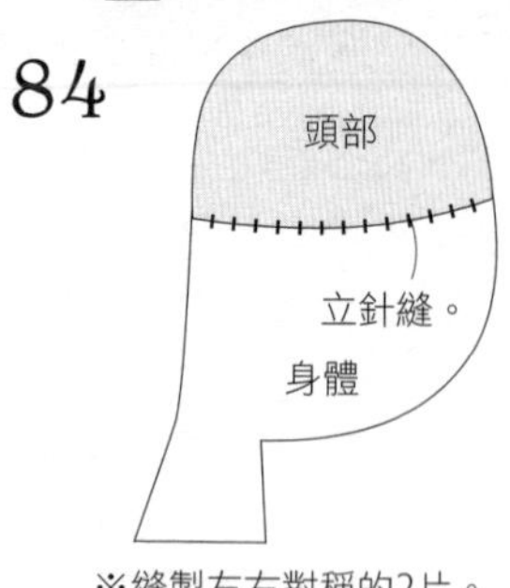
頭部
立針縫。
身體

※縫製左右對稱的2片。

2 縫製身體

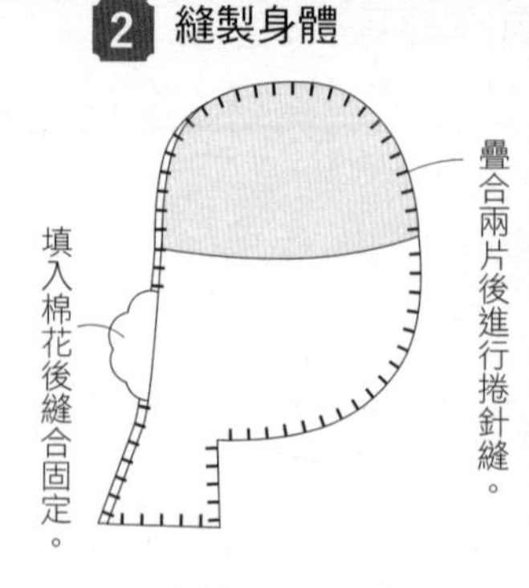
填入棉花後縫合固定。
疊合兩片後進行捲針縫。

3 縫上眼睛&黏上腮紅

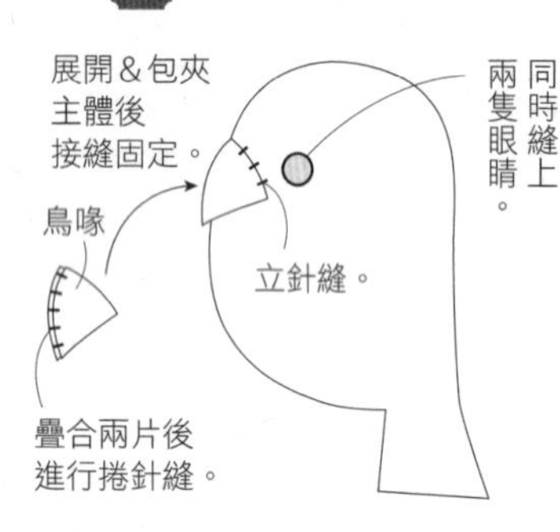
腮紅
香菇釦
以白膠黏貼固定，後側也黏上腮紅。
同時縫上兩隻眼睛。

4 縫上鳥喙

5 縫上翅膀

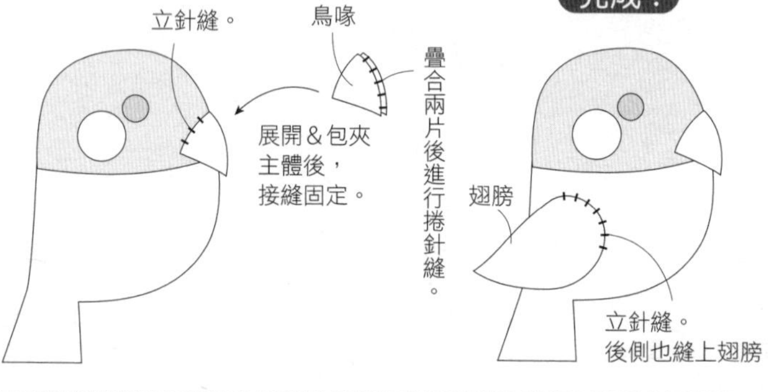
立針縫。
鳥喙
展開&包夾主體後，接縫固定。
疊合兩片後進行捲針縫。
完成！
翅膀
立針縫。後側也縫上翅膀。

85・86

1 縫製主體

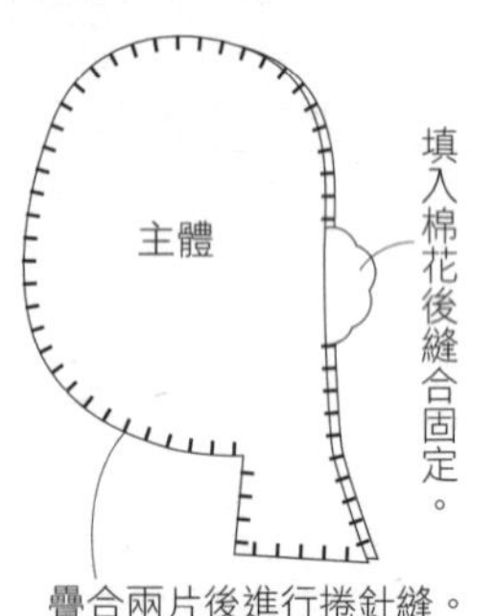
主體
填入棉花後縫合固定。
疊合兩片後進行捲針縫。

2 縫上眼睛&嘴巴

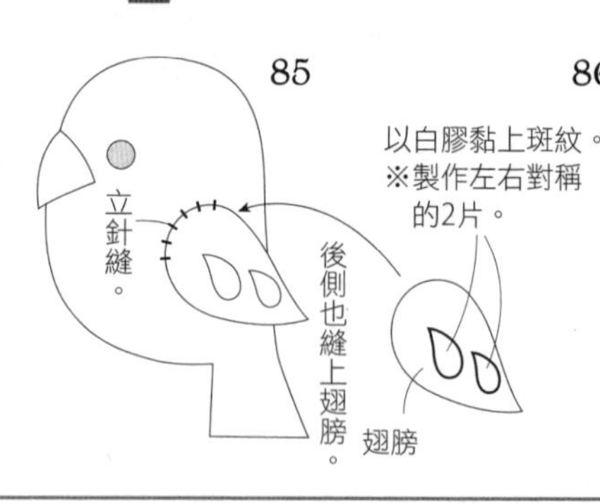
展開&包夾主體後接縫固定。
同時縫上兩隻眼睛。
鳥喙
立針縫。
疊合兩片後進行捲針縫。

3 縫上翅膀

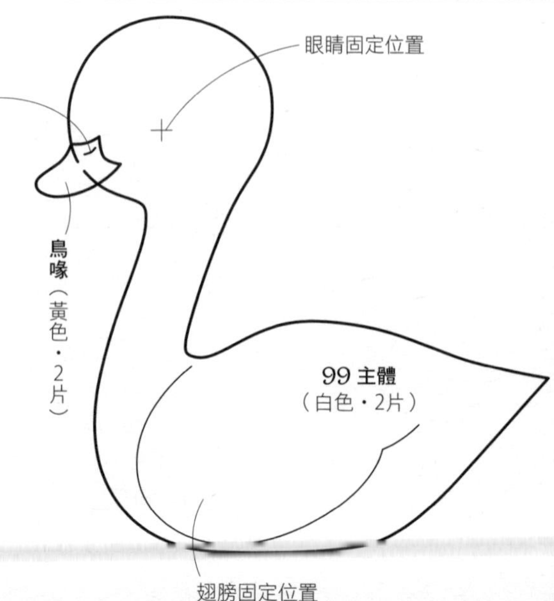

85

86

完成！

立針縫。

以白膠黏上斑紋。
※製作左右對稱的2片。

後側也縫上翅膀。

翅膀

原寸紙型 100・101

100・101 主體（霜降灰・2片）

眼睛固定位置

鳥喙（黑色・1片）

翅膀（霜降灰・2片）

99 翅膀（白色・4片）

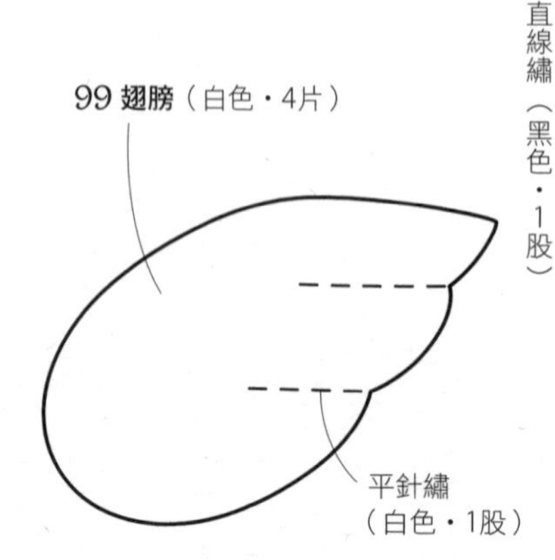
平針繡
（白色・1股）

眼睛固定位置
直線繡（黑色・1股）
鳥喙（黃色・2片）
99 主體
（白色・2片）
翅膀固定位置

心情很好的鸚鵡

原寸紙型參見P.82 除了特別指定之外，皆取1股與不織布相同顏色的繡線進行縫製。

87 材料
- 不織布
  白色…10×10cm
  山吹色…5×5cm
  紅色…3×2cm
  灰色…5×5cm
- 香菇釦6mm（黑色）…2個
- 25號繡線…
  與不織布相同顏色（紅色・灰色除外）
- 手工藝棉花…適量

88 材料
- 不織布
  黃綠色…10×10cm
  山吹色…5×5cm
  粉黃色…5×5cm
  天藍色…5×5cm
- 香菇釦6mm（黑色）…2個
- 25號繡線…
  與不織布相同顏色（水藍色除外）
- 手工藝棉花…適量

89 材料
- 不織布
  黃綠色…15×10cm
  山吹色…10×5cm
  粉黃色…3×2cm
  天藍色…5×3cm
- 香菇釦6mm（黑色）…2個
- 25號繡線…
  與不織布相同顏色（水藍色除外）
- 手工藝棉花…適量

作法

87

1 縫製主體

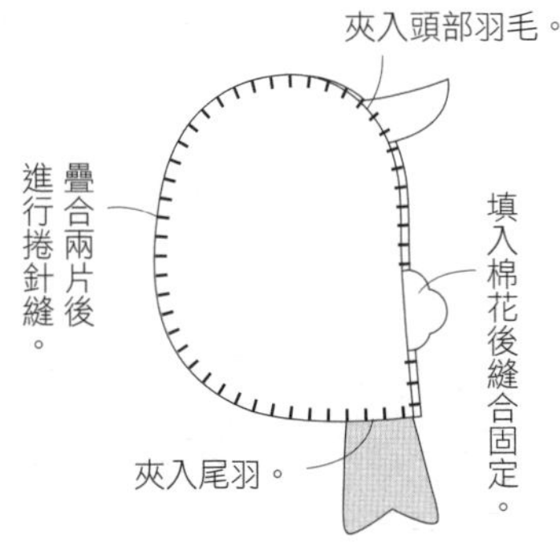
夾入頭部羽毛。
疊合兩片後進行捲針縫。
填入棉花後縫合固定。
夾入尾羽。

2 加上眼睛・腮紅・嘴巴 **3 縫上翅膀** 完成！

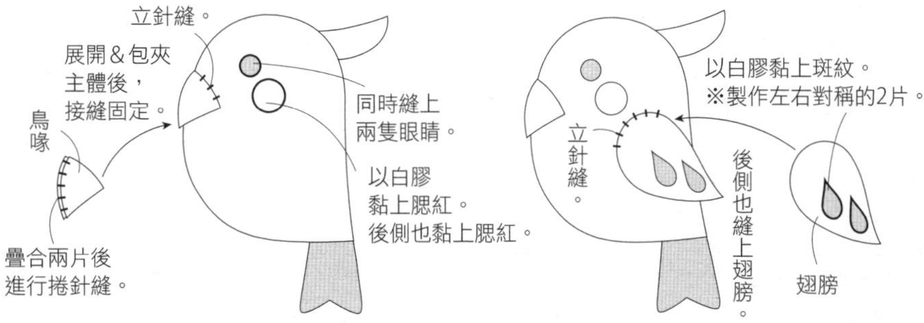
立針縫。
展開＆包夾主體後，接縫固定。
鳥喙
疊合兩片後進行捲針縫。
同時縫上兩隻眼睛。
以白膠黏上腮紅。後側也黏上腮紅。
立針縫。
以白膠黏上斑紋。
※製作左右對稱的2片。
後側也縫上翅膀。
翅膀

88

完成！

1 縫上眼圈

眼圈
立針縫。
主體
※製作左右對稱的2片。

2 縫製主體

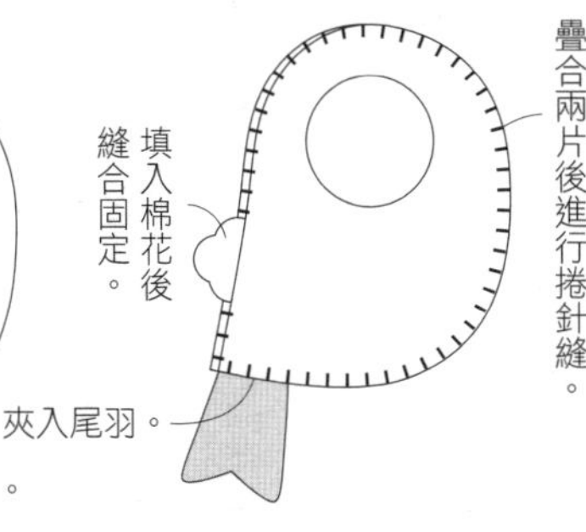
填入棉花後縫合固定。
疊合兩片後進行捲針縫。
夾入尾羽。

3 縫上眼睛＆鳥喙

同時縫上兩隻眼睛。
立針縫。
展開＆包夾主體後，接縫固定。
鳥喙
疊合兩片後進行捲針縫。

4 縫上翅膀

以白膠黏上斑紋。
※製作左右對稱的2片。
翅膀
後側也縫上翅膀。
立針縫。

89

1 接縫頭部＆身體

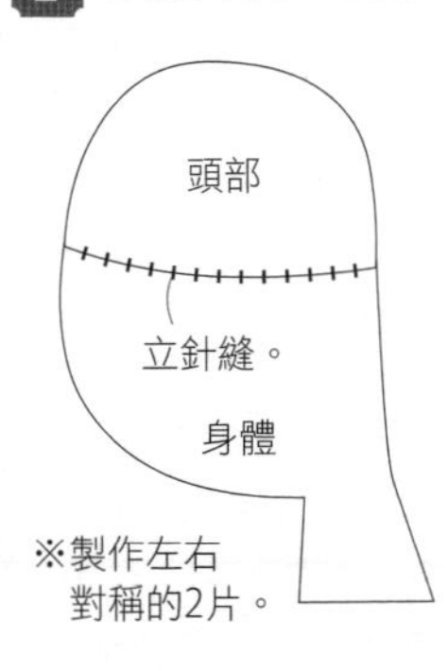
頭部
立針縫。
身體
※製作左右對稱的2片。

2 縫合主體

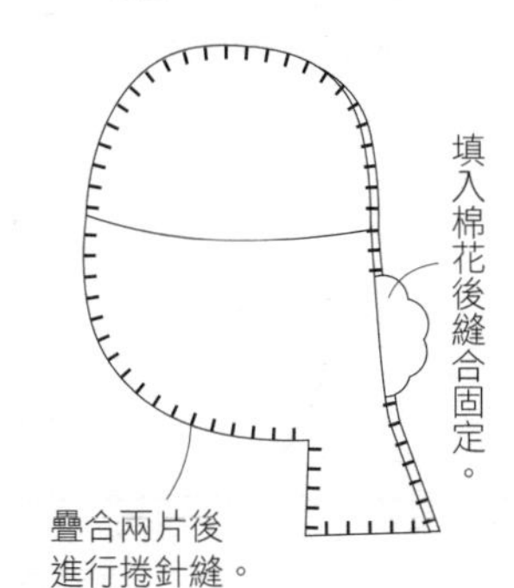
填入棉花後縫合固定。
疊合兩片後進行捲針縫。

3 縫上眼睛＆鳥喙

展開＆包夾主體後，接縫固定。
鳥喙
疊合兩片後進行捲針縫。
同時縫上兩隻眼睛。
立針縫。

4 縫上翅膀

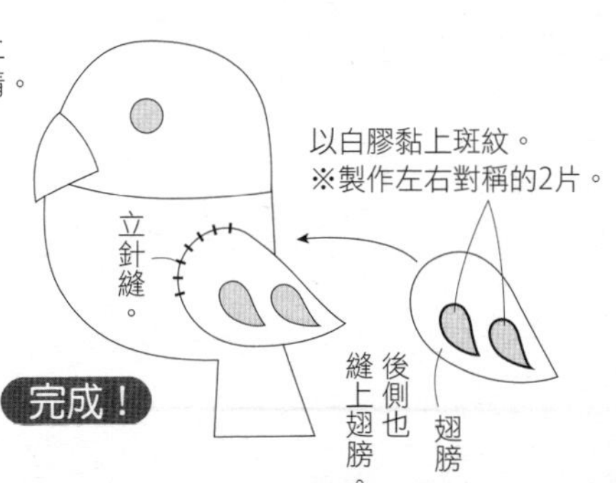
以白膠黏上斑紋。
※製作左右對稱的2片。
立針縫。
完成！
後側也縫上翅膀。
翅膀

夜森林的貓頭鷹＆角鴞

原寸紙型參見P.81

除了特別指定之外，
皆取1股與不織布相同顏色的繡線進行縫製。

90 材料
- 不織布
  淡褐色…15×15cm
  駝色…5×3cm
  白色…3×2cm
  灰色…5×3cm
- 25號繡線…淡褐色・駝色・黑色
- 手工藝棉花…適量

91 材料
- 不織布
  白色…15×10cm
  水藍色…5×5cm
  灰色…3×3cm
- 香菇釦6mm（黑色）…2個
- 25號繡線…白色・水藍色
- 手工藝棉花…適量

92 材料
- 不織布
  霜降灰…15×15cm
  白色…5×5cm
  黑色…1×1cm
- 香菇釦6mm（黑色）…2個
- 25號繡線…灰色
- 手工藝棉花…適量

作法

90

1 縫上臉部

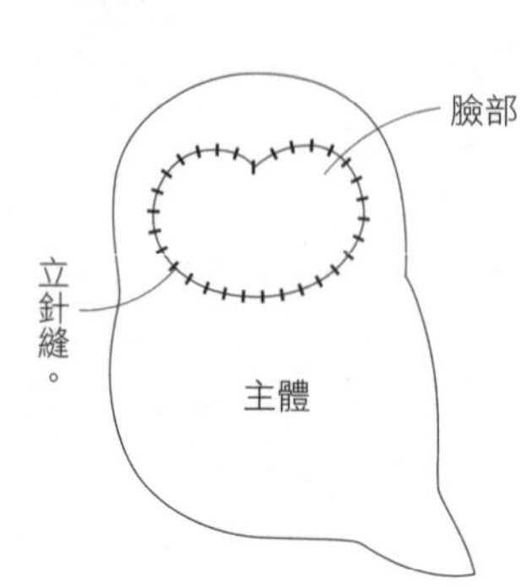
臉部
立針縫。
主體

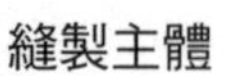
2 縫製主體

3 製作翅膀

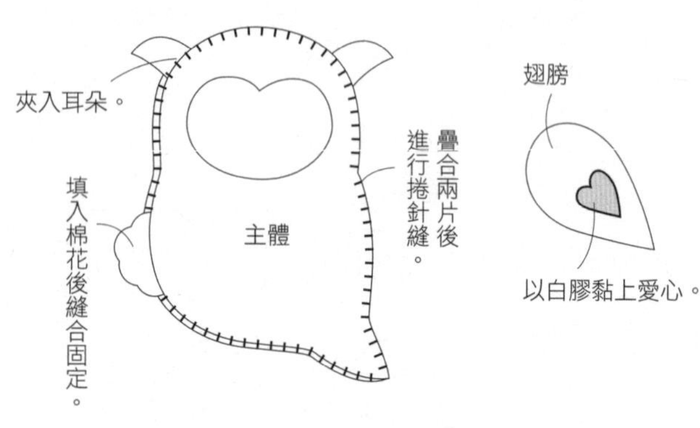
夾入耳朵。
填入棉花後縫合固定。
疊合兩片後進行捲針縫。
主體
翅膀
以白膠黏上愛心。

4 縫上翅膀

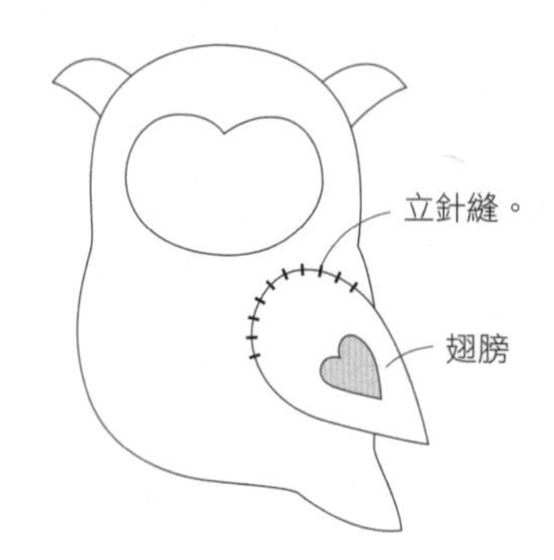
立針縫。
翅膀

5 繡製眼睛

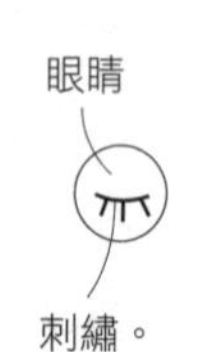
眼睛
刺繡。

6 黏上眼睛・鳥喙・斑紋

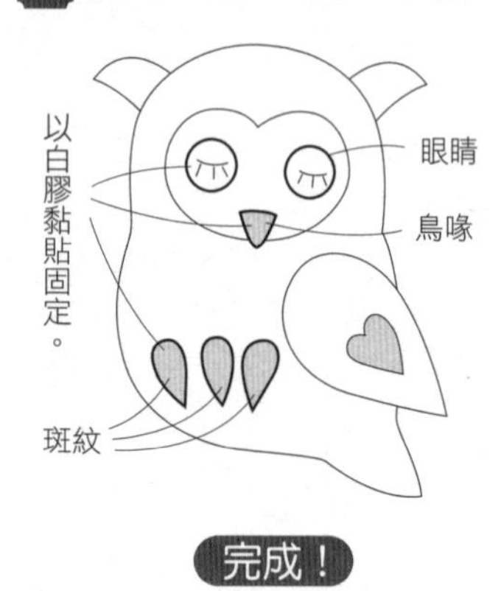
以白膠黏貼固定。
眼睛
鳥喙
斑紋

完成！

作法

91

1 縫上臉部

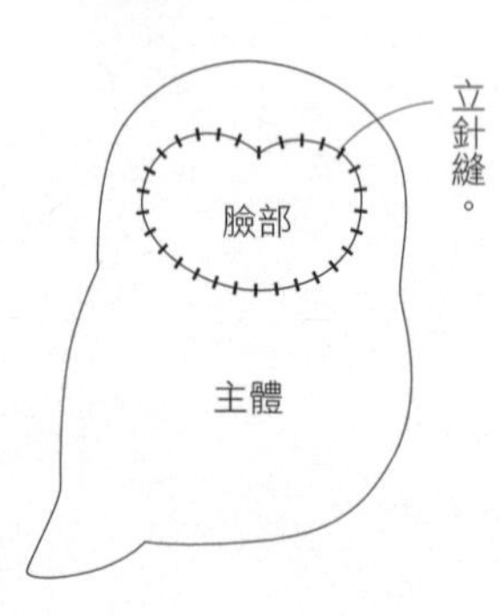
立針縫。
臉部
主體

2 縫製主體

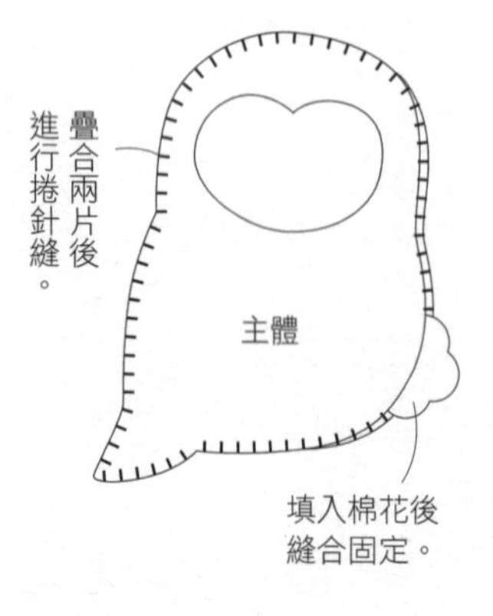
疊合兩片後進行捲針縫。
主體
填入棉花後縫合固定。

3 縫上翅膀

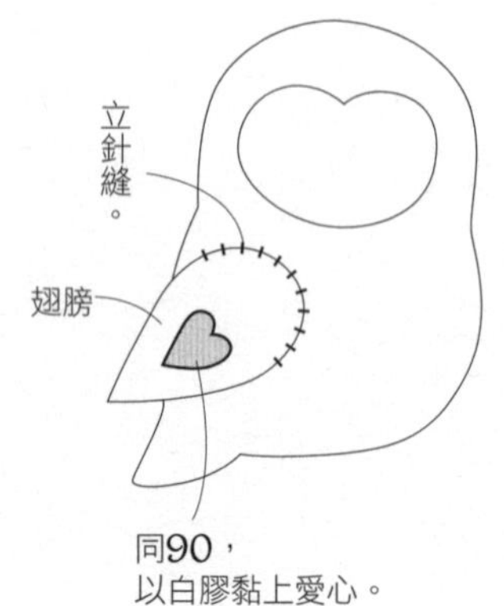
立針縫。
翅膀
同90，
以白膠黏上愛心。

4 縫上眼睛＆黏上鳥喙・斑紋

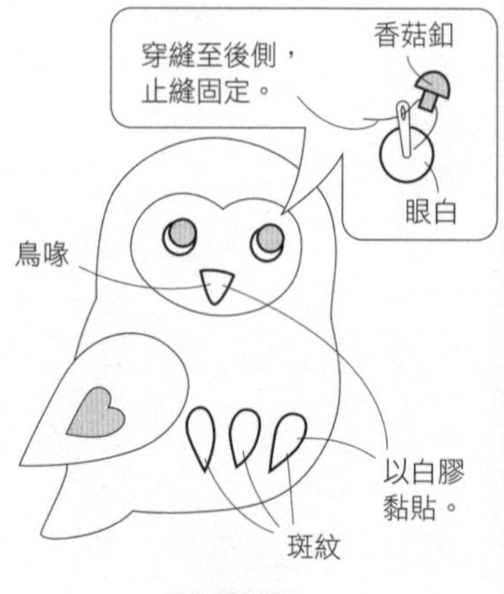
穿縫至後側，
止縫固定。
香菇釦
眼白
鳥喙
以白膠黏貼。
斑紋

完成！

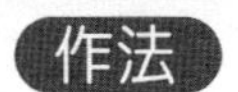
作法

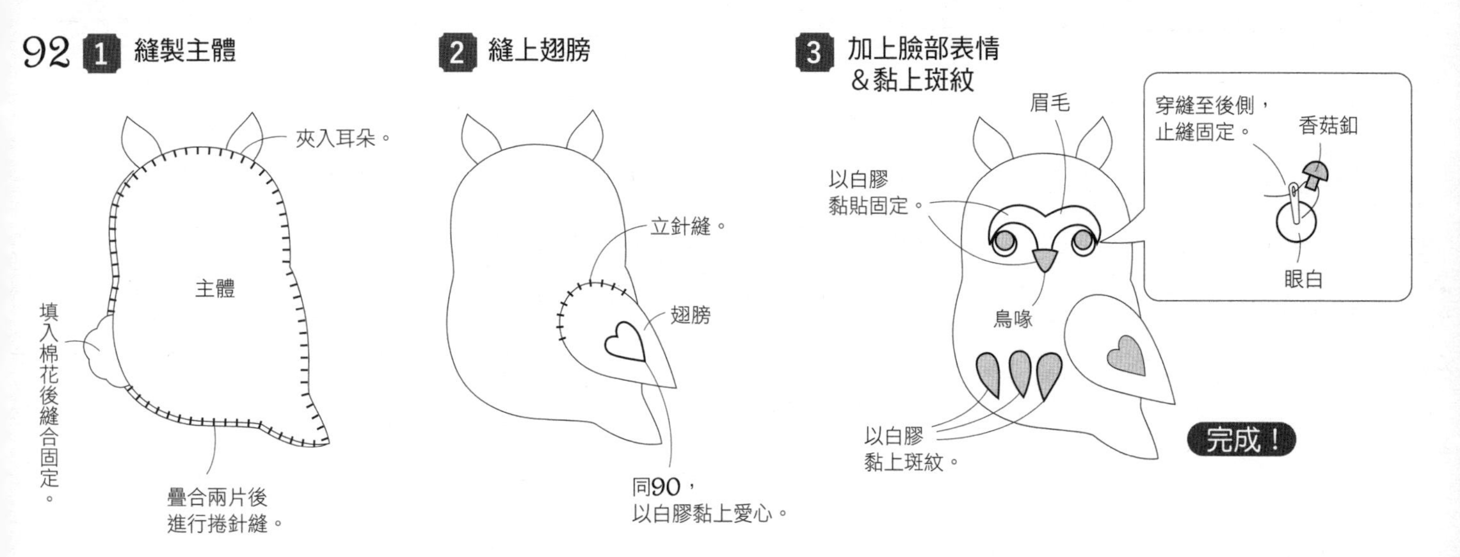
92
1 縫製主體
夾入耳朵。
主體
填入棉花後縫合固定。
疊合兩片後
進行捲針縫。
2 縫上翅膀
立針縫。
翅膀
同90，
以白膠黏上愛心。
3 加上臉部表情
&黏上斑紋
眉毛
以白膠
黏貼固定。
穿縫至後側，
止縫固定。
香菇釦
眼白
鳥喙
以白膠
黏上斑紋。
完成！

原寸紙型

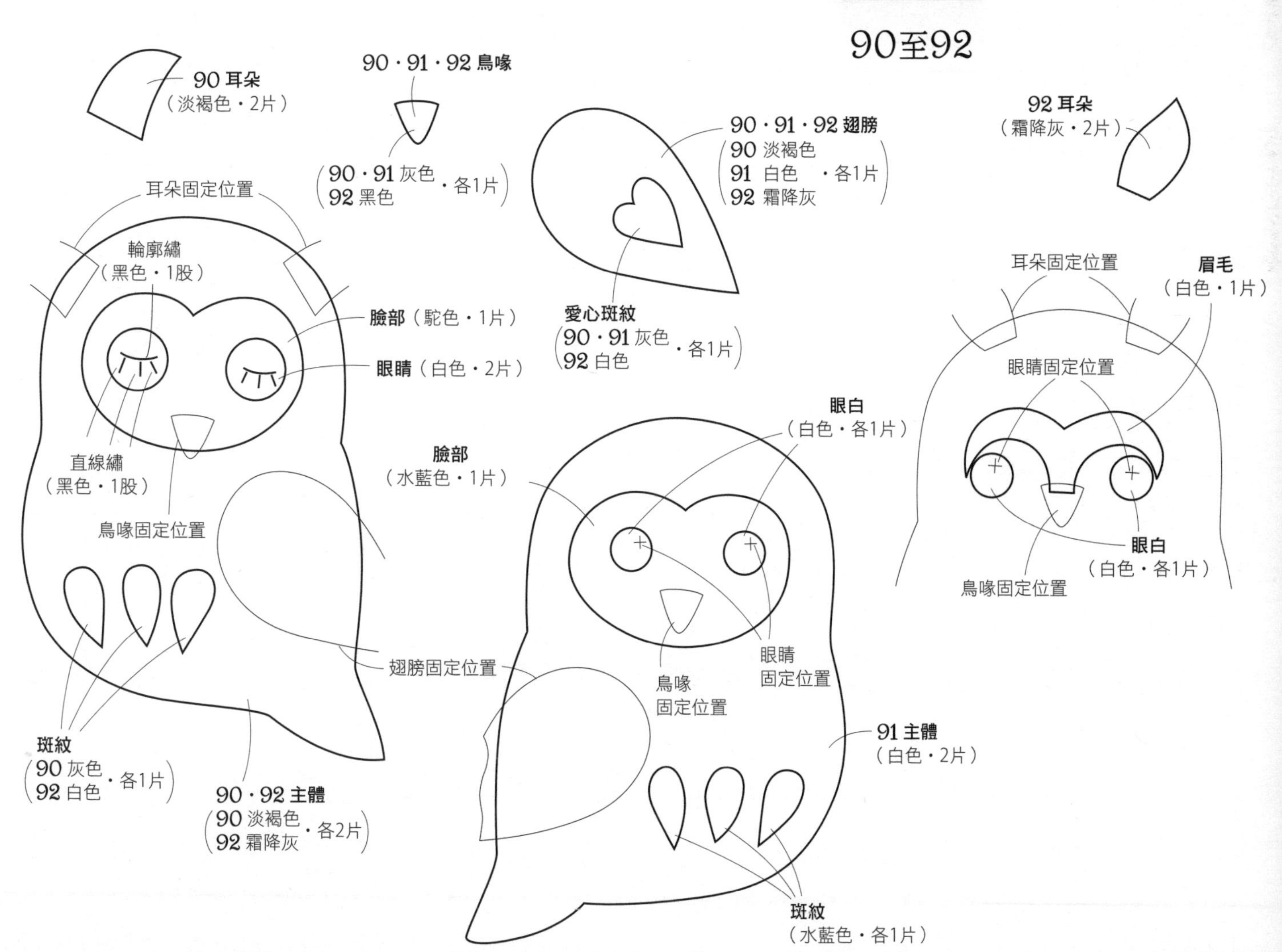
90至92
90 耳朵
（淡褐色・2片）
90・91・92 鳥喙
（90・91 灰色
92 黑色 ・各1片）
90・91・92 翅膀
（90 淡褐色
91 白色 ・各1片
92 霜降灰）
92 耳朵
（霜降灰・2片）
耳朵固定位置
輪廓繡
（黑色・1股）
臉部（駝色・1片）
眼睛（白色・2片）
愛心斑紋
（90・91 灰色
92 白色 ・各1片）
直線繡
（黑色・1股）
鳥喙固定位置
翅膀固定位置
斑紋
（90 灰色
92 白色 ・各1片）
90・92 主體
（90 淡褐色
92 霜降灰 ・各2片）
耳朵固定位置
眉毛
（白色・1片）
眼睛固定位置
眼白
（白色・各1片）
鳥喙固定位置
眼白
（白色・各1片）
臉部
（水藍色・1片）
眼睛
固定位置
鳥喙
固定位置
91 主體
（白色・2片）
斑紋
（水藍色・各1片）

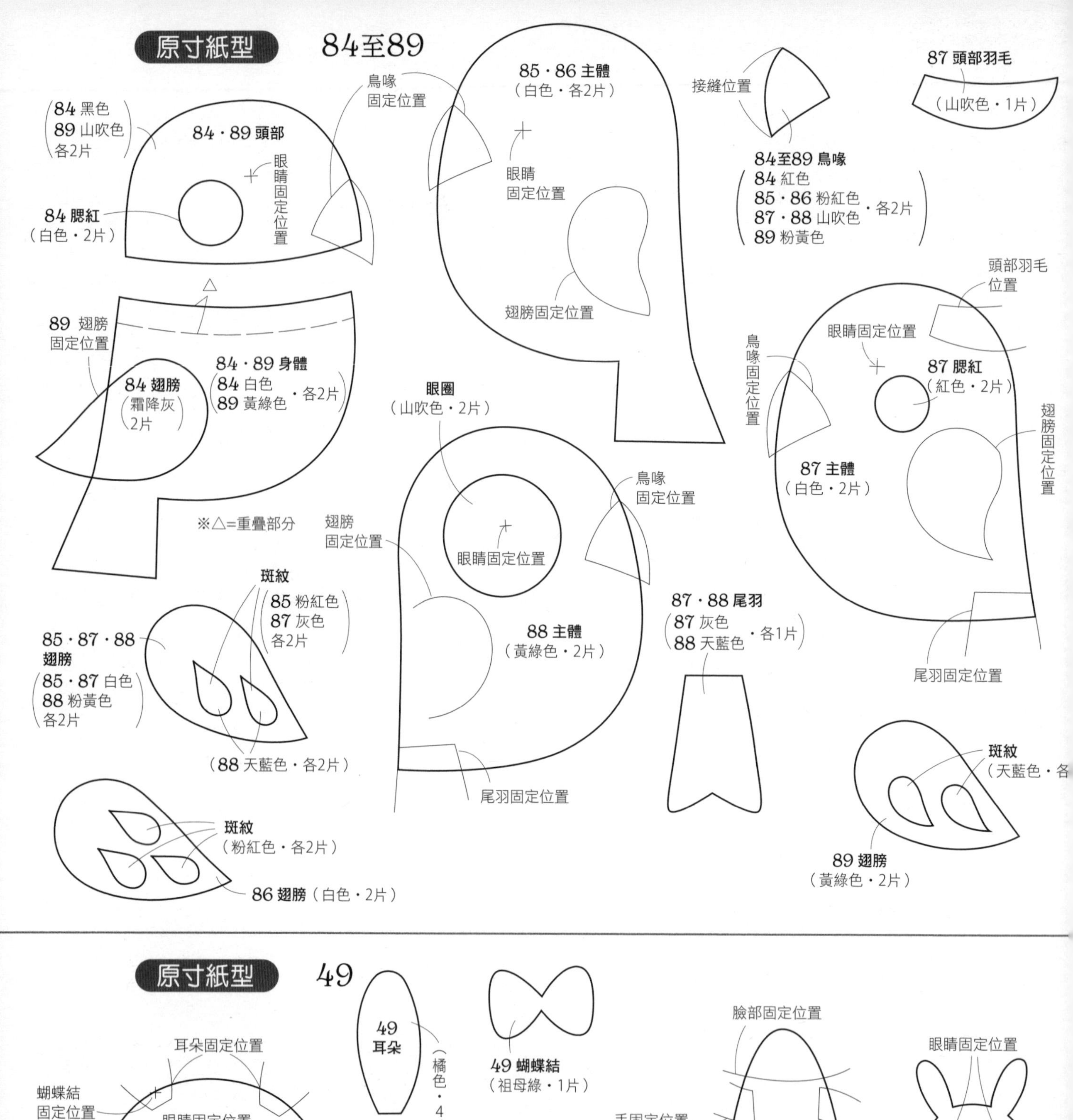
原寸紙型
84至89
84 黑色
89 山吹色
各2片
84・89 頭部
眼睛固定位置
84 腮紅
（白色・2片）
鳥喙
固定位置
85・86 主體
（白色・各2片）
眼睛
固定位置
翅膀固定位置
接縫位置
84至89 鳥喙
84 紅色
85・86 粉紅色
87・88 山吹色
89 粉黃色
・各2片
87 頭部羽毛
（山吹色・1片）
△
89 翅膀
固定位置
84・89 身體
84 白色
89 黃綠色
・各2片
84 翅膀
霜降灰
2片
※△=重疊部分
眼圈
（山吹色・2片）
翅膀
固定位置
眼睛固定位置
88 主體
（黃綠色・2片）
鳥喙
固定位置
尾羽固定位置
頭部羽毛
位置
眼睛固定位置
鳥喙固定位置
87 腮紅
（紅色・2片）
翅膀固定位置
87 主體
（白色・2片）
尾羽固定位置
斑紋
85 粉紅色
87 灰色
各2片
85・87・88
翅膀
85・87 白色
88 粉黃色
各2片
（88 天藍色・各2片）
87・88 尾羽
87 灰色
88 天藍色
・各1片
斑紋
（天藍色・各
89 翅膀
（黃綠色・2片）
斑紋
（粉紅色・各2片）
86 翅膀（白色・2片）

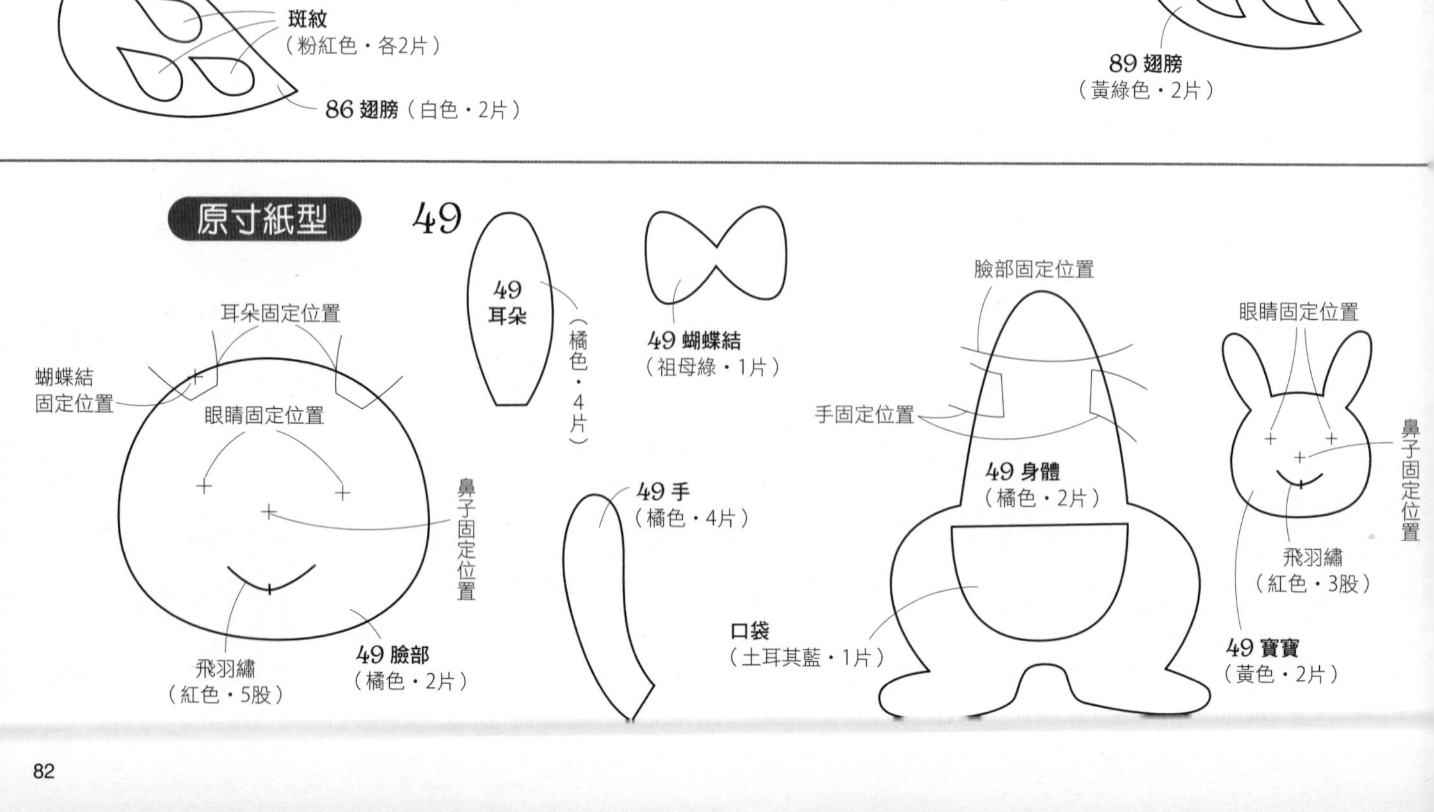
原寸紙型
49
耳朵固定位置
蝴蝶結
固定位置
眼睛固定位置
鼻子固定位置
飛羽繡
（紅色・5股）
49 臉部
（橘色・2片）
49
耳朵
（橘色・4片）
49 蝴蝶結
（祖母綠・1片）
49 手
（橘色・4片）
臉部固定位置
手固定位置
49 身體
（橘色・2片）
口袋
（土耳其藍・1片）
眼睛固定位置
鼻子固定位置
飛羽繡
（紅色・3股）
49 寶寶
（黃色・2片）

南島的鸚鵡

除了特別指定之外，皆取1股與不織布相同顏色的繡線進行縫製。

93・94 材料（1個）

- 不織布
  - 93／水藍色…15×10cm
    - 藍綠色…10×10cm
    - 白色…5×5cm
  - 94／白色…15×10cm
    - 水藍色…10×10cm
    - 灰色…5×3cm
- 香菇釦6mm（黑色）…2個
- 25號繡線…與不織布相同顏色
- 手工藝棉花…適量

作法

1 縫製主體

夾入頭部羽毛。

疊合兩片後進行捲針縫。

主體

填入棉花後縫合固定。

夾入尾羽。

2 製作翅膀

翅膀
以白膠黏貼愛心。

3 縫上翅膀

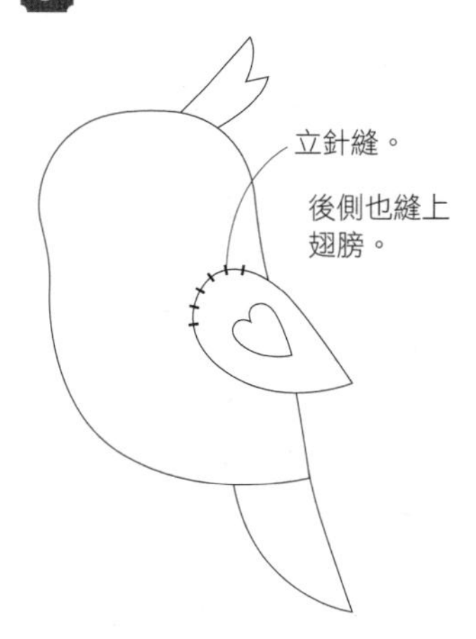

立針縫。
後側也縫上翅膀。

4 縫製鳥喙

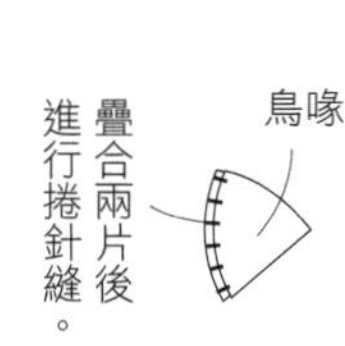

鳥喙
疊合兩片後進行捲針縫。

5 縫上鳥喙

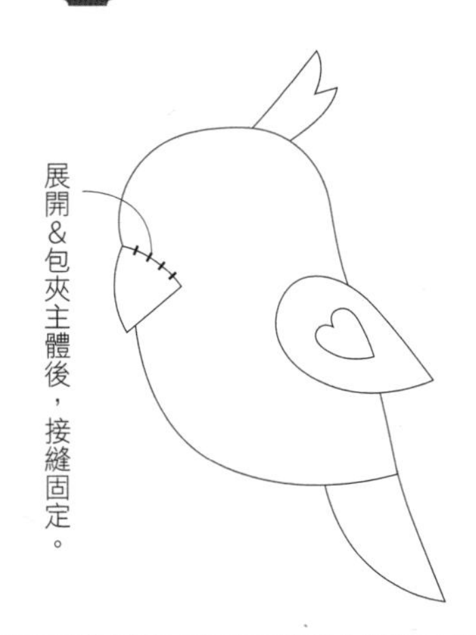

展開&包夾主體後，接縫固定。

6 縫上眼睛

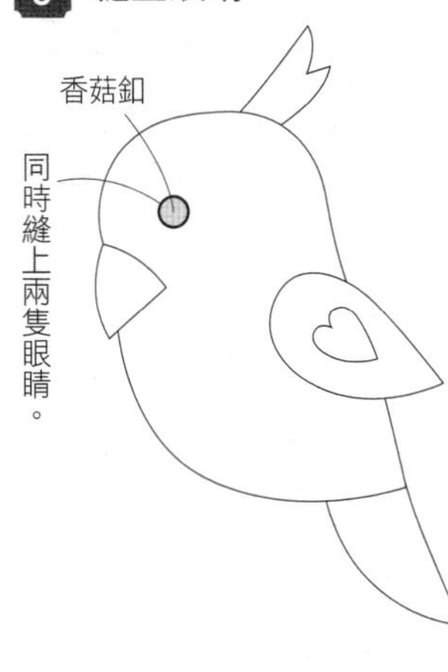

香菇釦
同時縫上兩隻眼睛。

原寸紙型

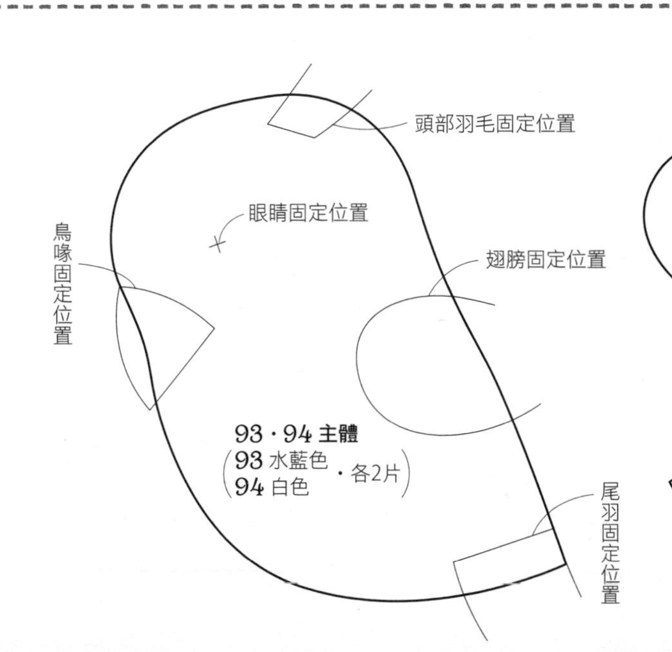

頭部羽毛固定位置
眼睛固定位置
鳥喙固定位置
翅膀固定位置
93・94 主體
93 水藍色
94 白色
・各2片
尾羽固定位置

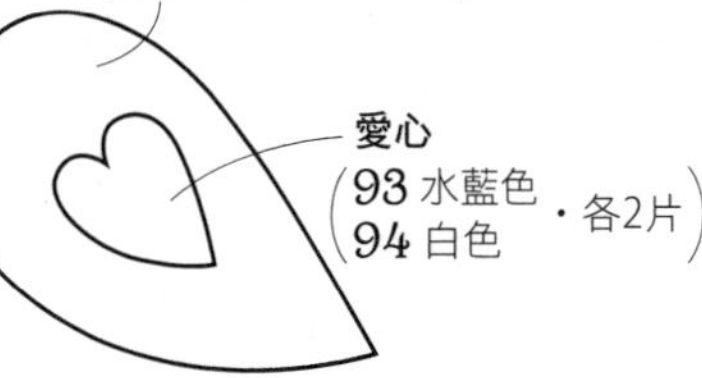

93・94 翅膀
93 藍綠色
94 水藍色
・各2片
愛心
93 水藍色
94 白色
・各2片

93・94 頭部羽毛
93 藍綠色
94 水藍色
・各1片

93・94 尾羽
（93 藍綠色 94 水藍色・各1片）

93・94 鳥喙
（93 白色 94 灰色・各2片）

接縫位置

P.26 95至98

小鴨家族

原寸紙型參見P.85 除了特別指定之外，皆取1股與不織布相同顏色的繡線進行縫製。

95 材料
- 不織布
  黃色…15×10cm
  紅色…10×5cm
  橘色…3×3cm
- 香菇釦4mm（黑色）…1個
- 串珠3mm（白色）…5個
- 25號繡線…與不織布相同顏色
- 手工藝棉花…適量

96・98 材料（1個）
- 不織布
  黃色…10×10cm
  橘色…3×3cm
  96／綠色…2×2cm
  96／土耳其藍…2×2cm
- 香菇釦4mm（黑色）…1個
- 25號繡線…黃色・橘色
- 手工藝棉花…適量

97 材料
- 不織布
  黃色…10×10cm
  橘色…3×3cm
  珊瑚粉…2×2cm
- 25號繡線…黃色・橘色
- 手工藝棉花…適量

作法

95

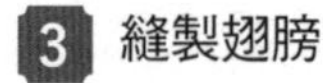

1 縫製鳥喙

鳥喙
疊合兩片後
進行捲針縫。

2 縫製主體 **3 縫製翅膀**

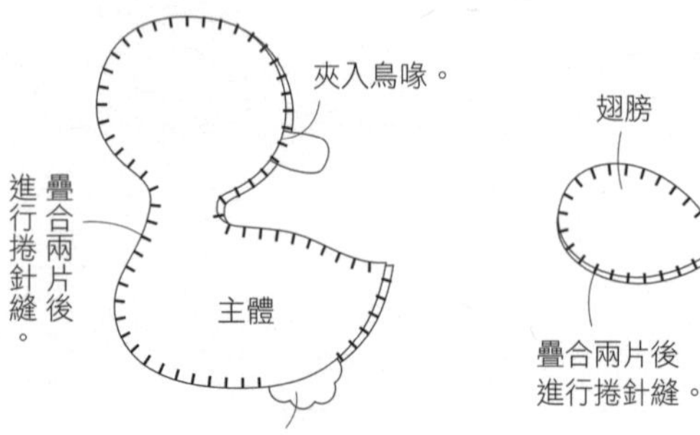
夾入鳥喙。
疊合兩片後進行捲針縫。
主體
填入棉花後縫合固定。
翅膀
疊合兩片後
進行捲針縫。

4 縫上眼睛&翅膀 **5 縫製頭巾**

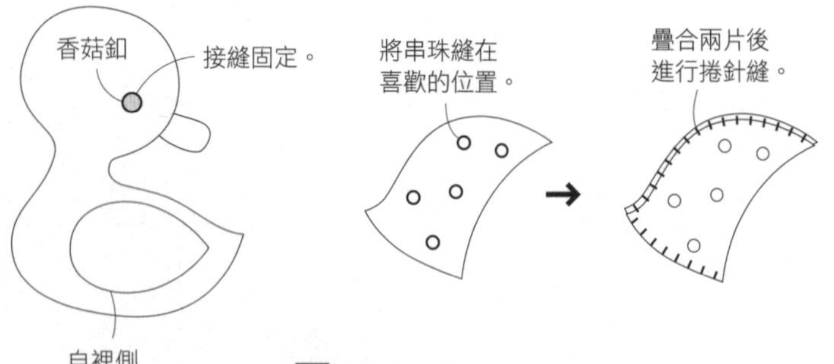
香菇釦
接縫固定。
自裡側
接縫固定。
將串珠縫在
喜歡的位置。
疊合兩片後
進行捲針縫。

6 戴上頭巾

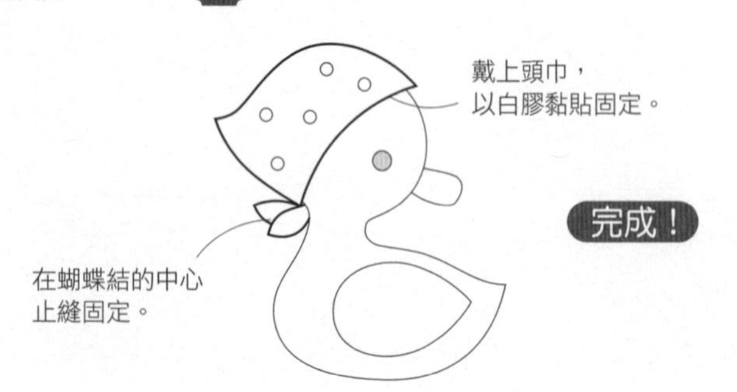
戴上頭巾，
以白膠黏貼固定。
在蝴蝶結的中心
止縫固定。
完成！

96至98

1 縫製鳥喙

疊合兩片後進行捲針縫。
鳥喙。

2 繡上眼睛（僅97）

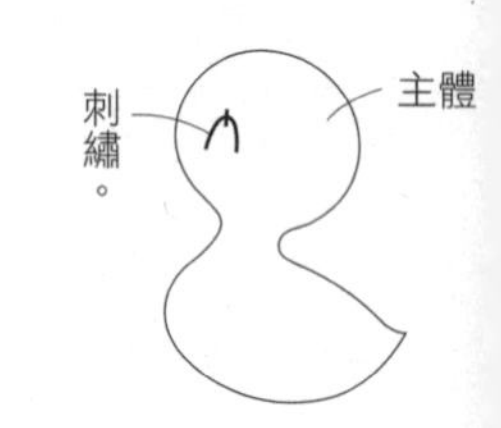
刺繡。
主體

3 縫製主體

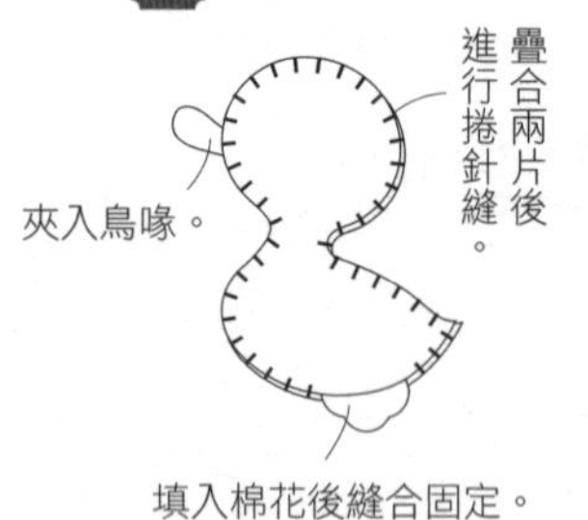
夾入鳥喙。
疊合兩片後進行捲針縫。
填入棉花後縫合固定。

4 縫上眼睛（96・98），黏上蝴蝶結&翅膀

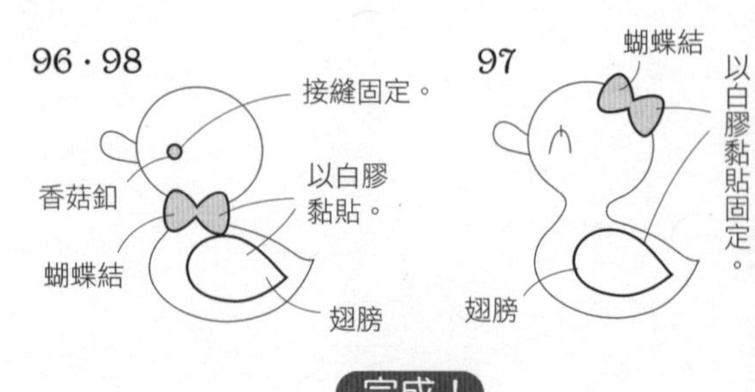
96・98
接縫固定。
香菇釦
以白膠
黏貼。
蝴蝶結
翅膀
97
蝴蝶結
以白膠黏貼固定。
翅膀
完成！

散步的天鵝

原寸紙型參見P.78 除了特別指定之外，皆取1股與不織布相同顏色的繡線進行縫製。

99 材料
・不織布
　白色…15×15cm
　黃色…2×2cm
・插入式眼睛4mm（黑色）…2個
・蕾絲8mm寬（白色）…5cm
・25號繡線…與不織布相同顏色
　　　　　　　黑色
・手工藝棉花…適量

100・101 材料（1個）
・不織布
　霜降灰…7×5m
　黑色…2×1cm
・插入式眼睛3.5mm（黑色）…2個
・25號繡線…與不織布相同顏色・白色
・手工藝棉花…適量

作法

100・101

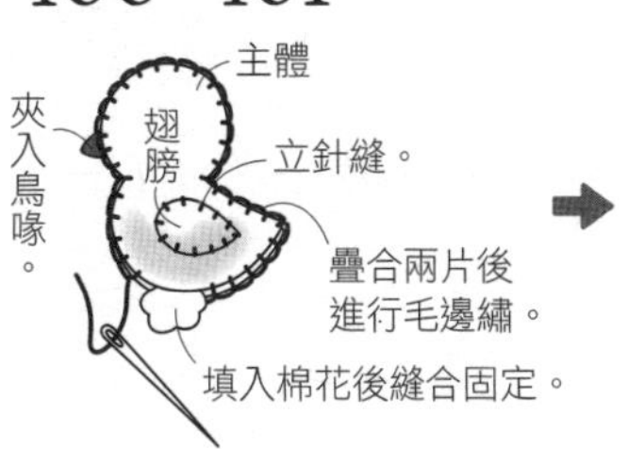
主體
夾入鳥喙。
翅膀
立針縫。
疊合兩片後
進行毛邊繡。
填入棉花後縫合固定。

參見P.52作法
裝上眼睛。

99

1 縫上鳥喙

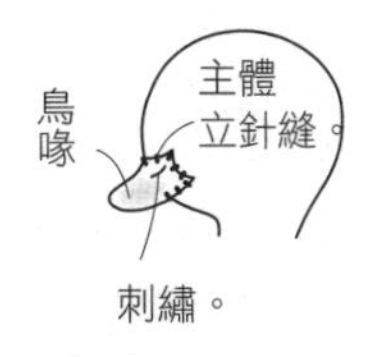
主體
鳥喙
立針縫。
刺繡。

2 縫製翅膀

疊合兩片後進行毛邊繡。
翅膀
刺繡。

3 縫製主體

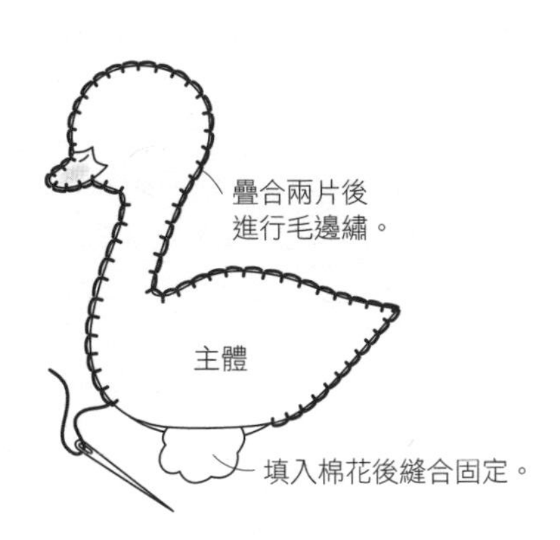
疊合兩片後
進行毛邊繡。
主體
填入棉花後縫合固定。

4 加上翅膀＆眼睛，圍繞蕾絲

完成！

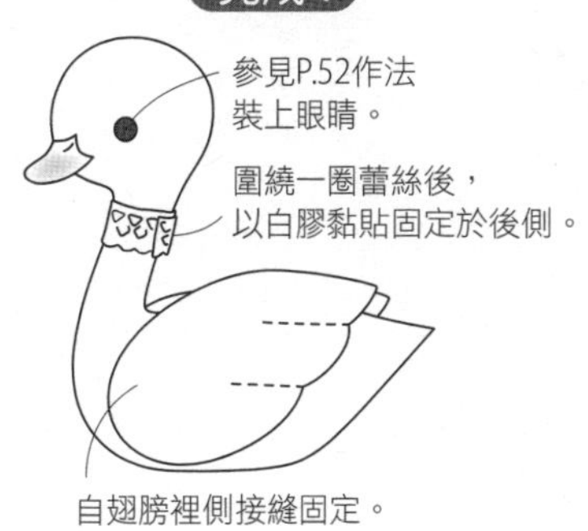
參見P.52作法
裝上眼睛。
圍繞一圈蕾絲後，
以白膠黏貼固定於後側。
自翅膀裡側接縫固定。

原寸紙型 95至98

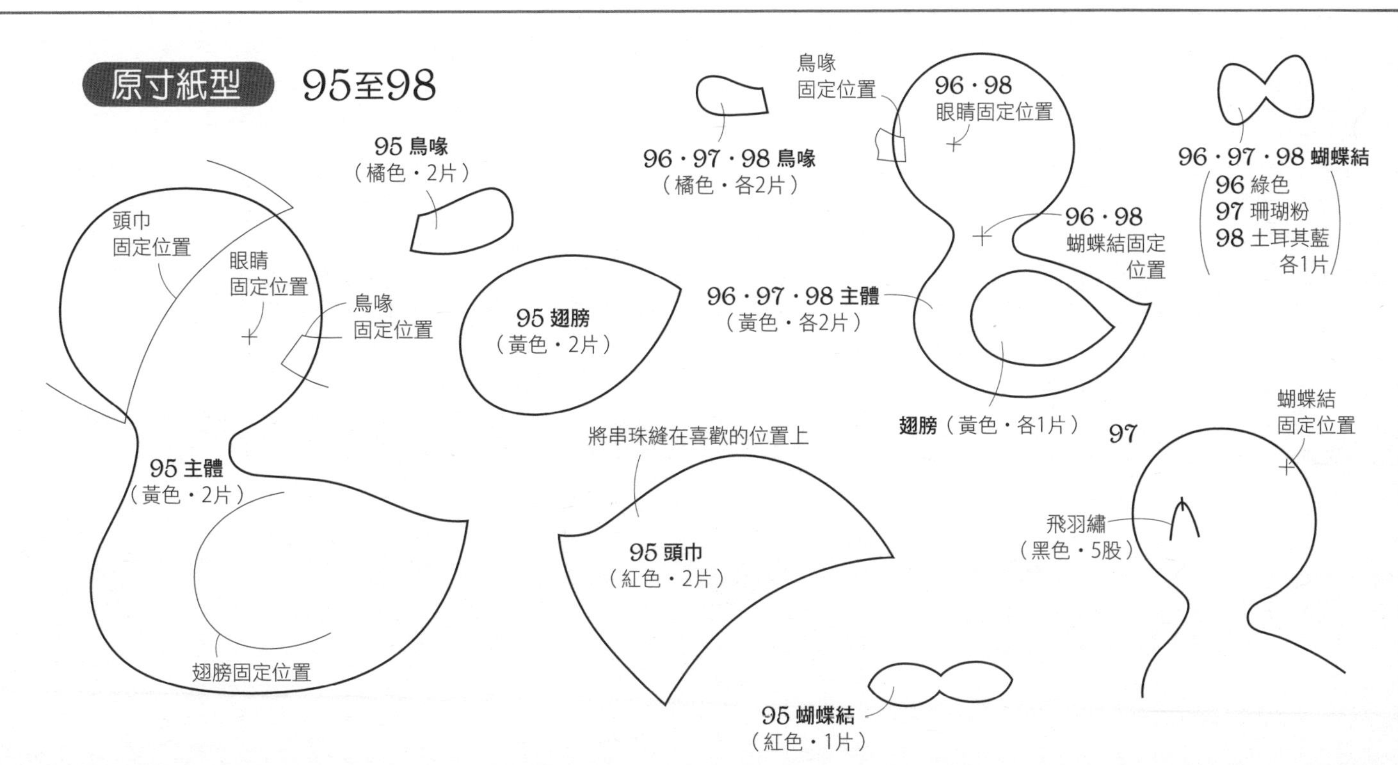
95 鳥喙
（橘色・2片）
頭巾
固定位置
眼睛
固定位置
鳥喙
固定位置
95 翅膀
（黃色・2片）
95 主體
（黃色・2片）
翅膀固定位置
將串珠縫在喜歡的位置上
95 頭巾
（紅色・2片）
95 蝴蝶結
（紅色・1片）
96・97・98 鳥喙
（橘色・各2片）
鳥喙
固定位置
96・98
眼睛固定位置
96・98
蝴蝶結固定
位置
96・97・98 主體
（黃色・各2片）
翅膀（黃色・各1片）
96・97・98 蝴蝶結
96 綠色
97 珊瑚粉
98 土耳其藍
各1片
97
蝴蝶結
固定位置
飛羽繡
（黑色・5股）

笑咪咪烏龜家族

原寸紙型參見P.88 除了特別指定之外，皆取1股與不織布相同顏色的繡線進行縫製。

102 材料
・不織布
　天藍色…10×5cm
　水藍色…10×5cm
・香菇釦4mm（黑色）…2個
・25號繡線…與不織布相同顏色・白色・紅色
・手工藝棉花…適量

103 材料
・不織布
　橘色…10×5cm
　檸檬黃…10×5cm
　珊瑚粉…15×5cm
　淡粉紅…15×10cm
・香菇釦4mm（黑色）…2個
・25號繡線…與不織布相同顏色
　白色・黑色・紅色
・手工藝棉花…適量

104 材料
・不織布
　綠色…15×5cm
　黃綠色…15×10cm
・香菇釦4mm（黑色）…2個
・25號繡線…與不織布相同顏色
　白色・紅色
・手工藝棉花…適量

作法

102・104

1 縫製頭部

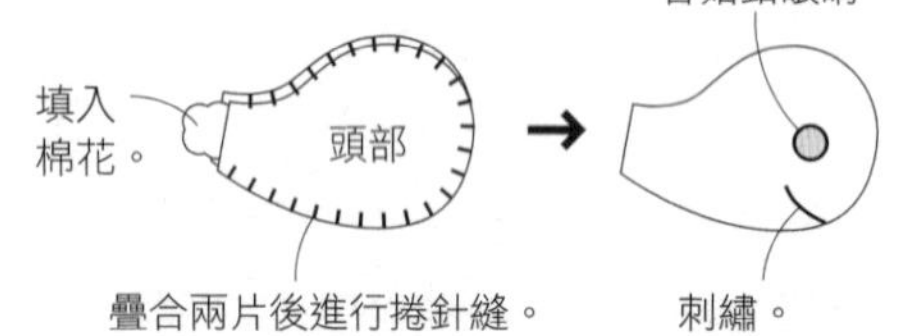
同時穿縫兩隻
香菇釦眼睛。
填入
棉花。
頭部
疊合兩片後進行捲針縫。
刺繡。
（後側作法亦同）

2 縫製尾巴＆腳

尾巴
疊合兩片後
進行捲針縫。

填入棉花。
腳
※腳製作2個。
疊合兩片後進
行捲針縫。

3 繡製龜殼

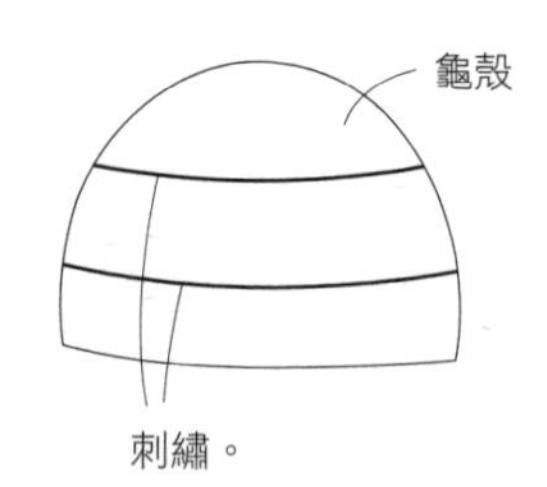
龜殼
刺繡。

4 縫合兩片龜殼

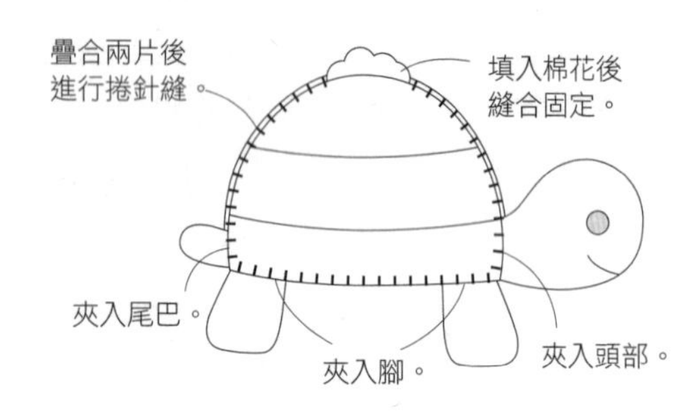
疊合兩片後
進行捲針縫。
填入棉花後
縫合固定。
夾入尾巴。
夾入腳。
夾入頭部。

完成！

104

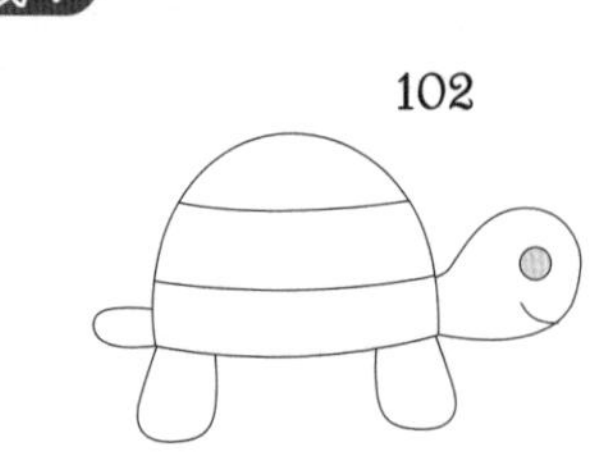
102

103

1 作法同102・104

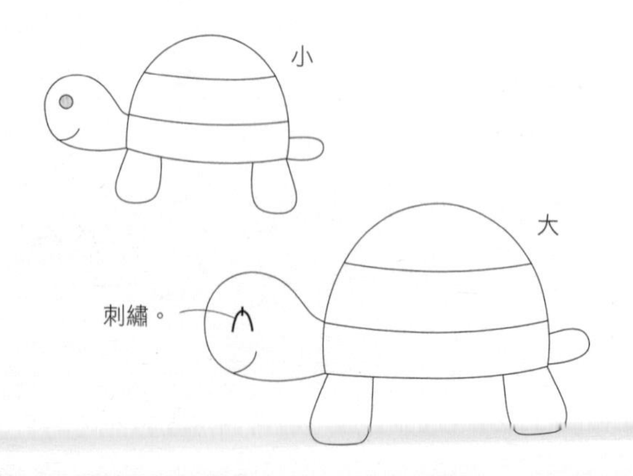
小
大
刺繡。

2 將大小烏龜疊在一起

完成！

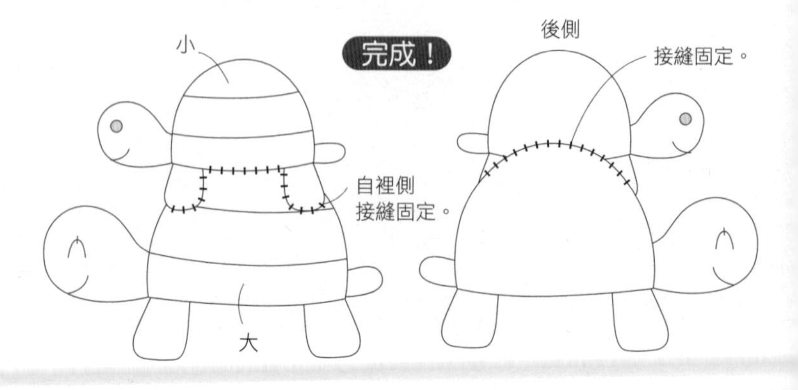
小
大
自裡側
接縫固定。
後側
接縫固定。

色彩繽紛的恐龍

原寸紙型參見P.88　除了特別指定之外，皆取1股與不織布相同顏色的繡線進行縫製。

117 材料
- 不織布
  紅色…15×15cm
  山吹色…10×10cm
- 香菇釦4mm（黑色）…1個
- 串珠3mm（黃色）…6個
- 25號繡線…與不織布相同顏色
- 手工藝棉花…適量

118 材料
- 不織布
  土耳其藍…20×15cm
  黃色…3×3cm
- 香菇釦4mm（黑色）…1個
- 25號繡線…土耳其藍・紅色
- 手工藝棉花…適量

119 材料
- 不織布
  綠色…15×10cm
  黃綠色…10×5cm
- 香菇釦4mm（黑色）…1個
- 25號繡線…與不織布相同顏色・紅色・黃色
- 手工藝棉花…適量

作法

117

1 縫製尖角

尖角

疊合兩片後進行捲針縫。

※製作3個。

2 縫製主體

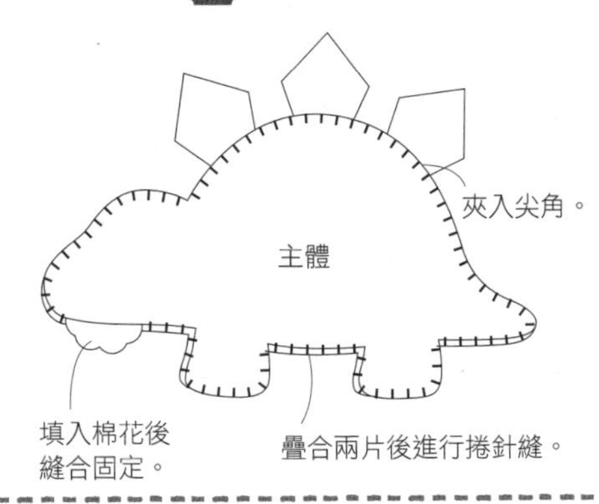
夾入尖角。
主體
填入棉花後
縫合固定。
疊合兩片後進行捲針縫。

3 繡上眼睛・嘴巴・斑紋

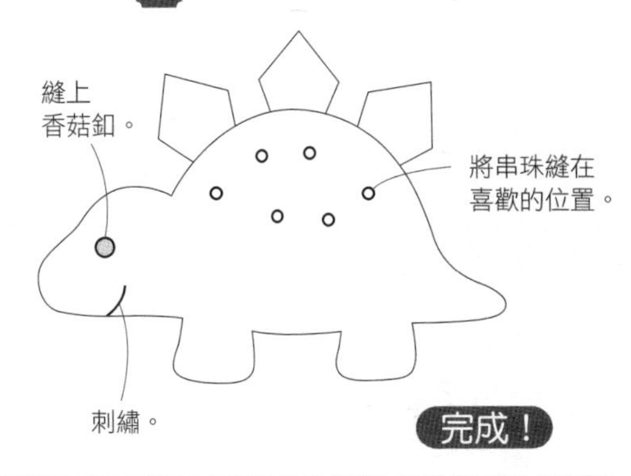
縫上
香菇釦。
將串珠縫在
喜歡的位置。
刺繡。
完成！

118

1 縫製主體

主體

填入棉花後縫合固定。

疊合兩片後進行捲針縫。

2 僅將前片縫上眼睛・嘴巴＆黏上斑紋

完成！

縫上香菇釦。

以白膠黏貼固定。

刺繡。

119

1 縫製手＆腳

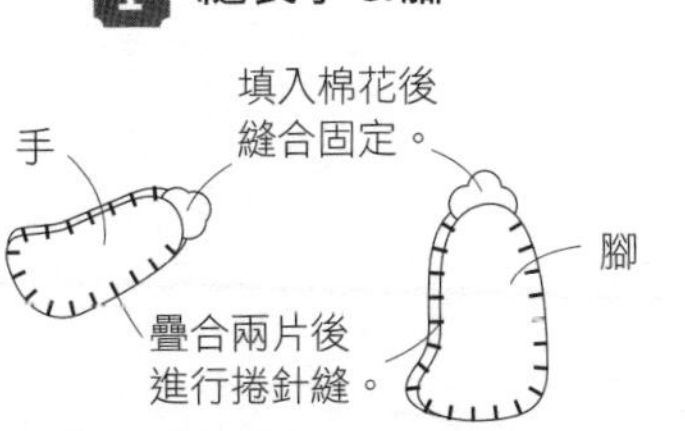
手
填入棉花後
縫合固定。
腳
疊合兩片後
進行捲針縫。

2 縫製主體

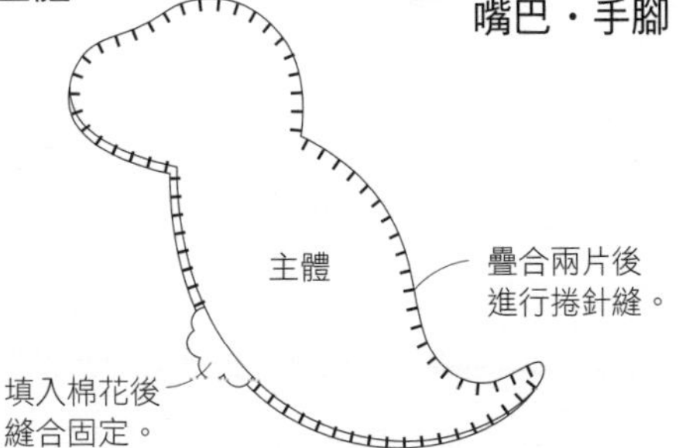
主體
疊合兩片後
進行捲針縫。
填入棉花後
縫合固定。

3 僅將前片縫上眼睛・嘴巴・手腳・斑紋

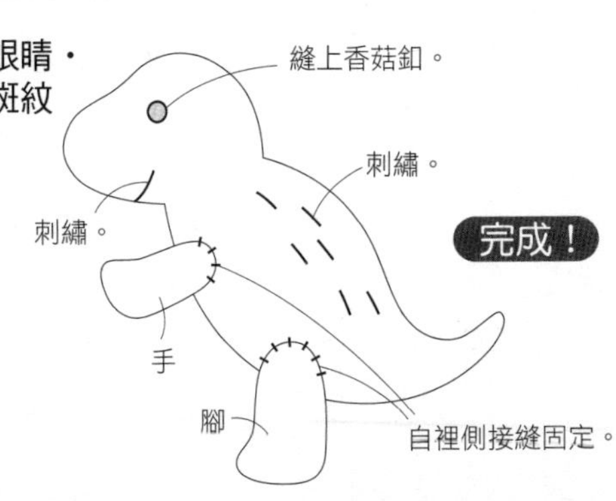
縫上香菇釦。
刺繡。
刺繡。
完成！
手
腳
自裡側接縫固定。

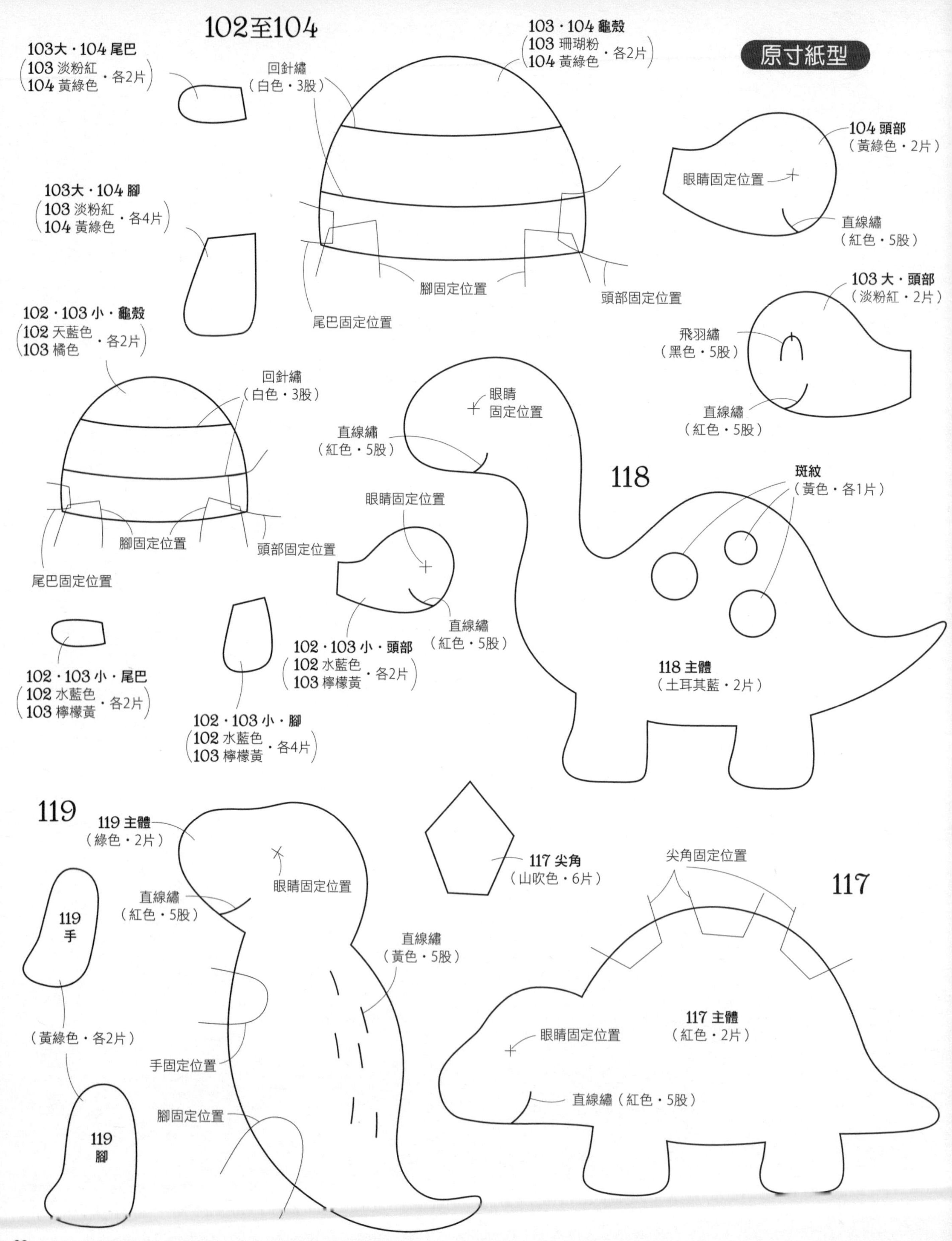
102至104
原寸紙型
103大・104 尾巴
（103 淡粉紅
104 黃綠色・各2片）
回針繡
（白色・3股）
103・104 龜殼
（103 珊瑚粉
104 黃綠色・各2片）
104 頭部
（黃綠色・2片）
眼睛固定位置
直線繡
（紅色・5股）
103大・104 腳
（103 淡粉紅
104 黃綠色・各4片）
腳固定位置
頭部固定位置
尾巴固定位置
103 大・頭部
（淡粉紅・2片）
飛羽繡
（黑色・5股）
直線繡
（紅色・5股）
102・103 小・龜殼
（102 天藍色
103 橘色・各2片）
回針繡
（白色・3股）
眼睛
固定位置
直線繡
（紅色・5股）
118
斑紋
（黃色・各1片）
腳固定位置
頭部固定位置
尾巴固定位置
眼睛固定位置
直線繡
（紅色・5股）
102・103 小・頭部
（102 水藍色
103 檸檬黃・各2片）
118 主體
（土耳其藍・2片）
102・103 小・尾巴
（102 水藍色
103 檸檬黃・各2片）
102・103 小・腳
（102 水藍色
103 檸檬黃・各4片）
119
119 主體
（綠色・2片）
眼睛固定位置
117 尖角
（山吹色・6片）
尖角固定位置
117
直線繡
（紅色・5股）
119
手
直線繡
（黃色・5股）
117 主體
（紅色・2片）
眼睛固定位置
（黃綠色・各2片）
手固定位置
直線繡（紅色・5股）
腳固定位置
119
腳

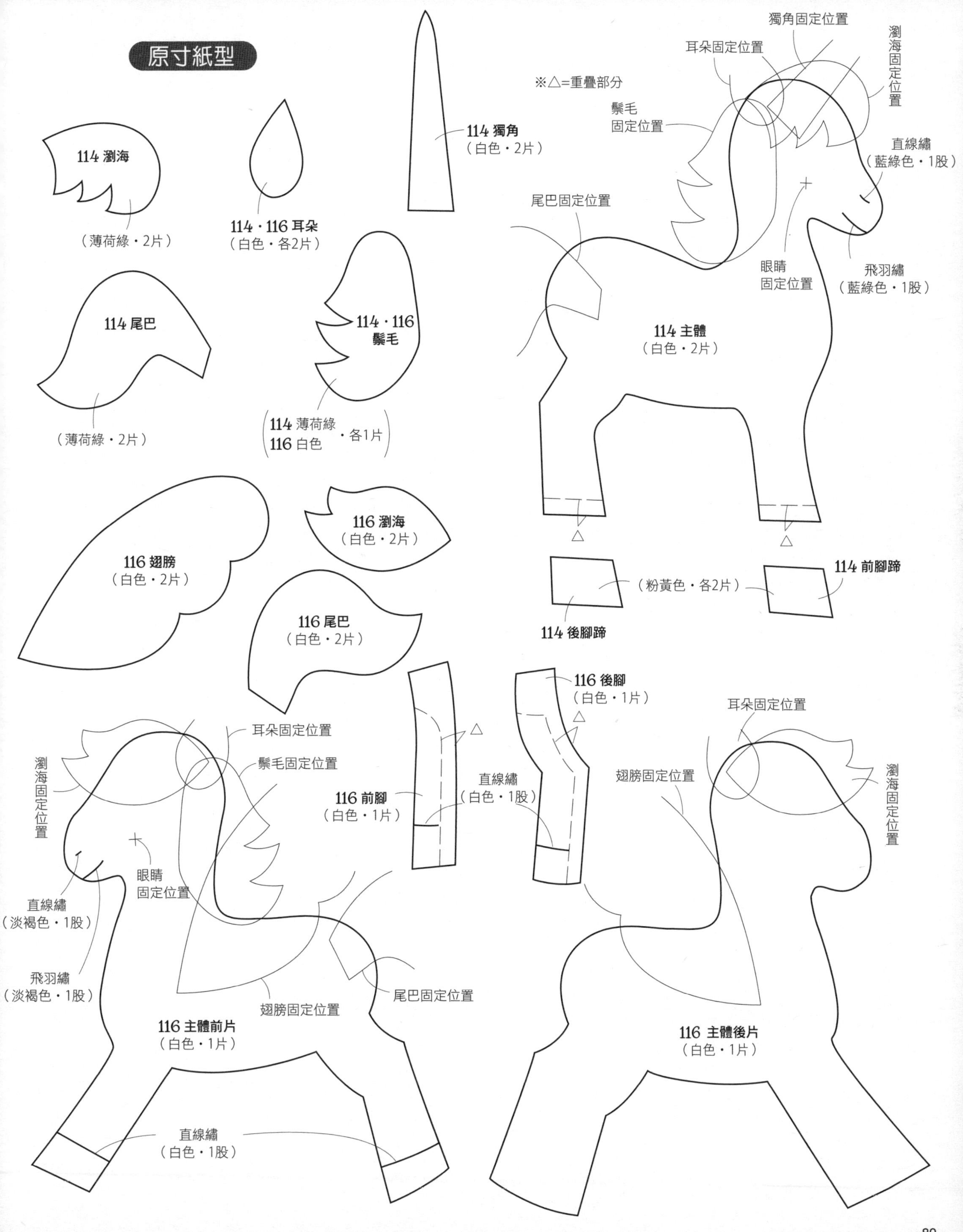
原寸紙型
※△=重疊部分
114 瀏海
（薄荷綠・2片）
114・116 耳朵
（白色・各2片）
114 獨角
（白色・2片）
獨角固定位置
耳朵固定位置
瀏海固定位置
鬃毛
固定位置
直線繡
（藍綠色・1股）
尾巴固定位置
眼睛
固定位置
飛羽繡
（藍綠色・1股）
114 尾巴
（薄荷綠・2片）
114・116
鬃毛
114 薄荷綠
116 白色
・各1片
114 主體
（白色・2片）
116 瀏海
（白色・2片）
116 翅膀
（白色・2片）
116 尾巴
（白色・2片）
（粉黃色・各2片）
114 前腳蹄
114 後腳蹄
116 後腳
（白色・1片）
耳朵固定位置
鬃毛固定位置
瀏海固定位置
116 前腳
（白色・1片）
直線繡
（白色・1股）
翅膀固定位置
眼睛
固定位置
直線繡
（淡褐色・1股）
飛羽繡
（淡褐色・1股）
翅膀固定位置
尾巴固定位置
116 主體前片
（白色・1片）
116 主體後片
（白色・1片）
直線繡
（白色・1股）

幸運國度的獨角獸＆飛馬

原寸紙型參見P.89・P.90

除了特別指定之外，
皆取1股與不織布相同顏色的繡線進行縫製。

114 材料
・不織布
白色…20×15cm
薄荷綠…10×10cm
粉黃色…5×5cm
・插入式眼睛4mm（黑色）…2個
・25號繡線…與不織布相同顏色・藍綠色
・手工藝棉花…適量

115 材料
・不織布
粉藍色…15×10cm
黃色…5×3cm
粉黃色…3×3cm
・25號繡線…粉藍色
・手工藝棉花…適量

116 材料
・不織布
白色…20×20cm
粉藍色…15×10cm
黃色…5×3cm
粉黃色…3×3cm
・插入式眼睛4mm（黑色）…2個
・25號繡線…白色・粉藍色・淡褐色
・手工藝棉花…適量

作法

114

1 縫上瀏海＆腳蹄

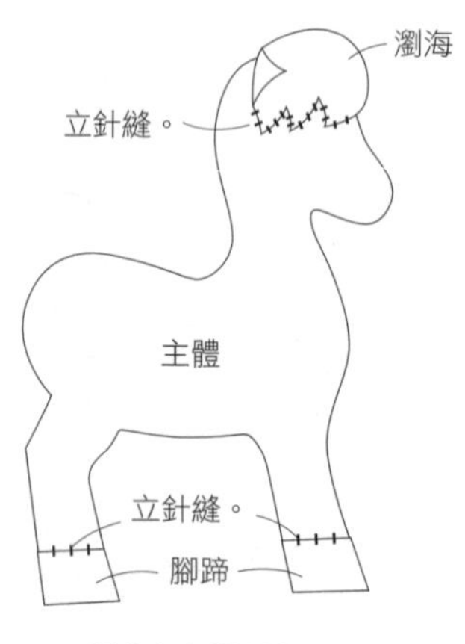
瀏海
立針縫。
主體
立針縫。
腳蹄

※製作左右對稱的2片。

2 縫上耳朵

耳朵
接縫固定。

3 縫製獨角＆尾巴

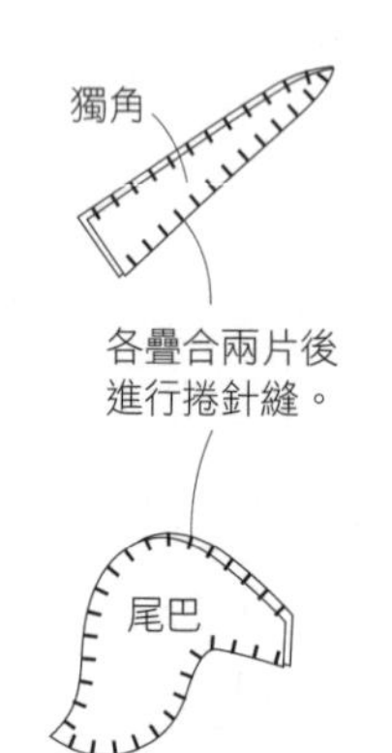
獨角
各疊合兩片後
進行捲針縫。
尾巴

4 縫合主體

5 裝上眼睛，繡上鼻子＆嘴巴

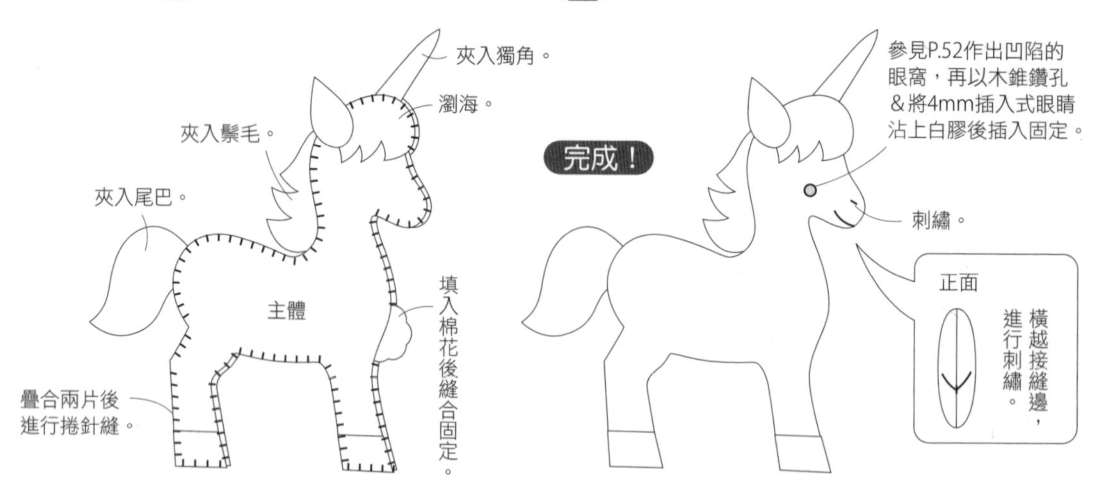
夾入獨角。
瀏海。
夾入鬃毛。
夾入尾巴。
主體
填入棉花後縫合固定。
疊合兩片後
進行捲針縫。
完成！
參見P.52作出凹陷的
眼窩，再以木錐鑽孔
＆將4mm插入式眼睛
沾上白膠後插入固定。
刺繡。
正面
橫越接縫邊，
進行刺繡。

原寸紙型

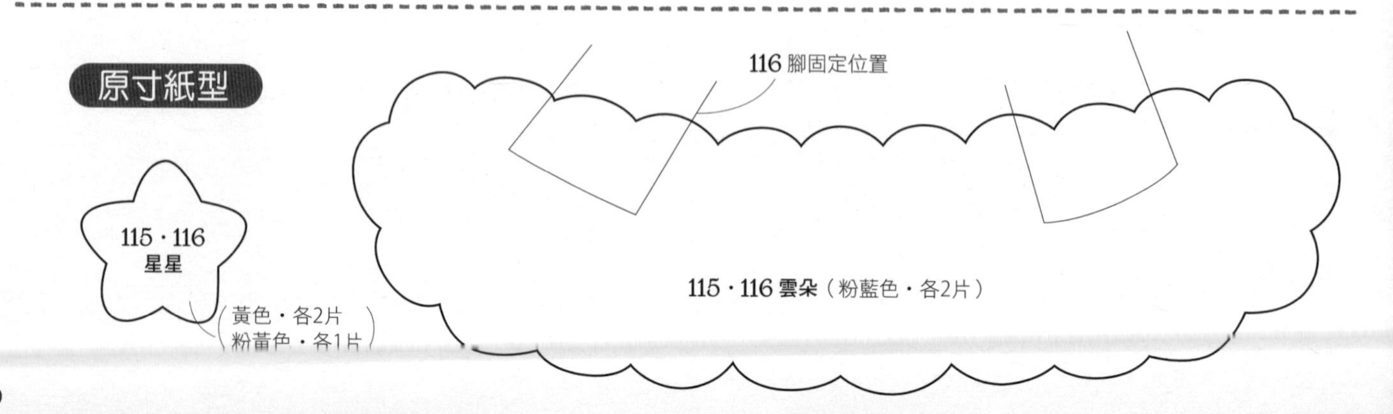
116 腳固定位置
115・116 雲朵（粉藍色・各2片）
115・116
星星
黃色・各2片
粉黃色・各1片

作法

116

1 將主體前片縫上瀏海＆前・後腳

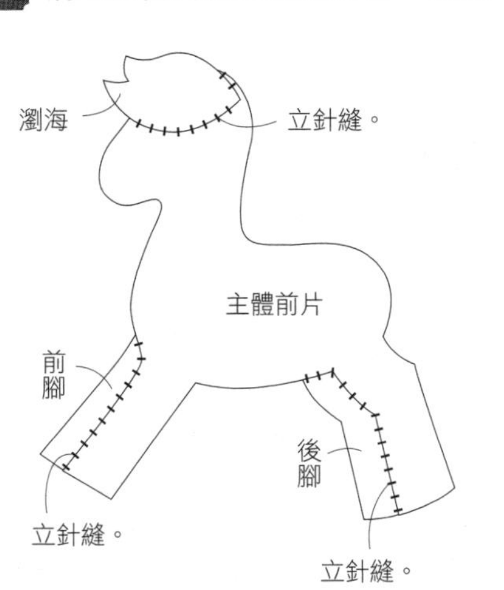
瀏海
立針縫。
主體前片
前腳
後腳
立針縫。
立針縫。

2 縫上耳朵＆繡上腳蹄

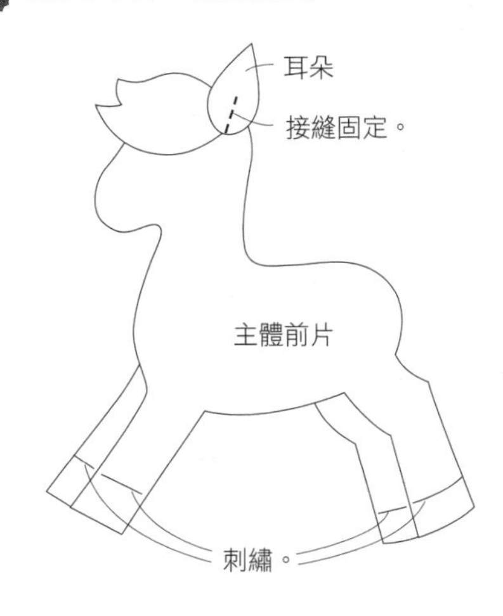
耳朵
接縫固定。
主體前片
刺繡。

3 將主體後片縫上瀏海＆耳朵

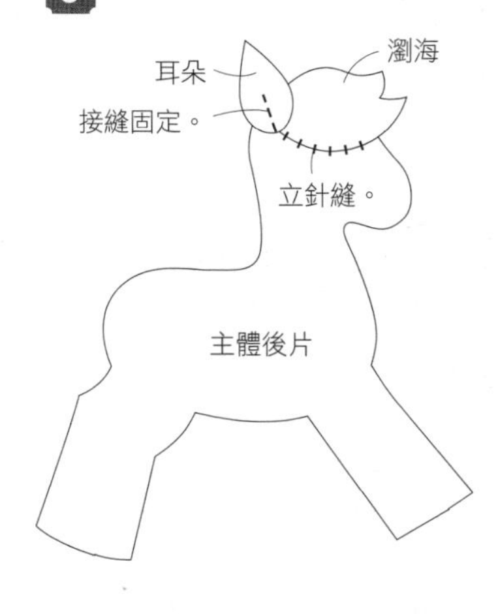
瀏海
耳朵
接縫固定。
立針縫。
主體後片

4 縫製尾巴

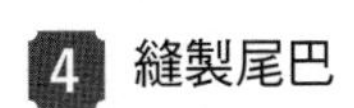

尾巴
疊合兩片後
進行捲針縫。

5 縫合主體

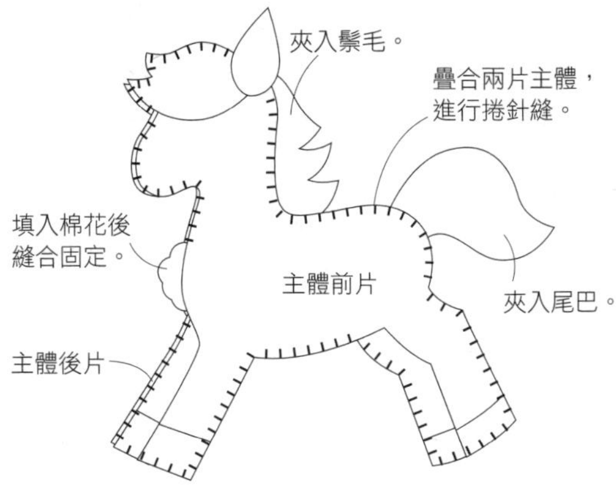
夾入鬃毛。
疊合兩片主體，
進行捲針縫。
填入棉花後
縫合固定。
主體前片
夾入尾巴。
主體後片

6 裝上眼睛＆繡上鼻子・嘴巴

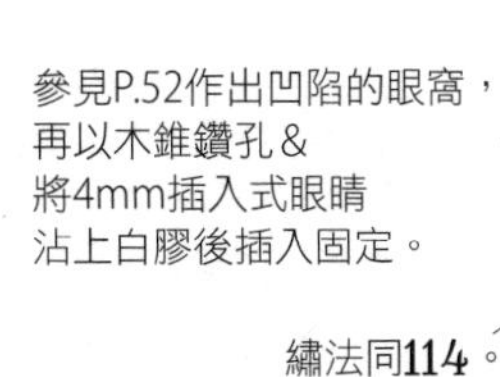

參見P.52作出凹陷的眼窩，
再以木錐鑽孔＆
將4mm插入式眼睛
沾上白膠後插入固定。
繡法同114。

7 黏上翅膀＆與雲朵接縫固定

以白膠黏貼固定，
後側也黏上另一片翅膀。
完成！
翅膀
自裡側接縫固定。
自裡側接縫固定。
雲朵
雲朵作法
同115。
以白膠將星星
黏在喜歡的位置。

115

1 縫製雲朵

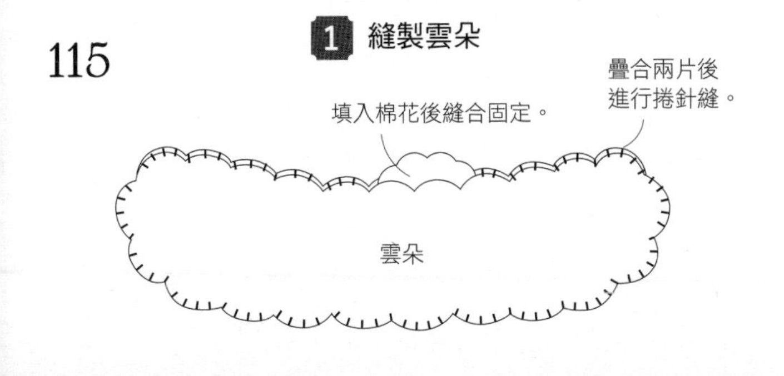
填入棉花後縫合固定。
疊合兩片後
進行捲針縫。
雲朵

2 將星星黏在喜歡的位置

以白膠黏貼固定。
星星

蹦蹦跳的青蛙

原寸紙型參見P.93 除了特別指定之外，皆取1股與不織布相同顏色的繡線進行縫製。

105 材料

・不織布
祖母綠…20×20cm
白色…7×4cm
黑色…4×2cm
粉紅色…4×2cm
・25號繡線…與不織布相同顏色
・手工藝棉花…適量

106 材料

・不織布
淡祖母綠…18×12cm
白色…5×3cm
黑色…3×2cm
粉紅色…3×2cm
・25號繡線…與不織布相同顏色
・手工藝棉花…適量

1 縫製頭部

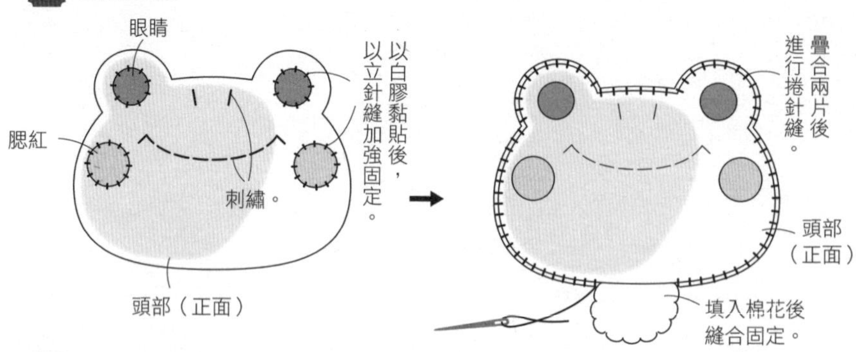
眼睛
腮紅
以白膠黏貼後，以立針縫加強固定。
刺繡。
頭部（正面）
疊合兩片後進行捲針縫。
頭部（正面）
填入棉花後縫合固定。

2 縫製身體

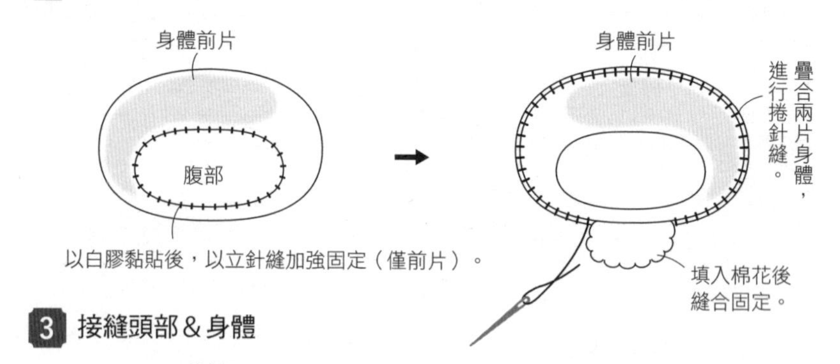
身體前片
腹部
以白膠黏貼後，以立針縫加強固定（僅前片）。
身體前片
疊合兩片身體，進行捲針縫。
填入棉花後縫合固定。

3 接縫頭部＆身體

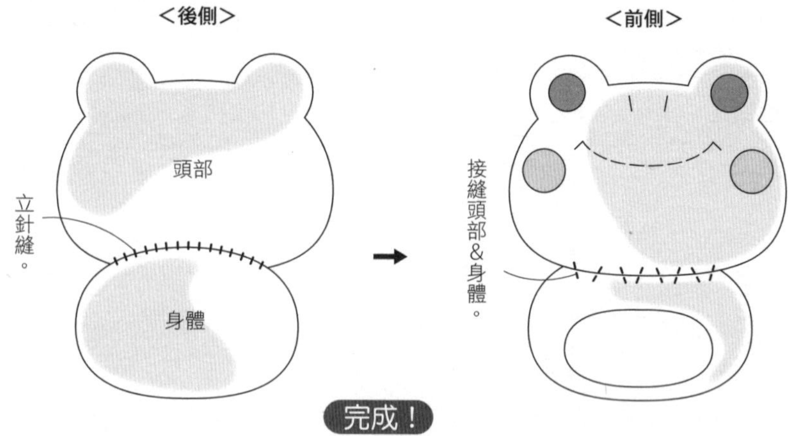
<後側>
頭部
立針縫。
身體
<前側>
接縫頭部＆身體。

4 黏上手＆腳

完成！
105
106
視整體平衡，以白膠黏上手＆腳。
105
106

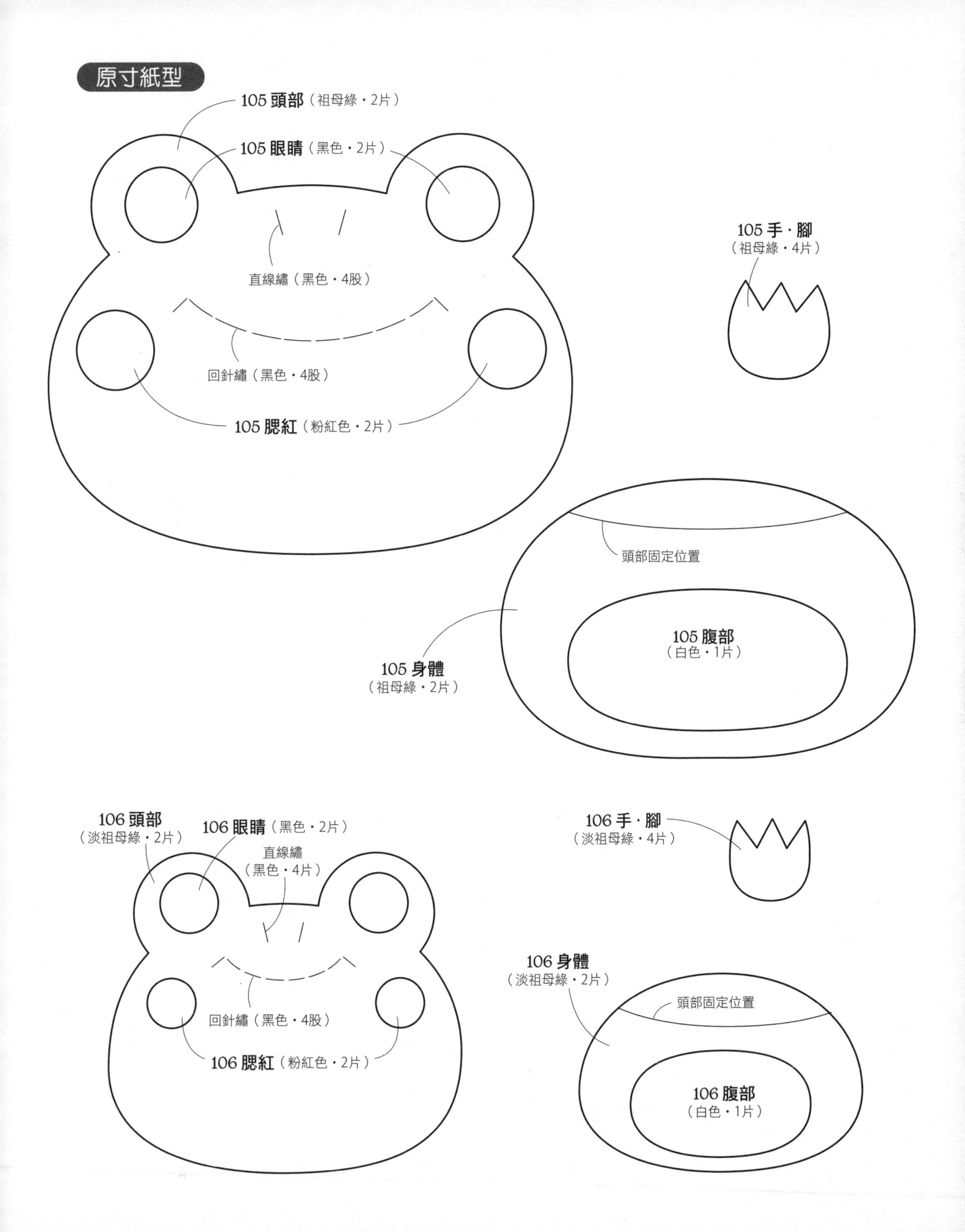
原寸紙型
105 頭部（祖母綠・2片）
105 眼睛（黑色・2片）
直線繡（黑色・4股）
回針繡（黑色・4股）
105 腮紅（粉紅色・2片）
105 手・腳
（祖母綠・4片）
頭部固定位置
105 腹部
（白色・1片）
105 身體
（祖母綠・2片）
106 頭部
（淡祖母綠・2片）
106 眼睛（黑色・2片）
直線繡
（黑色・4片）
回針繡（黑色・4股）
106 腮紅（粉紅色・2片）
106 手・腳
（淡祖母綠・4片）
106 身體
（淡祖母綠・2片）
頭部固定位置
106 腹部
（白色・1片）

P.30 110至113

童話色彩的泰迪熊

原寸紙型參見P.95

除了特別指定之外，
皆取1股與不織布相同顏色的繡線進行縫製。

110 材料
- 不織布
  粉藍色…20×15cm
- 緞面緞帶6mm寬（水藍色）…20cm
- 香菇釦4mm（黑色）…2個
- 鈕釦8mm…4個
- 25號繡線…與不織布相同顏色・黑色
- 手縫線…與不織布相同顏色
- 手工藝棉花…適量

111 材料
- 不織布
  淡粉紅…20×15cm
- 緞面緞帶6mm寬（淡粉紅）…20cm
- 香菇釦4mm（黑色）…2個
- 鈕釦8mm…4個
- 25號繡線…與不織布相同顏色・黑色
- 手縫線…與不織布相同顏色
- 手工藝棉花…適量

112 材料
- 不織布
  淡綠色…20×15cm
- 緞面緞帶6mm寬（淡綠色）…20cm
- 香菇釦4mm（黑色）…2個
- 鈕釦8mm…4個
- 25號繡線…與不織布相同顏色・黑色
- 手縫線…與不織布相同顏色
- 手工藝棉花…適量

113材料
- 不織布
  紅色…20×15cm
- 緞面緞帶6mm寬（紅色）…20cm
- 香菇釦4mm（黑色）…2個
- 鈕釦8mm…4個
- 25號繡線…與不織布相同顏色・黑色
- 手縫線…與不織布相同顏色
- 手工藝棉花…適量

作法

1 縫製頭部

2 縫製臉部

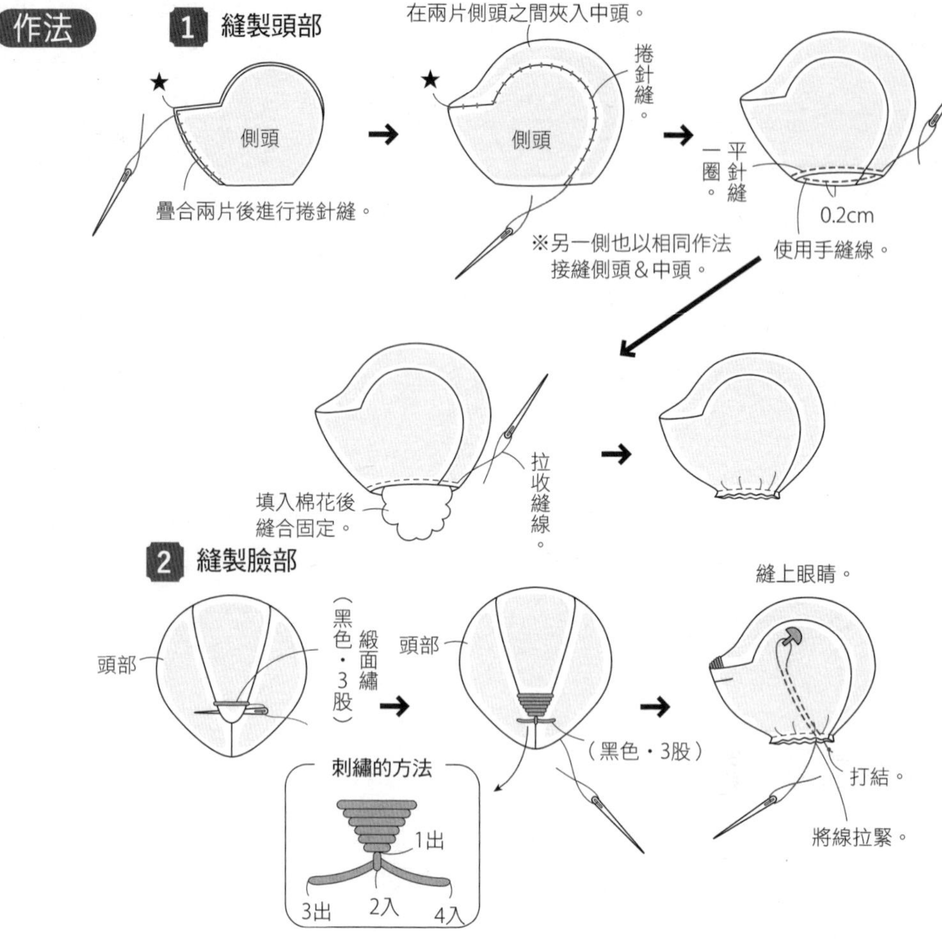

在兩片側頭之間夾入中頭。
★
側頭
疊合兩片後進行捲針縫。
捲針縫。
※另一側也以相同作法
接縫側頭＆中頭。
平針縫一圈。
0.2cm
使用手縫線。
填入棉花後
縫合固定。
拉收縫線。
縫上眼睛。
頭部
緞面繡（黑色・3股）
（黑色・3股）
打結。
將線拉緊。
刺繡的方法
1出
3出
2入
4入

3 縫製耳朵＆接縫固定於頭部

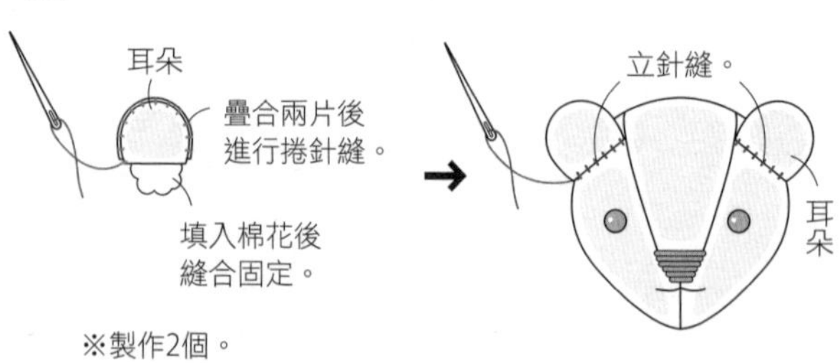

耳朵
疊合兩片後
進行捲針縫。
填入棉花後
縫合固定。
立針縫。
耳朵

※製作2個。

4 縫製身體

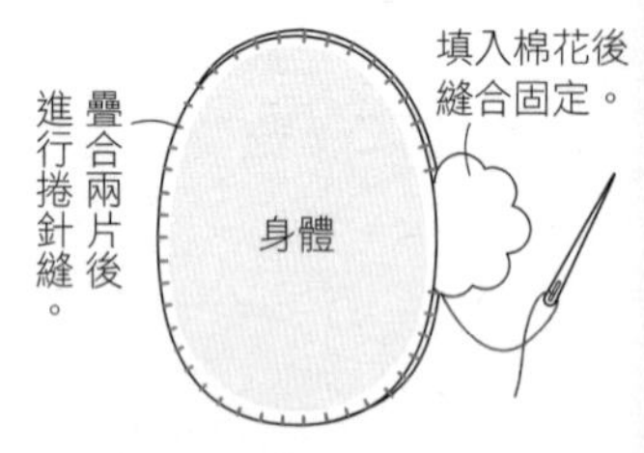

疊合兩片後進行捲針縫。
填入棉花後
縫合固定。
身體

5 縫製手

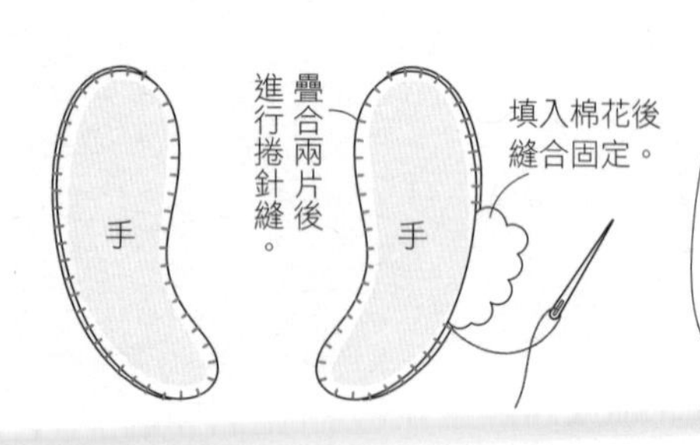

疊合兩片後進行捲針縫。
填入棉花後
縫合固定。
手
手

6 縫製腳

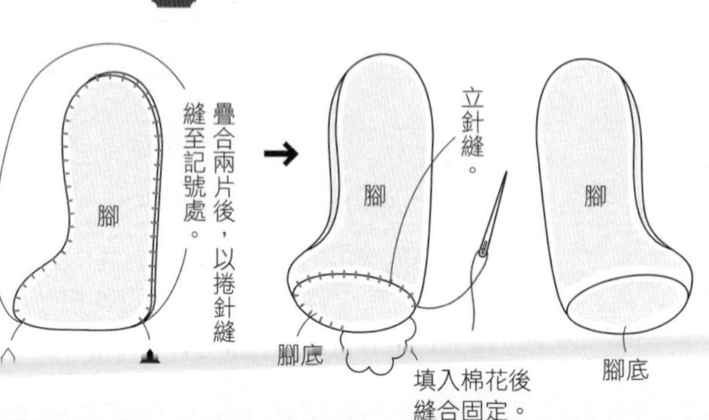

疊合兩片後，以捲針縫縫至記號處。
腳
立針縫。
腳
腳底
填入棉花後
縫合固定。
腳
腳底

7 接縫頭部＆身體

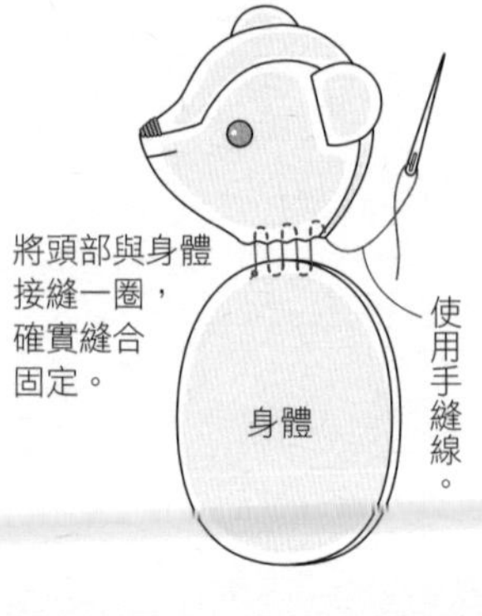

將頭部與身體
接縫一圈，
確實縫合
固定。
身體
使用手縫線。

8 將手＆腳接縫於身體上

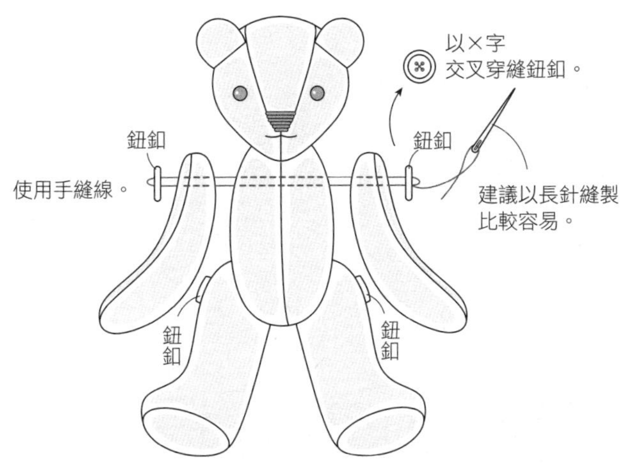
以×字
交叉穿縫鈕釦。
鈕釦
鈕釦
使用手縫線。
建議以長針縫製
比較容易。
鈕釦
鈕釦

將手＆腳分別穿縫過鈕釦，
與身體接縫固定。

完成！

繫上緞帶，
打一個蝴蝶結。

原寸紙型

※各部件的不織布顏色（110 粉藍色／111 淡粉紅／112 淡綠色／113 紅色）

側頭（各2片）

耳朵固定位置

眼睛固定位置

耳朵（各4片）

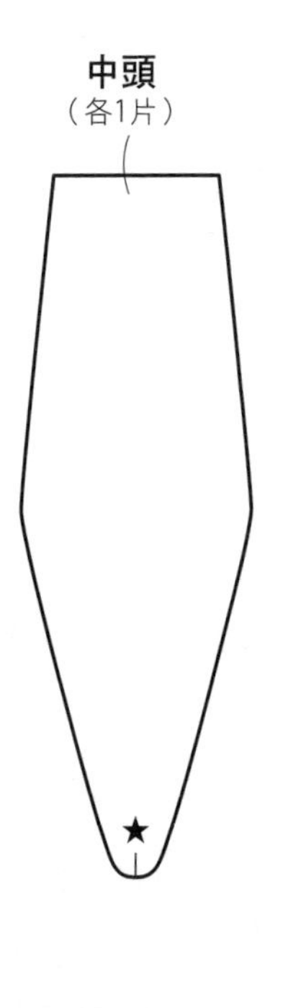
中頭
（各1片）

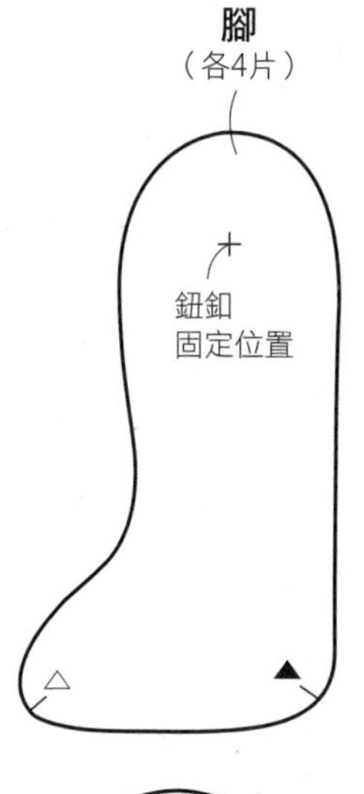
腳
（各4片）
鈕釦
固定位置

腳底（各2片）

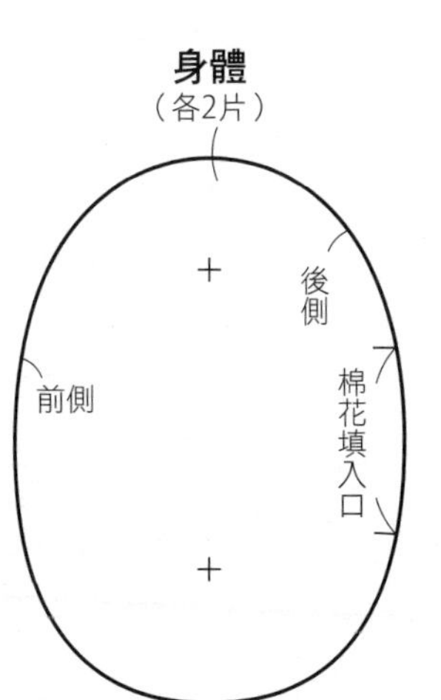
身體
（各2片）
後側
前側
棉花填入口

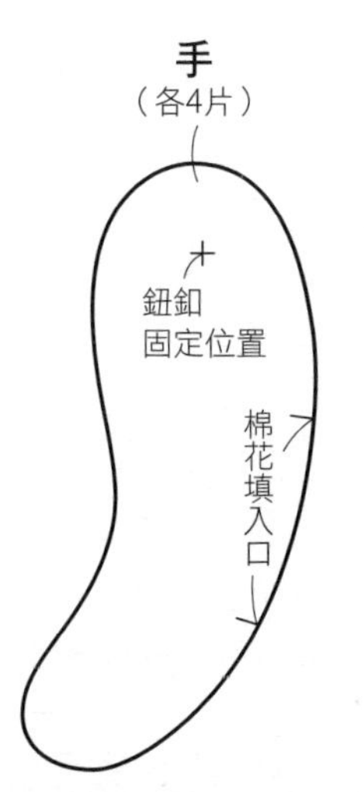
手
（各4片）
鈕釦
固定位置
棉花填入口

手縫＆刺繡的針法

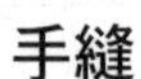
手縫

※皆取1股與不織布相同顏色的繡線進行縫製。

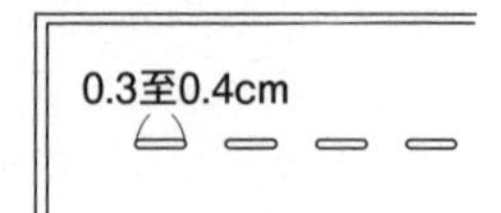
平針縫
0.3至0.4cm

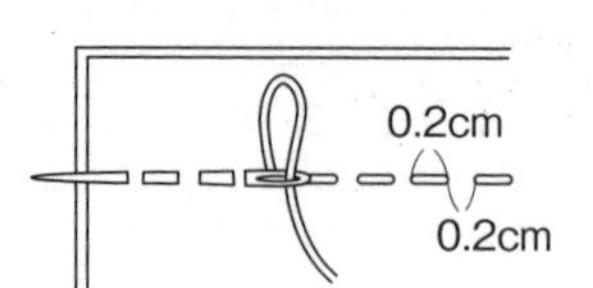
細針縫
0.2cm
0.2cm

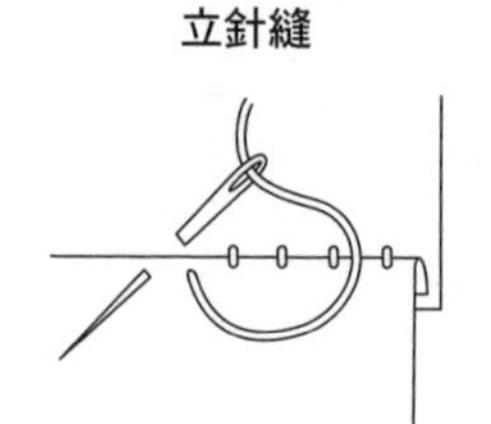
立針縫

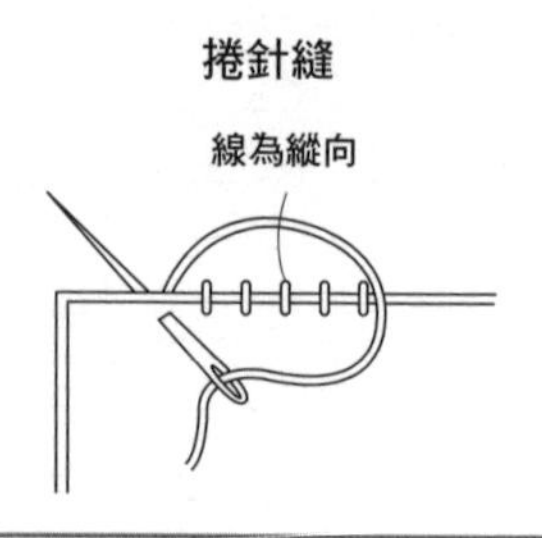
捲針縫
線為縱向

疊合兩片時的毛邊繡

※毛邊繡可依自己順手的方向進行。
※除了特別指定之外，皆取1股與不織布相同顏色的繡線進行縫製。

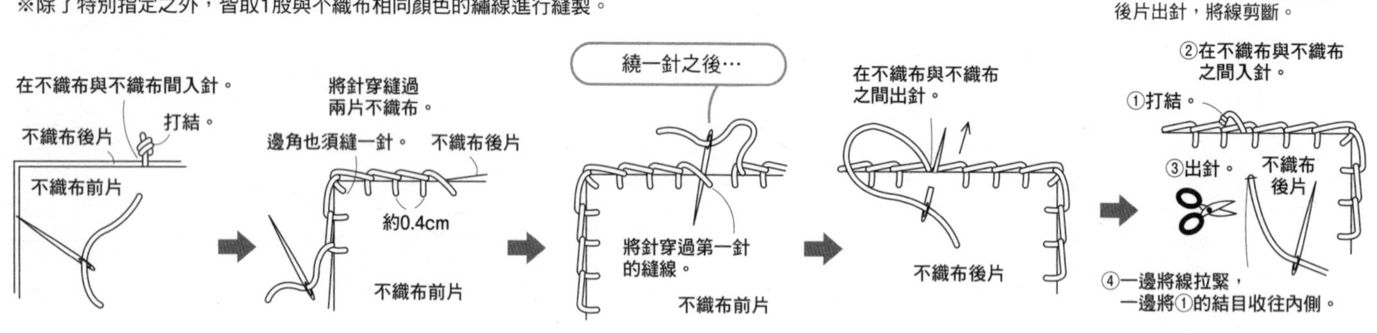
在不織布與不織布間入針。
不織布後片
打結。
不織布前片
將針穿縫過
兩片不織布。
邊角也須縫一針。
不織布後片
約0.4cm
不織布前片
繞一針之後…
將針穿過第一針
的縫線。
不織布前片
在不織布與不織布
之間出針。
不織布後片
打結之後，再一次從不織布
後片出針，將線剪斷。
②在不織布與不織布
之間入針。
①打結。
③出針。
不織布
後片
④一邊將線拉緊，
一邊將①的結目收往內側。

刺繡

25號繡線的使用方法

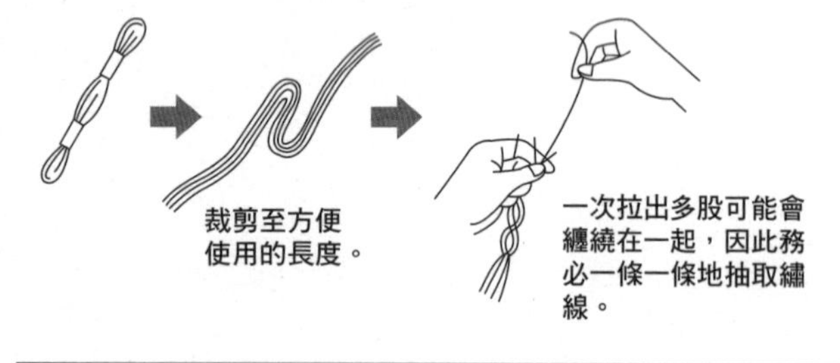
裁剪至方便
使用的長度。
一次拉出多股可能會
纏繞在一起，因此務
必一條一條地抽取繡
線。

○股意指須取幾條繡線，
整理後穿過針使用。

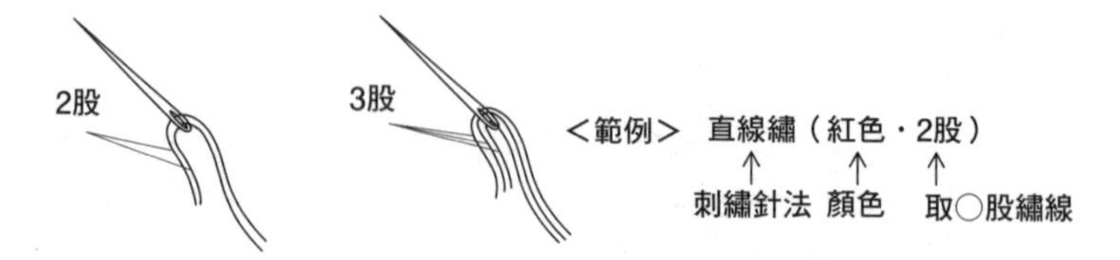
2股
3股
<範例> 直線繡（紅色・2股）
刺繡針法 顏色 取○股繡線

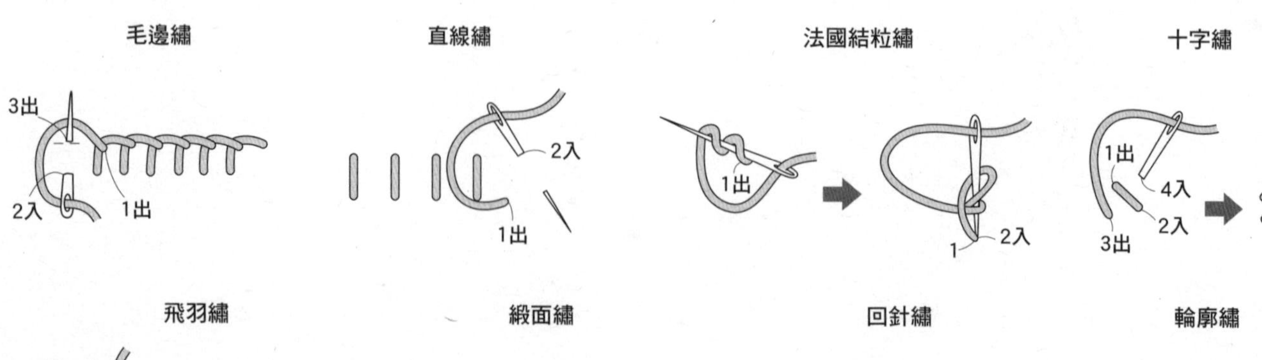
毛邊繡
3出
2入
1出
直線繡
2入
1出
法國結粒繡
1出
1
2入
十字繡
1出
4入
2入
3出

飛羽繡
1出
2入
3出
3出
4入
緞面繡
3出
1出
回針繡
1出
2入
輪廓繡
1出
3出
2入

趣・手藝 96

有119隻喔！
童話Q版の可愛動物
不織布玩偶

作　者／BOUTIQUE-SHA
譯　者／Alicia Tung
發 行 人／詹慶和
總 編 輯／蔡麗玲
執行編輯／陳姿伶
編　輯／蔡毓玲・劉蕙寧・黃璟安・李宛真・陳昕儀
執行美編／韓欣恬
美術編輯／陳麗娜・周盈汝
內頁排版／造極
出 版 者／Elegant-Boutique新手作
發 行 者／悅智文化事業有限公司　郵政劃撥帳號／19452608
戶　名／悅智文化事業有限公司
地　址／220新北市板橋區板新路206號3樓
電　話／(02)8952-4078　傳真／(02)8952-4084
網　址／www.elegantbooks.com.tw
電子郵件／elegant.books@msa.hinet.net

2019年6月初版一刷　定價300元

Lady Boutique Series No.4596
TANOSHIKU TSUKURO！FELT NO DOBUTSU MASCOT DAISHUGO

經銷／易可數位行銷股份有限公司
地址／新北市新店區寶橋路235巷6弄3號5樓
電話／(02)8911-0825　傳真／(02)8911-0801

國家圖書館出版品預行編目(CIP)資料

有119隻喔！童話Q版の可愛動物不織布玩偶 / BOUTIQUE-SHA授權；Alicia Tung譯.
-- 初版. -- 新北市：新手作出版：悅智文化發行, 2019.06
面；　公分. -- (趣.手藝；96)
譯自：フェルトの動物マスコット大集合
ISBN 978-986-97138-8-7(平裝)

1.玩具 2.手工藝

426.78　　108004066

Staff
●作品設計・製作
イノウエマミ、たちばなみよこ、chiku chiku chibayo、チビロビン、トリウミユキ、nikomaki* powa*powa*、松田恵子、大和ちひろ

●日本原書製作團隊
編　輯／泉谷友美
助理編輯／名取美香
作法校對／三城洋子
版面設計／橋本祐子、牧陽子

Elegantbooks
以閱讀，
享受幸福生活

雅書堂 EB 新手作

雅書堂文化事業有限公司

22070新北市板橋區板新路206號3樓

facebook 粉絲團:搜尋 雅書堂

部落格 http://elegantbooks2010.pixnet.net/blog

TEL:886-2-8952-4078 · FAX:886-2-8952-4084

趣・手藝 34

動動手指就OK！三秒鐘，愛上62枚可愛の摺紙小物

BOUTIQUE-SHA◎著

定價280元

趣・手藝 35

簡單好縫大成功！一次學會65件超可愛皮小物×實用長夾

金澤明美◎著

定價320元

趣・手藝 36

超好玩&超益智！趣味摺紙大全集－完整收錄157件超人氣摺紙動物&紙玩具（暢銷版）

主婦之友社◎授權

定價380元

趣・手藝 37

大日子×小手作！365天都能送の祝福系手作黏土禮物提案 FUN送BEST.60

幸福豆手創館（胡瑞娟 Regin）

師生合著

定價320元

趣・手藝 38

100%可愛の塗鴉裝飾！手帳控&卡片迷都想學の手繪風文字圖繪750點

BOUTIQUE-SHA◎授權

定價280元

趣・手藝 39

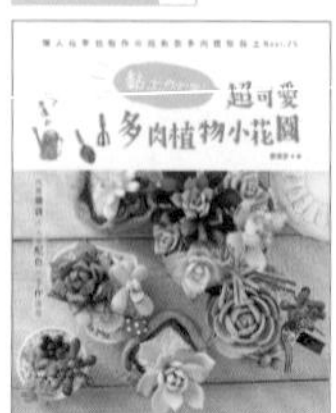

不澆水！黏土作的喲！超可愛多肉植物小花園：仿舊雜貨×人氣配色×手作綠意一懶人在家也能作の經典款多肉植物黏土BEST.25

蔡青芬◎著

定價350元

趣・手藝 40

簡單・好作の不織布換裝娃娃時尚微手作－4款風格娃娃×80件魅力服裝&配飾

BOUTIQUE-SHA◎授權

定價280元

趣・手藝 41

Q萌玩偶出沒注意！

輕鬆手作112隻療癒系の可愛不織布動物

BOUTIQUE-SHA◎授權

定價280元

趣・手藝 42

【完整教學圖解】

摺×疊×剪×刻4步驟完成120款美麗剪紙

BOUTIQUE-SHA◎授權

定價280元

趣・手藝 43

9位人氣作家可愛發想大集合 每天都想使用の萬用橡皮章圖案集

BOUTIQUE-SHA◎授權

定價280元

趣・手藝 44

動物系人氣手作！

DOGS & CATS・可愛の掌心貓狗動物偶

須佐沙知子◎著

定價300元

趣・手藝 45

初學者の第一本UV膠飾品教科書 從初學到進階！製作超人氣作品の完美小祕訣All in one！

熊崎堅一◎監修

定價350元

趣・手藝 46

定食・麵包・拉麵・甜點・擬真度100%！輕鬆作1/12の微型樹脂土美食76道（暢銷版）

ちょび子◎著

定價320元

趣・手藝 47

全齡OK！親子同樂腦力遊戲完全版・趣味翻花繩大全集

野口廣◎監修

主婦之友社◎授權

定價399元

趣・手藝 48

牛奶盒作の！美麗布盒設計60選 清爽收納x空間點綴の好點子

BOUTIQUE-SHA◎授權

定價280元

趣・手藝 50

CANDY COLOR TICKET

超可愛の糖果系透明樹脂x樹脂土甜點飾品

CANDY COLOR TICKET◎著

定價320元

趣・手藝 49

原來是黏土！MARUGOの彩色多肉植物日記：自然素材・風格雜貨・造型盆器懶人在家也能作の經典多肉植物黏土 ZAKKA.27

丸子（MARUGO）◎著

定價350元

趣・手藝 51

Rose window美麗&透光：玫瑰窗對稱剪紙

平田朝子◎著

定價280元

趣・手藝 52

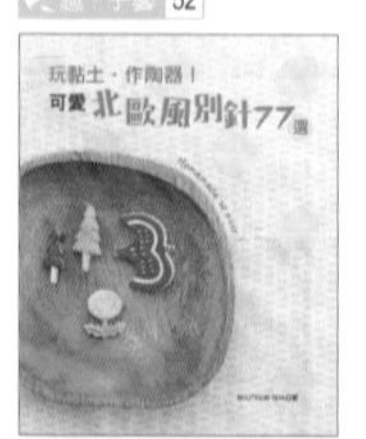

玩黏土・作陶器！可愛北歐風別針77選

BOUTIQUE-SHA◎授權

定價280元

趣・手藝 53

New Open・開心玩！開一間超人氣の不織布甜點屋

堀内さゆり◎著

定價280元

趣・手藝 54

Paper・Flower・Gift：小清新生活美學・可愛の立體剪紙花飾四季帖

くまだまり◎著

定價280元

趣・手藝 55

每日の趣味・剪開信封輕鬆作紙雜貨你一定會作的N個可愛版紙藝創作

宇田川一美◎著

定價280元

趣・手藝 56

可愛限定！KIM'S 3D不織布動物遊樂園（暢銷精選版）

陳春金・KIM◎著

定價320元

趣・手藝 57

家家酒開店指南：不織布の幸福料理日誌

BOUTIQUE-SHA◎授權

定價280元

趣・手藝 58

花・葉・果實の立體刺繡書

以鐵絲勾勒輪廓・繡製出漸層色彩的立體花朵

アトリエ Fil◎著

定價280元

趣・手藝 59

黏土×環氧樹脂・袖珍食物&微型店舖230選

Plus 11間商店街店舖造景教學

大野幸子◎著

定價350元

趣・手藝 60

可愛到不行的不織布點心（暢銷新裝版）

寺西恵里子◎著

定價[illegible]元

趣・手藝 61

雜貨迷超愛的木器彩繪練習本 20位人氣作家×5大季節主題・一本學會就上手

BOUTIQUE-SHA◎授權

定價350元

趣・手藝 62

不織布Q手作：超萌狗狗總動員！
陳春金・KIM◎著
定價350元

趣・手藝 63

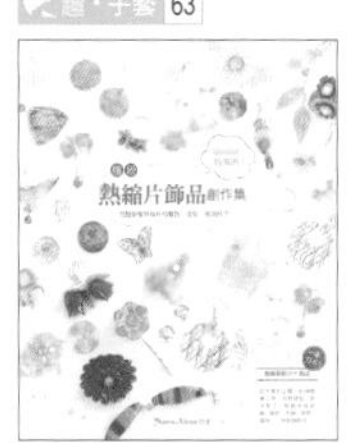

晶瑩剔透超美的！繽紛熱縮片飾品創作集
一本OK！完整學會熱縮片的著色、造型、應用技巧……
NanaAkua◎著
定價350元

趣・手藝 64

開心玩黏土！MARUGO彩色多肉植物日記2
懶人派經典多肉植物&盆組小花園
丸子（MARUGO）◎著
定價350元

趣・手藝 65

一學就會の立體浮雕刺繡可愛圖案集
Stumpwork基礎實作：填充物＋懸浮式技巧全圖解公開！
アトリエ Fil◎著
定價320元

趣・手藝 66

家用烤箱OK！一試就會作の陶土胸針&造型小物
BOUTIQUE-SHA◎授權
定價280元

趣・手藝 67

從可愛小圖開始學縫十字繡
數格子×玩填色×特色圖案900+
大圖まこと◎著
定價280元

趣・手藝 68

超質感・繽紛又可愛的UV膠飾品Best37：開心玩×簡單作，手作女孩的加分飾品不NG初挑戰！
張家慧◎著
定價320元

趣・手藝 69

清新・自然～刺繡人最愛的花草模樣手繡帖
點與線模樣製作所 岡理恵子◎著
定價320元

趣・手藝 70

好想抱一下的軟QQ襪子娃娃
陳春金・KIM◎著
定價350元

趣・手藝 71

袖珍屋の料理廚房：黏土作の迷你人氣甜點&美食best82
ちょび子◎著
定價320元

趣・手藝 72

可愛北歐風の小巾刺繡：47個簡單好作的日常小物
BOUTIUQE-SHA◎授權
定價280元

趣・手藝 73

不能吃の～袖珍模型麵包雜貨：聞得到麵包香喔！不玩黏土，揉麵糰！
ぱんころもち・カリーノぱん◎合著
定價280元

趣・手藝 74

小小廚師の不織布料理教室
BOUTIQUE-SHA◎授權
定價300元

趣・手藝 75

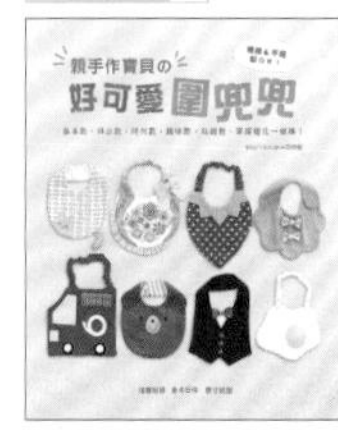

親手作寶貝の好可愛圍兜兜
基本款・外出款・時尚款・趣味款・功能款，穿搭變化一極棒！
BOUTIQUE-SHA◎授權
定價320元

趣・手藝 76

手縫俏皮の不織布動物造型小物
やまもと ゆかり◎著
定價280元

趣・手藝 77

超可愛的迷你size！袖珍甜點黏土手作課
関口真優◎著
定價350元

趣・手藝 78

華麗の盛放！超大朵紙花設計集
空間&櫥窗陳列・婚禮&派對布置・特色攝影必備！
MEGU（PETAL Design）◎著
定價380元

趣・手藝 79

收到會微笑！讓人超暖心の手工立體卡片
鈴木孝美◎著
定價320元

趣・手藝 80

手揉胖嘟嘟×圓滾滾の黏土小鳥
ヨシオミドリ◎著
定價350元

趣・手藝 81

無限可愛の UV膠&熱縮片飾品120選
キムラプレミアム◎著
定價320元

趣・手藝 82

絕對簡單の UV膠飾品100選
キムラプレミアム◎著
定價320元

趣・手藝 83

寶貝最愛的可愛造型趣味摺紙書：動動手指動動腦×一邊摺一邊玩
いしばし なおこ◎著
定價280元

趣・手藝 84

超精選！有131隻喔！簡單手縫可愛的不織布動物玩偶
BOUTIQUE-SHA◎授權
定價300元

趣・手藝 85

靈活指尖&想像力！百變立體造型の三角摺紙趣味手作
岡田郁子◎著
定價300元

趣・手藝 86

暖萌！玩偶の不織布手作遊戲
BOUTIQUE-SHA◎授權
定價300元

趣・手藝 87

超可愛手作課！輕鬆手縫84個不織布造型偶
たちばなみよこ◎著
定價320元

趣・手藝 88

集合囉！超可愛的黏土動物同樂會
幸福豆手創館（胡瑞娟 Regin）◎著
定價350元

趣・手藝 89

超可愛！換裝娃娃×動物摺紙58變
いしばし なおこ◎著
定價300元

趣・手藝 90

捲筒紙芯變花樣 剪一剪&捏一捏，紙捲花開了！
阪本あやこ◎著
定價300元

趣・手藝 91

可愛感狂飆！超簡單！動物系黏土迴力車
幸福豆手創館（胡瑞娟 Regin）◎著權
定價320元

趣・手藝 92

Petty's手作旅人誌：超可愛網美風黏土娃娃
蔡青芬◎著
定價350元

趣・手藝 93

手繪植物風橡皮章應用圖帖
HUTTE.◎著
定價350元

趣・手藝 94

清新&可愛小刺繡圖案300+ 一起來繡花朵、小動物、日常雜貨吧！
BOUTIQUE-SHA◎著
定價320元

趣・手藝 95

甜在心・剛剛好×精緻可愛！MARUGO教你作職人の手揉黏土和菓子
丸子（MARUGO）◎著
定價350元